本书由农业部公益性行业（农业）科研专项（201203018）资助出版

黄渤海区渔具渔法

李显森　主编

许传才　孙中之　唐衍力　副主编

U0195488

海洋出版社

2017 年·北京

内 容 介 绍

《黄渤海区渔具渔法》是一部较为全面、系统地反映黄渤海区渔具渔法特点、技术水平和面貌的海洋捕捞学专著。全书选编了 12 大类具有代表性的渔具 63 种,列举实例并配有插图,详细介绍了每一种渔具的基本概况、渔具结构、相关属具、渔具装配、作业方式和渔法特点等。内容比较丰富、资料翔实、系统和全面,实用性强,是一本专门为海洋捕捞科技人员、海洋捕捞从业人员和相关水产管理人员编写的参考书籍。全书共分编例和 11 个章节,第一章至第十章分别为刺网、围网、拖网、敷网、张网、陷阱、钓具、耙刺、笼壶和杂渔具(抄网类、掩罩类、地拉网类),第十一章为渔具渔法评价和建议。

本书也可供水产院校有关师生等参考。

图书在版编目(CIP)数据

黄渤海区渔具渔法/李显森主编. —北京:海洋出版社,2017.6
ISBN 978-7-5027-9816-1

Ⅰ.①黄… Ⅱ.①李… Ⅲ.①渔具②渔法 Ⅳ.①S97

中国版本图书馆 CIP 数据核字(2017)第 148580 号

责任编辑:苏 勤
责任印制:赵麟苏

海洋出版社 出版发行

http://www.oceanpress.com.cn

北京市海淀区大慧寺路 8 号 邮编:100081

北京朝阳印刷厂有限责任公司印刷 新华书店北京发行所经销

2017 年 6 月第 1 版 2017 年 6 月第 1 次印刷

开本:787mm×1092mm 1/16 印张:23.5

字数:600 千字 定价:138.00 元

发行部:62132549 邮购部:68038093 总编室:62114335

海洋版图书印、装错误可随时退换

序

随着我国渔业的发展，渔具渔法的改进和创新提高了捕捞效益，但其无序和过度的使用也对生态环境与渔业资源造成了巨大的压力和破坏，给生态保护与渔业管理增添了新问题。开展渔具渔法调查和研究，掌握渔具渔法的真实情况与发展趋向，了解其对生态环境与渔业资源的影响，对渔具的准入管理和渔业规划，对渔业教学与科研都是十分重要的。

黄渤海区作为我国近海渔业的传统渔场，渔具渔法种类繁多，随着渔业资源变动，部分渔具渔法对渔业资源造成了严重破坏。我国于 20 世纪 50 年代和 80 年代，先后开展了全国范围的渔具渔法调查，出版了《中国海洋渔具调查报告》、《中国海洋渔具调查和区划》和《中国海洋渔具图集》等论著，为渔业结构调整、实现渔业科学管理提供了科学根据和技术支撑，但时隔 30 多年，我国沿海各地的渔具渔法已发生了巨大变化。为了全面了解和掌握黄渤海区渔具渔法现状，促进《全国海洋捕捞渔具目录》的实施，中国水产科学研究院黄海水产研究所、中国海洋大学、大连海洋大学和威海好运通网具科技有限公司等单位依托公益性行业（农业）科研专项《渔场捕捞技术与渔具研究与示范》（201203018）项目的资助，对黄渤海区渔具渔法进行了调查研究。

作者在整理和分析大量调研资料的基础上，筛选出 12 大类 63 种具有代表性的渔具编纂成《黄渤海区渔具渔法》一书，采用图文并茂的形式对各种渔具渔法进行了全面叙述，内容翔实丰富，具有资料文献、科研和技术实用价值，丰富了我国渔具渔法文献宝库。该书不仅为渔业管理和科研教学提供了最新的宝贵资料和科学依据，同时也可作为渔业干部、科技人员和水产院校师生的参考书籍。

值此《黄渤海区渔具渔法》出版之际，谨向编著者和参与调查工作的全体科技人员表示衷心的祝贺，并向广大读者推荐这本书，希望读者能从中受益匪浅。

中国工程院院士 唐启升

2017 年 5 月

前　言

黄渤海区的海洋捕捞历史悠久，渔具种类繁多。新中国成立后，1958 年开展了第一次海洋渔具渔法调查，但未正式出版渔具渔法调查报告。1983 年开展了第二次海洋渔具渔法全面调查，部分代表性渔具渔法被编入 1989 年出版的《中国海洋渔具图集》及 1990 年出版的《中国海洋渔具调查和区划》。至今已有 30 年之久，这期间我国经济社会发生了翻天覆地的变化，改革开放显示了巨大的活力，综合国力空前强大，人民生活水平显著提高，海洋捕捞业也得到了快速发展与繁荣。同时，由于海洋捕捞的生产体制、渔场环境与渔业资源的变化，渔具渔法也发生了巨大的变化。

随着我国海洋捕捞渔具渔法准入制度的实施，了解和掌握现阶段的渔具种类、作业参数和数量分布，以及在渔业中的地位和发展趋势，对渔业管理和规划都是必不可少的。自 2012 年起，中国水产科学研究院黄海水产研究所在主持公益性行业（农业）科研专项"渔场捕捞技术与渔具渔法研究与示范"（201203018）项目"黄渤海资源养护型捕捞技术与渔具研究与示范"课题的过程中，联合中国海洋大学、大连海洋大学、山东省威海好运通网具科技有限公司等单位共同开展了黄渤海区渔具渔法调查与渔具渔法准入目录的编制工作。在农业部渔业渔政管理局和黄渤海区渔政局等各级政府部门领导的支持下，参与的全体科研人员历时 5 年对黄渤海区的渔具渔法开展了调查。编写组在大量调研资料的基础上，筛选出具有代表性的渔具渔法编纂成《黄渤海区渔具渔法》一书。

本书共收录了黄渤海区常见的 12 大类渔具，共 63 种，其中刺网类渔具 21 种，围网类渔具 1 种，拖网类渔具 15 种，地拉网类渔具 1 种，张网类渔具 5 种，敷网类渔具 1 种，抄网类渔具 2 种，掩罩类渔具 2 种，陷阱类渔具 3 种，钓具类渔具 4 种，耙刺类渔具 5 种，笼壶类渔具 3 种。这 63 种渔具中既有商业性捕捞的大型渔具渔法，又有规模较小但为沿海渔民家庭生计渔业所使用的渔具渔法。书中采用图文结合的形式对各种渔具渔法进行了全面叙述，内容翔实丰富，可供渔业管理人员、渔业科技人员、技术推广与咨询服务人员、渔业企业与广大渔民及水产院校师生参考。

本书的编写人员如下：第一章 刺网类渔具，孙中之、李显森、孙珊、尤宗博、朱建成；第二章 围网类渔具，许传才、邢彬彬、张孝先、庄鑫；第三章 拖网类渔具，许传才、庄申、邢彬彬、张孝先、庄鑫；第四章 敷网类渔具，孙中之、孙珊、张孝先、张亮；第五章 张网类渔具，唐衍力、黄六一、张海鹏、张敏；第六章 陷

1

阱类渔具，孙中之、唐衍力、孙珊、张海鹏、尤宗博；第七章 钓渔具类，李显森、唐衍力、孙珊；第八章 耙刺类渔具，李显森、唐衍力、孙中之；第九章 笼壶类渔具，许传才、唐衍力、邢彬彬；第十章 杂渔具，孙中之、李显森、孙珊、尤宗博；第十一章 黄渤海区捕捞渔具现状、存在问题、发展趋势及改进方向，李显森、孙中之、庄申、唐衍力、许传才、张海鹏。全书由李显森统稿、定稿。庄申协助渔具制图。

在本书的编撰、出版过程中，中国水产科学研究院黄海水产研究所赵宪勇研究员、中国水产科学研究院东海水产研究所黄洪亮研究员、河北省海洋与水产科学研究院赵振良研究员和李怡群研究员给予了大力支持和帮助，在此一并表示感谢。

感谢公益性行业（农业）科研专项"渔场捕捞技术与渔具渔法研究与示范"（201203018）项目的资助。感谢农业部"农业科研杰出人才培养计划"项目的资助。

由于作者的业务水平所限，本书的缺憾、不足与错误在所难免，热盼能得到广大读者与专家同仁的批评指正。

李显森

2016 年 8 月

目　录

编　例 ……………………………………………………………（1）

第一章　刺网类渔具 …………………………………………………（13）

　第一节　定置单片刺网 ……………………………………………（14）

　　一、梭子蟹定刺网(山东　青岛) ………………………………（15）

　　二、气泡子网(天津　汉沽) ……………………………………（18）

　　三、口虾蛄定刺网(河北　秦皇岛) ……………………………（22）

　第二节　漂流单片刺网 ……………………………………………（25）

　　一、大目鲅鱼流网(山东　昌邑) ………………………………（25）

　　二、小目鲅鱼流网(辽宁　庄河) ………………………………（29）

　　三、花鱼网(辽宁　锦州) ………………………………………（33）

　　四、对虾流网(天津　北塘) ……………………………………（36）

　　五、鱿鱼流网(天津　北塘) ……………………………………（39）

　　六、青鳞鱼流网(辽宁　营口) …………………………………（43）

　　七、青条鱼挂子(河北　乐亭) …………………………………（46）

　　八、白眼网(天津　北塘) ………………………………………（49）

　第三节　定置三重刺网 ……………………………………………（53）

　　一、皮皮虾网(河北　丰南) ……………………………………（53）

　　二、长脖网(山东　海阳) ………………………………………（57）

　　三、八扣网(辽宁　普兰店) ……………………………………（60）

　　四、飞蟹网(辽宁　庄河) ………………………………………（64）

　第四节　漂流三重刺网 ……………………………………………（68）

　　一、对虾三重流网(山东　青岛) ………………………………（68）

　　二、虾爬子网(辽宁　大洼) ……………………………………（72）

　　三、鲳鱼流网(山东　昌邑) ……………………………………（76）

　　四、三重白眼网(辽宁　大洼) …………………………………（80）

　　五、海蜇流网(河北　丰南) ……………………………………（84）

　　六、蟹流网(河北　昌黎) ………………………………………（88）

第二章　围网类渔具 …………………………………………………（92）

　灯光围网(辽宁　大连) ……………………………………………（93）

第三章 拖网类渔具 ………………………………………………… (101)

  第一节 单船有翼单囊拖网 ………………………………………… (102)

    一、小单拖网(辽宁 锦州) ……………………………………… (102)

    二、板子网(山东 莱州) ………………………………………… (108)

    三、单拖网(辽宁 大连) ………………………………………… (115)

    四、中型单船底拖网(辽宁 丹东) ……………………………… (122)

    五、单船底拖网(辽宁 大连) …………………………………… (128)

  第二节 双船有翼单囊拖网 ………………………………………… (134)

    一、底拖网(山东 莱州) ………………………………………… (134)

    二、6 m大目底拖网(山东 石岛) ……………………………… (142)

    三、马布鱼浮拖网(山东 石岛) ………………………………… (151)

    四、10 m大目鲅鱼拖网(辽宁 丹东) …………………………… (157)

    五、10 m大目鳀鱼中层拖网(山东 荣成) …………………… (167)

    六、14 m大目浮拖网(山东 石岛) ……………………………… (175)

  第三节 单船桁杆拖网 ……………………………………………… (184)

    一、扒拉网(辽宁 盘锦) ………………………………………… (184)

    二、对虾扒拉网(天津) …………………………………………… (190)

    三、轱辘网(辽宁 旅顺) ………………………………………… (194)

  第四节 单船框架拖网 ……………………………………………… (202)

    弓子网(山东 莱州) ……………………………………………… (203)

第四章 敷网类渔具 ………………………………………………… (207)

  灯光鱿鱼敷网(山东 荣成) ……………………………………… (207)

第五章 张网类渔具 ………………………………………………… (215)

  第一节 双桩竖杆张网 ……………………………………………… (216)

    坛子网(山东 蓬莱) ……………………………………………… (216)

  第二节 双锚竖杆张网 ……………………………………………… (221)

    一、绿线网(山东 沾化) ………………………………………… (221)

    二、毛虾网(辽宁 锦州) ………………………………………… (224)

  第三节 并列单片张网 ……………………………………………… (227)

    一、宝鱼网(辽宁 锦州) ………………………………………… (228)

    二、海蜇网(河北 唐山) ………………………………………… (231)

第六章 陷阱类渔具 ………………………………………………… (235)

  第一节 建网陷阱类渔具 …………………………………………… (235)

    一、鳀鱼落网(山东 牟平) ……………………………………… (236)

二、四袋建网(辽宁 锦州) ……………………………………… (243)

　第二节 插网陷阱类渔具 …………………………………………… (251)

　　圈网(河北 黄骅) ………………………………………………… (251)

第七章 钓渔具类 ………………………………………………… (257)

　第一节 定置延绳真饵单钩钓 …………………………………… (257)

　　一、黄鱼、黑鱼延绳钓(山东 崂山) ………………………… (257)

　　二、星康吉鳗延绳钓(山东 胶州) …………………………… (261)

　第二节 垂钓真饵单钩钓 ………………………………………… (264)

　　一、手竿钓(山东 崂山) ………………………………………… (264)

　　二、天平钓(山东 文登) ………………………………………… (268)

第八章 耙刺类渔具 …………………………………………… (273)

　第一节 拖曳齿耙耙刺渔具 ……………………………………… (273)

　　一、文蛤耙(山东 崂山) ………………………………………… (274)

　　二、蚶耙子(辽宁 金州) ………………………………………… (278)

　　三、蚬耙子(辽宁 东港) ………………………………………… (282)

　第二节 拖曳泵吸和水吹齿耙耙刺类渔具 …………………… (287)

　　一、吸蛤泵 ………………………………………………………… (287)

　　二、泵耙子 ………………………………………………………… (290)

第九章 笼壶类渔具 …………………………………………… (295)

　　一、地笼(辽宁 大长山) ………………………………………… (295)

　　二、蟹笼(辽宁 葫芦岛) ………………………………………… (299)

　　三、鳗鱼笼(山东 胶州) ………………………………………… (303)

第十章 杂渔具(抄网类、掩罩类、地拉网类) …………… (306)

　第一节 抄网类 …………………………………………………… (306)

　　一、毛虾推网(山东 日照) ……………………………………… (306)

　　二、手抄网(山东 崂山) ………………………………………… (310)

　第二节 掩罩类 …………………………………………………… (312)

　　一、抛撒掩网(山东 崂山) ……………………………………… (312)

　　二、灯光罩网(山东 石岛) ……………………………………… (316)

　第三节 地拉网类 ………………………………………………… (324)

　　抛撒地拉网(山东 文登) ………………………………………… (324)

第十一章 黄渤海海区捕捞渔具现状、存在问题、发展趋势及改进方向 ……… (328)

　第一节 黄渤海海区捕捞渔具现状 …………………………… (328)

　　一、优越的海洋捕捞渔业发展条件 …………………………… (328)

二、黄渤海海区海洋捕捞渔业的经济地位 ………………………………… （329）

三、黄渤海海区捕捞渔具渔法种类丰富多样 ……………………………… （329）

四、黄渤海海区捕捞渔具实现了材料新型化 ……………………………… （330）

五、黄渤海海区捕捞渔具实现了生产制造工厂化 ………………………… （331）

六、黄渤海海区海洋捕捞作业实现了机械化、信息化 …………………… （331）

第二节 黄渤海海区捕捞渔具存在的主要问题 ……………………………… （332）

一、规模化生产的渔具种类较少 …………………………………………… （332）

二、渔具网目尺寸小的愈小、大的愈大 …………………………………… （333）

三、渔具网线直径细的更细、粗的更粗 …………………………………… （334）

四、单船携带渔具数量愈来愈多 …………………………………………… （334）

五、渔具滞留海中的时间愈来愈长 ………………………………………… （335）

六、海上作业时间越来越长 ………………………………………………… （335）

七、渔具管理跟不上渔具创新发展 ………………………………………… （335）

第三节 黄渤海海区海洋捕捞渔具渔法管理、改革与创新建议 …………… （336）

一、定期开展渔具调研,掌握渔具发展趋势 ……………………………… （336）

二、资助渔具著作出版,积存渔捞文献资料 ……………………………… （336）

三、稳定渔捞专业设置,持续培养专业人才 ……………………………… （337）

四、加强渔具科研创新,支持渔具改进推广 ……………………………… （337）

五、调整捕捞结构、降低捕捞强度 ………………………………………… （338）

参考文献 ……………………………………………………………………… （339）

附录Ⅰ 渔具分类、命名及代号(GB/T5147—2003) ……………………… （343）

附录Ⅱ 渔具图常用符号、绘制图样的图线要求和渔具图常用略语和代号 … （351）

附录Ⅲ 常见的编结符号与剪裁循环(C)、剪裁斜率(R)对照表 ………… （354）

附录Ⅳ 黄渤海主要渔具、渔场、渔期和捕捞对象 ………………………… （355）

编　例

为保障本书的编写质量、便于阅读与使用，对本书的编写格式、表述形式、计量单位、制图与标注方法特制定如下编例。

一、本书编入的黄渤海区主要捕捞渔具均为在黄渤海沿岸的渔港渔村实地调查测量的、并经对比筛选出来的、具有代表性的渔具。

二、本书录入的 63 种渔具，均按国家标准（GB/T 5147—2003）《渔具分类、命名及代号》的 12 大类渔具进行编排。这 12 大类渔具依次为刺网类、围网类、拖网类、地拉网类、张网类、敷网类、抄网类、掩罩类、陷阱类、钓具类、耙刺类、笼壶类。

三、本书编入的渔具名称，均采用调查时得到的当地习惯名称或地方俗称，即地方名称。对于个别容易造成混乱和误解的渔具地方名称，编著者进行适当的修改命名，并附原地方名称。在介绍时依据国家标准（GB/T 5147—2003）《渔具分类、命名及代号》，对该渔具的类、型、式进行定位表述。

四、本书编入的各类渔具的全国与各地区海洋年捕捞产量均取自《中国渔业统计年鉴》公布的相关数据。

五、本书对编入的代表性渔具的介绍，采用文字语言、表格语言与图形语言 3 种方式表述。每一种渔具的文字叙述，按简要概述、渔具结构、渔具装配、渔船、渔法、结语等内容逐一介绍，在结语中对此种渔具作出了简要评价，并提出了改进、发展、管理、取舍与限制的建议。对于材料结构相对复杂的渔具列出了材料结构表，而相对简单的渔具则不列表。渔具的图形语言，即渔具图，根据介绍的需要绘制相应的网衣展开图、装配图、零部件图、布设图和作业示意图。

六、渔具各部的名称、渔具及渔具材料的名词术语按国家水产行业标准《SC/T 4001—1995 渔具基本术语》和《SC/T 5001—1995 渔具材料基本术语》的规定表述。

七、渔具、渔具材料量、单位及符号按国家标准《GB/T 6963—86 渔具材料量、单位及符号》的规定表述。

八、本书中的渔具图依据国家水产行业标准《渔具制图》（SC/T 4002—1995）的基本原则绘制。

（一）除网衣展开图及专门表现网板、框架、桁架、撑杆、钓钩等刚性属具构件与零部件图按比例绘制外，其余图件（如装配图、布设图和作业示意图等）均不必按比例绘制。

（二）在按比例绘制的过程中，无论是网衣展开图，还是刚性属具构件与零部件图，对于按比例绘制后在图纸上的尺度小于2.0毫米（mm）的，依据工程制图的惯例，均按2.0毫米（mm）绘制，其实际尺寸以标注的数值为准。

（三）网片展开图的绘制比例

（1）刺网、建网等单片型网片：其展开图网片的水平长度以结附网片的上纲长度按选定的比例绘制；其展开图网片的垂直高度，有侧纲的以结附网片的侧纲长度按同一比例绘制，无侧纲的以网片拉直高度（或垂直缩结后的高度）按同一比例绘制。

（2）无囊围网、无囊地拉网的网片：其展开图网片的水平长度以结附网片的上纲长度按选定的比例绘制；其展开图网片的垂直高度以网片拉直高度按同一比例绘制。

（3）拖网、张网、抄网、掩网等的囊形网片：其展开图网片的横向宽度以网片拉直宽度的一半，按选定比例绘制；其展开图网片的纵向长度以网片拉直长度按同一比例绘制。

（4）单囊张网的网片：其展开图用全展开的方法绘制。网片的横向宽度以网片拉直宽度的四分之一按选定比例绘制，纵向长度以网片拉直长度按同一比例绘制。

（5）敷网网片：箕状敷网网片的展开图，按上述"（3）拖网、张网、抄网、掩网等有囊型网片"的展开图绘制方法确定比例绘制。矩形、梯形敷网网片展开图的横向宽度与纵向长度均以结附网片的纲索长度按选定的同一比例绘制。

（6）网翼及网身等具有裁剪边的网片展开图，除要满足上下边的横向目数宽度尺寸及纵向目数拉直尺寸外，其斜边要符合裁剪的斜率要求。

（7）所谓网片的拉直长度、拉直宽度与拉直高度，是指理论上的拉直长度、拉直宽度与拉直高度。无需实际测量网片的拉直尺度，只需要将网目大小尺寸乘以网片的纵向或横向目数，即可得出理论上的拉直长度或拉直宽度。

（8）纲索的绘制比例：在网衣展开图中，纲索的粗度无法按比例绘制，一般用粗实线表示，其长度比例与对应结附的网衣比例相同。在渔具局部装配图中用两条细实线描绘纲索。在作业示意图中网衣的轮廓线和纲索均用细实线描绘，只是表示纲索的线略粗于表示网衣轮廓的线。在同一张图纸中粗实线的宽度一般应是细实线的2~3倍。

九、渔具图的标注

（一）网片的标注

1. 网片材料和网结类型的标注

（1）对于锦纶（PA）、乙纶（PE）、涤纶（PES）、丙纶（PP）等化纤捻线，用材料结构号数表示。结构号数中单丝或单纱粗度用线密度"特"（tex）表示。

如：PE36tex4×3，PA23tex3×3

（2）对于锦纶（PA）、乙纶（PE）、涤纶（PES）、丙纶（PP）等化纤单丝，用直径毫米（Φ××mm）表示。

如：PAMΦ0.50 mm，亦可标为 PAΦ0.50 mm（除特别说明外，一般不标注单位 mm）

（3）网目尺寸和网片结节形式：网目尺寸为网目的两个对角结或连接点中心之间距离，其代号用 2a 表示，以 mm 为单位。网片结节类型用略语在网目尺寸（2a）后面标注。SJ（或 sj）为单死结，单死结的 SJ 可以省略；SS（或 ss）为双死结。

如：PE36tex4×3-26.0SJ

PE36tex4×3-26.0

PAMΦ0.50-90.0SS

刺网类、围网类、拖网类、地拉网、张网类、敷网类、陷阱类渔具中的单片型网片标注在各单片网片展开图的中部。对于围网类、拖网类、地拉网、张网类、敷网类、抄网类、掩罩类、陷阱类、耙刺类渔具中的网袋和囊网网衣则标注在网袋和囊网的网片展开图的中部或展开图外的左侧（或右侧）同一水平的对应部位。

2. 网片的目数、剪裁、编结和缩结系数及其相应代号的标注

（1）网片展开图的方向代号与目数的标注

网片展开图的纵向代号为 N，横向代号为 T，斜向代号为 B。

刺网、无囊围网、无囊地拉网、单片张网、单片敷网、单片陷阱等矩形（四边形）网片的纵向、横向目数为整目数时，用整数表示（如：1200N、150T），若有半目数，则用小数表示（如：25.5T、300.5T），均标注在网衣展开图对应的边界线正中。网片材料名称、网线综合线密度或结构、网目尺寸和网结形式，标注在图内网衣横向和纵向界线正中。

拖网、地拉网、张网、敷网、抄网、掩网、陷阱等类渔具的网身、网袋展开图中，除网片横向目数标注在网片横向界线正中外，其他各项分别标注在图样两侧MAT、2a 和 N（纵向网目数）各栏内。

相邻横向或纵向网片界线的目数相等时，只标注一次，不等时分别标出。对称中心线一侧的网片标注全目数。

（2）网片剪裁的标注

剪裁网衣：一次增（减）目周期增（减）的横向目数与一次增（减）目周期的纵向目数之比。网衣的剪裁可用剪裁斜率和剪裁循环表示。剪裁斜率是指网衣斜剪边的斜度，用横向目数与纵向目数的比率表示。如 5∶4，表示纵向网目数 5 目中横向进 4 目，传统习惯也将该剪裁斜率表示为 5-4，因此在使用中应特别注意以免

混淆，用剪裁循环表示的方法为：如（1N 2B）×14，表示每个循环组直剪一次和斜剪两次，共14个循环组。标注在网衣展开图对应的斜边线上。

N——边旁剪裁，简称边旁；

T——宕眼剪裁，简称宕眼；

B——单脚剪裁，剪裁单脚；

AB——全单脚剪裁，剪裁全单。

（3）手工编结增减目网片的标注

增（减）目道数：每道增（减）目周期数及括号内一次增（减）目周期节（r）数的增（减）目数。手编网衣增（减）目标注方法依次为：增（减）目道数，每道增（减）目周期数，前两项和括号内两项间用"-"号连接。例如8-10（6r-2），表示8道增（减）目线，每道增（减）10次，纵向6节增（减）2目。标注在网衣展开图对应的斜边外侧。

（4）网片缩结系数的标注

网片缩结系数用代号 E 表示，一般用 E_1 代表网片横向（水平方向）缩结系数，用 E_2 代表网片纵向（垂直方向）缩结系数。网片缩结系数小于1、大于0（1>E>0），一般用2位小数标注，个别的用3位小数表示（如 E0.625），但在同一网衣展开图中保留相同的位数。拖网和张网等渔具，一般不标注缩结系数；无囊围网和刺网渔具上下纲用不同的缩结系数装配时，分别标注在网衣展开图左部的上边线下、右部的下边线上。若渔具沿上（下）侧缩结系数不同时，则分段标注。

（5）网片斜边配纲系数

在网具装配中网片斜边（裁剪边）配纲长度的计算会经常遇到，由此产生了网片斜边（裁剪边）配纲系数（E_3）。E_3 完全不同于 E_1（网片横向缩结系数）和 E_2（网片纵向缩结系数），但 E_1（或 E_2）及网片的裁剪斜率却决定了 E_3 的大小。网片斜边配纲系数用3位小数表示（如 E1.036）。由于介绍渔具装配时一般已经谈到 E_3 数值，而渔具图上也已标出网片斜边配纲的长度，故渔具图上不再标注 E_3 数值。

（6）经编插捻网衣规格的标注

经编插捻网衣的网线规格用材料结构号数（如 PE36tex）、经向（J）和纬向（W）的网线单丝数表示，其方形网目尺寸用经向和纬向网线之间的间隔毫米数表示。

如：PE36texJ4W4-2.0×2.0，即表示该网衣是用线密度为36特聚乙烯单丝，经向和纬向均为4根单丝织成的网布（筛绢），经向和纬向的网线间距均为2.0 mm。

（二）纲索的标注

1. 合成纤维纲索

合成纤维材料的绳索用长度（m）、材料略语和直径（mm）标注（单位 m

4

和 mm 一般均省略）。

如：15.25 PEΦ5.8

直径小于 Φ4.0 mm 的合成纤维材料的绳索用长度（m）、材料略语与上相同，绳索的直径一般用结构号数标注。

如：15.25PEΦ0.225/38×3

该乙纶绳长 15.25 m，3 股捻绳，每股为单丝直径 0.225 mm 的乙纶单丝 38 根。

如果需要标注股数和捻向，则加注数字和 Z（右捻，Z 捻标注可省略）或 S（左捻）。

如：15.25PEΦ6.5 Z（或 S）

2—15.25 PEΦ6.5 Z/S

2. 植物纤维绳、金属绳

植物纤维材料、金属材料的纲索用长度（m）、材料略语和直径（mm）标注。

如：4.50HEΦ10.0（麻绳）；500.00WRΦ15.5（钢丝绳）。

3. 夹芯绳、包芯绳、缠绕绳等

夹芯绳（COMB）、包芯绳（COMP）、缠绕绳（COVA）等纲索用长度（m）、绳索略语、直径（mm）及其结构标注。

如：350.00 COMBΦ36.0（WRφ12.5+MAN）

13.60 COMPΦ32.0（WRφ12.0+PENE）

72.00 COVAΦ40.0（WRφ12.5+HE）

4. 铁链

铁链用长度（m）、铁链略语及铁链圆钢直径（mm）标注。

如：2.90 CHΦ16.0。

（三）属具的标注

1. 浮子的标注

（1）硬质球形浮子：用浮子个数、材料、直径—每个浮子的净浮力标注。

如：12 PLΦ280.0—9.60 kgf。

（2）软质球形浮子：用浮子个数、材料、外径、孔径—每个浮子的净浮力标注。

如：240 FOΦ95.0 d 18.0—0.38 kgf。

（3）软质圆柱形浮子：用浮子个数、材料、外径×长度、孔径—每个浮子的净浮力标注。

如：208 FOΦ100.0×160.0 d 21.0—1.00 kgf。

（4）硬质椭球形浮子：用浮子个数、材料、短轴直径×长度—每个浮子的净浮力标注。

如：15 PLΦ75.0×130—0.30 kgf。

（5）硬质方菱形及矩形浮子：用浮子个数、材料、长×宽×厚—每个浮子的净浮力标注。

如：36 PL 120.0×22.0×15.0—20 gf。

（6）竹浮筒：用材料、直径×长度—每个浮筒的净浮力标注。

如：BAM Φ100.0×350.0—2.50 kgf。

2. 沉子、滚轮、底环等的标注

（1）沉子：用沉子个数、材料、每个沉子的质量（或在空气中的重量），或者用材料、每个沉子的质量标注。

如：200 Pb 0.45 kg

12STO 20.00 kg。

（2）沉纲滚轮：用滚轮个数、材料、最大外径×长度（mm）、孔径（mm）—每个滚轮的质量标注。

如：57 URBΦ90.0×120.0 d 22.0—0.21 kg。

（3）围网底环：用底环个数、材料、外径（mm）、内径（mm）—每个底环的质量标注。

如：89 STPRΦ260.0 d 220.0—2.10 kg。

（4）垫片：用垫片个数、材料、外径×厚度（mm）、孔径（mm）—每个垫片的质量标注。

如：2 Fe 38.0×2.0 d 22.0—17.0 g。

3. 杆类的标注

（1）桩杆、框杆类：用长度（m）、材料、直径（mm）标注。

如：4.50 BAMΦ35.0。

（2）撑杆、挡杆类：用材料、外径（mm）×长度（mm）标注。

如：Fe PIΦ80.0×800.0。

4. 网板的标注

网板：用材料、弦长×展长（mm）—每块的质量标注。

如：ST+WD 2400.0×1255.0—350.00 kg。

5. 网衣、纲索、属具的其他数量的标注

（1）网衣边缘的纲索

若网衣上、下边缘有2条或3条纲索并列，其长度、材料和规格均相同的，只描绘和标注其中1条纲索的数据，并在前面加上"2—"、"3—"表示纲索的数量。

如：3—35.84 PEΦ7.0。

（2）串连纲索的纲索标注

若几条长度、材料和规格均相同的纲索串连成1条时，则只描绘成1条粗实线，标注其中1条纲索的数据，并在前面乘上串连纲索的条数。

如：3×102.00 WRΦ18.0。

（3）刺网、围网、地拉网、单片张网的片数及浮筒、浮标、灯标、底锚、沉石、延绳钓钩数、延绳笼壶数等标注

在刺网的作业示意图中，标注整列刺网的总片数，即在网列中间或右端断开处乘以网片数，如："×400"。在刺网、延绳钓或延绳笼壶的作业示意图中，标注整列所用的浮筒、浮标、灯标、沉石、底锚等数量，即在该属具图形附近或该属具放大符号后面乘以件数，如："×30"或"①×30"。如果是在标注整列刺网的沉子数量或整列延绳钓的钓钩数或整列延绳笼壶的笼壶数，即在该渔具或构件的附近或放大符号后面连续乘以两个数，第1个数是每片或每干线的数量，第2个数是指整列的数量，如："×40×320"或"①×40×320"。

渔具图的标注办法适用于本书文字语言叙述。在本书文字语言叙述与表格中所列纲索长度，若无特别说明，均指结缚网衣部分的净长度，不包括制作连接绳环眼圈的长度。若非结缚网衣的纲索，均指制作好后的有效使用长度。

十、标注中采用的单位及小数精确位数

（一）长度

表示长度尺寸均采用公制，只用米（m）和毫米（mm）两种单位表示。网片、纲索和较长杆状属具的长度用米（m）表示，精确到小数点后两位数字，小数点后无数字的用"0"补足，如：35.25；12.00等。网目尺寸用毫米（mm）表示，一般不标注小数。网线直径、绳索直径和属具尺寸用毫米（mm）表示，精确到小数点后一位数字，小数点后无数字的用"0"补足，如：15.0；36.0等。网线为单丝的，其直径也可按网线规格标准标注至两位小数，但是其前须置标希腊字母 Φ，如：Φ0.25。网目长度、网线、纲索、浮子直径和沉子直径等尺度单位用毫米（mm）表示，单位代号一般均不标注。在渔具制造装配生产实践中，保留两位小数的长度数值单位一定是"米（m）"，保留一位小数（或无小数）的长度数值单位一定是"毫米（mm）"，如可能发生混淆就须要标注"mm"符号。

（二）质量

质量（俗称重量）单位用千克（kg）或克（g）表示。

（三）浮力和沉降力标注

浮力数值较大的用千克力（kgf）表示，浮力数值较小的用克力（gf）表示。沉降力大小用沉子（或沉具）在空气中的质量表示，数值较大的用千克（kg），数值较小的用克（g）。用千克力（kgf）和千克（kg）表述时保留两位小数；用克力（gf）和克（g）表述时一般不用小数，必要时，标注至1位小数。

十一、渔具主尺度的表示方法

（一）刺网类渔具的主尺度

（1）单片刺网：每片网具结附网衣的上纲长度×网衣拉直高度或侧纲装配长度。

如：青鳞鱼流网 52.50 m×6.09 m。

（2）三重刺网：每片网具结附网衣的上纲长度×大目网衣拉直高度或侧纲长度。

如：对虾三重流网 17.00 m×5.40 m。

（二）围网类渔具的主尺度

无囊围网：结附网衣的上纲长度×网衣最高部位拉直高度。

如：渔轮灯光围网 820.43 m×218.57 m。

（三）拖网类渔具的主尺度

（1）有翼拖网：网口网衣拉直周长×网衣纵向拉直总长（结附网衣的上纲长度）。

如：双拖网 109.62 m×74.51 m（54.64 m）。

（2）桁杆拖网：网口网衣拉直周长×网衣纵向拉直总长（桁杆总长）。

如：扒拉网 30.31 m×8.43 m（6.00 m）。

（3）框架拖网：网口网衣拉直周长×网衣纵向拉直总长（结附网衣的网口纲长）。

如：弓子网 12.33 m×6.06 m（2.20 m）。

（四）地拉网类渔具的主尺度

无囊地拉网：同无囊围网。

（五）张网类渔具的主尺度

（1）单囊张网：结附网衣的网口纲长×网衣纵向拉直总长。

如：坛子网 52.80 m×30.63 m。

（2）单片张网：同单片刺网。

（3）有翼单囊张网：同有翼拖网。

（六）敷网类渔具的主尺度

箕状敷网：结附网衣的上纲长度×结附网衣的下纲长度。

如：灯光鱿鱼敷网 149.60 m×221.40 m。

（七）抄网类渔具的主尺度

（1）囊状抄网：网口网衣拉直周长×网衣纵向拉直周长（框架周长或网口纲长）。

如：鱿鱼抄网 4.50 m×0.75 m（2.20 m）。

（2）矩形抄网：同矩形撑架敷网。

（3）梯形抄网：同梯形撑架敷网。

（4）三角形抄网：结附网衣的前边纲长×结附网衣的侧边纲长。

（八）掩网类渔具的主尺度

掩网：结附网衣的沉子纲长×网身纵向拉直长度。

如：抛撒掩网 27.50 m×5.39 m。

（九）陷阱类渔具的主尺度

（1）插网型：结附网衣的上纲总长度×网衣拉直高度或侧纲长度。

如：圈网 1 013.50 m×4.00 m。

（2）建网型：结附网衣的网圈上纲总长×网圈网衣拉直高度或侧纲长度×网圈个数（结附网墙网衣的上纲总长）。

如：四袋建网 73.60 m×12.00 m×4（70.50 m）。

（十）钓具类渔具的主尺度

（1）延绳钓：每条干线长度×每条支线长度（每条干线钩或饵数）。

如：黄、黑鱼延绳钓 307.50 m×1.60 m（120 HO）。

（2）竿钓：钓竿长度×每条钓线长度（每根钓竿系结的总钩数）。

如：鲈鱼天平钓 7.00 m×2.40 m（2 HO）。

（十一）耙刺类渔具的主尺度

拖曳式齿耙：齿耙耙架宽度×网衣纵向拉直长度。

如：文蛤耙 0.39 m×1.26 m。

（十二）笼壶类渔具的主尺度

1. 单个笼壶的尺度

（1）圆柱形笼：笼的直径（Φ）×笼的高度（或长度）。

如：蟹笼 Φ0.60 m×0.27 m。

（2）立方形（条形）笼：笼的高度×笼的宽度×笼的长度。

如：地笼 0.40 m×0.25 m×6.76 m。

2. 延绳式笼壶：每条干线长度×每条支线长度—每条干线笼壶数（单个笼壶的尺度）。

如：鳗鱼笼 8 600 m×0.90 m—1 000 BAS（Φ0.12 m×0.53 m）。

十二、本书录入各类渔具计数的量词

（1）刺网类渔具计数量词为"片"；连接成作业网列后的计数量词为"列"。

（2）围网类及敷网类渔具计数量词为"盘"。

（3）拖网类渔具计数量词为"顶"。

（4）地拉网类的渔具计数量词亦为"盘"。

（5）张网类渔具计数量词除单片型张网与刺网类渔具相同外，其余各型渔具计数量词均为"条"。

（6）敷网类渔具计数量词亦为"盘"。

（7）抄网类推移手抄式渔具计数量词为"把"，框架船拱式渔具计数量词为"架"。

（8）掩网类大型灯光罩网渔具计数量词亦为"架"或"顶"，小型手抛网、掩网渔具计数量词亦为"条"。

（9）陷阱类的渔具计数量词为"处"。

（10）钓具类的延绳式的渔具计数量词为"筐"、"盆"或"夹"。

（11）耙刺类手操式的投射、铲耙、钩刺式的柄钩、锹铲、镖、叉、齿耙形渔具计数量词亦为"把"；漂流与定置延绳式的滚钩形渔具计数量词与钓具类的延绳式的渔具计数量词同；发射、拖曳式箭铦、齿耙形渔具计数量词亦为"架"。

（12）笼壶类漂流、定置延绳式的渔具计数量词亦为"条"，散布式渔具计数量词亦为"个"。

十三、关于渔具装配

渔具装配工艺流程是十分复杂的，由于篇幅所限，本书中对收录各种渔具的装配工艺流程采取重点环节详述、非重点环节简略的办法。在此对有关具普遍性的装配工艺做统一说明。

（一）网片的缝合

1. 绕缝

绕缝常用于网片间的纵向和横向缝合，是用网线穿绕网片彼此对应网目，视网目尺寸大小每绕紧3~10目后，打2~3个单结或丁香结锁牢。绕缝简便快捷，强度安全可靠，因此在较大型的渔具装配中使用较多。绕缝不会增加网片纵向或横向目数。

2. 编缝

编缝仅用于网片间的纵向和横向缝合，用网线采用手工织网的办法将前后或左右两片网片编缝成连接的网片。编缝的网片平整无缝，多用于小型的、对网片平整度要求较高的网具，如掩罩类的手抛网（旋网）。但编缝的结果会使网片在垂直于缝合线方向上增加半目。

（二）网片与纲索的结合

1. 纲索串穿网目连接

纲索串穿网目多用于单片网片与上下纲的装配，有半目串穿和整目串穿两种方法。

（1）半目串穿多用于较大网目（如三重刺网的外网片）的装配。

（2）整目串穿多用于较小网目的装配。

2. 绕缝连接

网片与纲索的绕缝方法与网片间的绕缝基本相同，常用于网片斜边与配纲的装配工艺中。网片斜边与配纲的绕缝前，要先计算好单位长度配纲对应的斜边网目数。

3. 水扣连接

当网片与较粗的纲索结合时，不便用纲索穿网目或网片与纲绳绕缝的办法连接。一般多采用一条被称为水扣绳的较细绳索，穿串网目，再将水扣绳与对应的纲绳并拢，分节扎附在纲索上，每一节称之为一个水扣。水扣连接网片与纲索多用于大型网具的装配上，如围网、拖网、灯光敷网与灯光罩网等。

（三）纲绳的连接

1. 纲绳并拢扎捆

两条或两条以上的纲绳，如上纲与浮子纲、下纲与沉子纲并拢连接，采用并靠扎捆的方法。扎捆时一要保证两条纲绳均匀受力；二要保证扎捆的绳匝只能扎在相邻的两个网目之间，不得穿过网目。

2. 纲索前后连接

（1）绳结连接

较细的纲绳一般多用双头结、平结、假平结；较粗的纲绳一般多用滑平结、接绳结、活接绳结、双花结、缆绳结、渔人结、重渔人结等绳结连接。

（2）插接连接

插接连接多用于同等或近似规格钢丝绳之间及较粗的棕绳、化纤合股捻绳之间需要无结节的连接。有长插接和短插接两种工艺。长插接的纲绳可以通过吊车的滑轮。短插接还可以用来制作纲绳的眼环，眼环中要安装好钢套环，为纲绳的卸扣连接或转环连接做准备。

（3）卸扣连接

卸扣（又称卸克、卸甲、卡环）是专业工厂生产的索具标准件，有 U 形与圆形两种。用卸扣连接纲索需先将纲索的连接端预先插制好眼圈，眼圈中要安装好钢套环。

（4）转环连接

转环（俗称转轴）是专业工厂生产的索具标准件。转环一般通过卸扣实现与纲索或其他属具连接。转环连接可以防止连接的纲索受力后产生捻掳而引起应力集中造成折断。转环连接还可以防止纲索、铁链的扭结，便于收绞与投放。

（5）紧索夹连接

紧索夹（又称钢绳卡子、绳夹、绳卡、夹头、索卡）是专业工厂生产的索具标准件。可以用多个紧索夹快速临时连接两条纲索或快速制作纲索的眼环，眼圈中要安装好钢套环。

（6）钢套环的安装

钢套环（又称铁嵌环、嵌环）是专业工厂生产的索具标准件，是一种外侧具有弧形凹槽的钢制眼环，有圆形与心形两种。圆形用于植物纤维与化学纤维绳，心形用于钢丝绳。在插制眼环的过程中，要将对应的钢套环同时衬垫于眼环内。钢套环不仅可以避免眼环的过度弯曲，使眼环均匀受力；还可以减少眼环的磨损，延长使用寿命。

（四）浮子的装配

（1）球形泡沫塑料浮子都有中心贯通的圆孔，可以将浮子纲穿过所有的浮子，而后依据需要的间距将浮子纲连同浮子并扎在上纲上。

（2）方形的杉木、软木、泡沫塑料浮子可以直接用网线扎附在上纲上。

（3）玻璃吹制的球形浮子，需要将玻璃球型浮子先装入合适的网袋中固定，再将网袋用网线扎附在上纲上。

（4）硬质塑料中空浮子都有耳孔，可以直接用网线通过耳孔将浮子直接扎附在上纲上。

（五）沉子的装配

（1）对于有预制穿孔的圆柱形、圆片形、腰鼓形、挂锁形等用硬橡胶、铸铁、低碳铁、陶瓷、玻璃等材料制成的沉子，可以将沉子纲串穿上所有的沉子，而后依据需要的间距将沉子纲连同沉子并扎在下纲上。

（2）对于用铅、锡与低碳软铁制作的沉子，可以用夹钳夹牢在下纲上或用铁锤砸牢在下纲上。

（3）对于用铁盘条、钢筋、圆钢截成的或沙岩、页岩、滑石等切割成的沉子，可以用网线直接扎附在下纲与沉子纲之间。

（4）铁链多用于下纲的局部段配重，一般采用卸扣连接或铁丝拧结的办法扎附在下纲上。亦有的网具下纲全段结附铁链，如弓子网，铁链两端用卸扣连接在弓子两个立柱与翘板的结合部，网具的下纲扎附在铁链上。

（5）沉石（或碇）与网锚，是预先拴好沉石绳或锚绳，在投放网具时再根据需要将沉石或网锚扎结在下纲、叉子纲或上纲上。

第一章　刺网类渔具

刺网类渔具是由若干片矩形网片连接成一列长带形的、利用网片刺挂或缠绕功能实现渔捞目的的网具，其结构的基本型是由网目大小相同（或不同）、网线材料基本相同（或不同）的若干矩形网片，上纲与下纲分别装置浮子和沉子后，连接成网列组成。作业时，将单元网具组装成列垂直敷设在水域中鱼类洄游的通道上，由渔船系带，或单独置于水中，随风、随流漂移；或者依靠桩、橛、杆、碇、锚等将网列定置于水中，拦截鱼虾类等捕捞对象，捕捞对象在洄游或受惊扰逃窜时刺入网目，或缠络于网片上而被捕获。对于体长组成较为均匀、聚群相对密集的捕捞对象，多采用刺捕方式捕捞，如鲅鱼、斑鰶、小黄鱼等；对于体型不适合刺捕或头部、体部具棘、刺的捕捞对象，多采用缠络方式捕捞，如黑鲷、牙鲆、口虾蛄、梭子蟹等；对于某些体部柔软的捕捞对象，如鱿鱼、章鱼、乌贼等头足类和海蜇，则采用刺挂、搁绊、契入、缠络兼兜捕的方式捕捞。

刺网类渔具在单片刺网基本结构的基础上产生了多种变型，例如，上、下部网目大小不同的混合刺网（亦称："双层刺网"或"多层刺网"），两种网目大小不同网片重叠使用的双重刺网、三重刺网；在网片上增加纲索形成框格的框格刺网；无下纲的散腿刺网等。单片刺网是一种选择性很强的渔具，当接触刺网的鱼，其体长与网目最适捕捞体长大小相差20%时，鱼被捕获的概率就很小。三重刺网是由两重大网目外网衣和一重小网目的内网衣组成，这一特殊结构，使其具有刺挂、搁绊、契入、缠络兼兜捕的功能，因此它的捕捞效果好，但捕捞选择性较差。刺网类渔具的捕捞对象相对广泛，但每种刺网的渔获选择性都相对较强，各有其主要捕捞对象，所以在习惯上又多以主捕对象命名刺网，如鲅鱼流网、对虾流网、斑鰶刺网等；有的为了说明是定置类型的刺网，还特意加上"锚"或"定"的称谓，如大目锚网、皮皮虾锚刺网、龙头鱼定刺网等；有的根据捕捞对象或某些渔具结构特点、作业特点等，起名为具有地方特色的俗称，如八扣网、包鱼网、鲈鱼散腿流刺网等。

刺网类渔具按作业方式基本上分为流刺网和定置刺网两大类。随风、随流漂移作业的刺网称为漂流刺网，有的地方也称其为流刺网，或干脆简称为流网，可以在中上层水域作业，亦可在底层水域作业；定置作业的刺网称之为定置刺网，亦有叫做定刺网、锚刺网等，多局限于内湾、河口外海或沿岸地形复杂、渔场狭窄的水域中作业。围刺网和拖刺网是流刺网作业方式的变型。围刺网只能在鱼群分布密度较大的情况下使用；拖刺网是一种传统的小型作业，捕捞效率不高，已处于被淘汰状态。据2009—2012年调查，黄渤海区的刺网类渔具主要有2型（单片和三重）2式（漂流和定置），主要捕捞对象有鲅鱼、小黄鱼、鲻鱼、鲳鱼、鲈鱼、鲐鱼、梅童鱼、梭鱼、大头鳕、颚针鱼、青鳞鱼、黄鲫、斑鰶、半滑舌鳎、鲆、鲽、对虾、梭子蟹、口虾蛄、鱿鱼和海蜇等。以捕捞鲅鱼、小黄鱼、对虾、梭子蟹、口虾蛄、海蜇等的刺网渔具最多，其渔获产量也相对较大。

刺网类渔具结构相对简单，对渔船的动力要求不高，生产机动灵活，能捕捞上、中、下各水层比较集中或分散的鱼类、甲壳类和头足类等，选择性较强，所捕鱼、虾、蟹的个体较大和整齐，商品价值高。在黄渤海沿岸地区，刺网渔业是最重要的传统渔业之一。据《中国渔业统计年鉴》统计资料，2012年环黄渤海三省一市（辽宁省、河北省、山东省和天津市）的刺网渔船数量达 24 038 艘，总功率979 147 kW；捕捞总产量为103.49×10⁴ t，渔获率占27.88%。

20世纪50—60年代，刺网类渔具主要捕捞经济价值较高的大型和中型鱼类，如鲅鱼、鲈鱼、鰤鱼、鲐鱼、大黄鱼、鲳鱼、真鲷等，渔具的网目尺寸多为90～120 mm。近30年来，随着渔业资源的变化，大型和中型经济鱼类、虾类资源衰退，小型经济鱼类、虾类资源增多或被开发利用，导致专捕小型鱼类、虾类的刺网类渔具种类不断出现和增多，如青鳞鱼刺网、黄鲫鱼刺网、斑鰶鱼刺网、颚针鱼刺网、梅童鱼刺网、沙丁鱼刺网、小黄鱼刺网、鳀鱼刺网、口虾蛄刺网等，渔具的网目尺寸缩小到30～50 mm。为了提高渔获量，兼捕性能较强的三重刺网使用范围越来越广，针对的捕捞对象越来越多，渔船携带的网片数量也越来越多。

第一节　定置单片刺网

定置单片刺网是由单片网衣和上纲、下纲、浮子、沉子及锚（或桩、橛、杆、碇）等构成，并以定置方式作业的一种刺网。利用桩、橛、杆、碇、锚（桩，即打入海底泥土中供系绳缆固定网具的粗木、石柱、砼柱、钢柱；橛，即小木桩；杆，即插入海底的竹竿、木杆；碇，即沉石，亦有用砼块或沉木制成的，用沉木制成的称为"椗"；锚，即专门制作的固定渔具的网用铁锚或木锚）或锚泊的渔船等将刺网固定于某一水域空间进行捕捞作业的刺网被称为定置刺网。依作业水层不同又分为漂浮定置刺网和底层定置刺网。漂浮定置刺网一般在近岸浅水捕捞上层鱼类使用。深水渔场因敷设较困难，多使用底层定置刺网来捕捞底层及近底层鱼、虾、蟹类。海洋捕捞作业以底层定置刺网为主，漂浮定置刺网数量相对较少。

定置刺网主要敷设在近岸和浅海水域，网列长度一般比流刺网短，敷设方向要求与流向垂直或成一定斜角。由于作业渔场的水深一般不超过40 m，故作业船舶以

14

小型渔船为主，但近年来也有向大功率渔船发展的趋势。例如某些捕捞口虾蛄、梭子蟹的定置刺网渔船主机功率已经达到了 298.40 kW（400 马力）以上。

黄渤海区的定置单片刺网主要有：口虾蛄定置单片刺网、梅童鱼定置刺网、斑鰶定置刺网、梭子蟹定置单片刺网等。

一、梭子蟹定刺网（山东　青岛）

梭子蟹定刺网属定置单片刺网（20·dp·C），主要分布于青岛周边的城阳、胶州、即墨等海域，以及渤海沿岸的丰南、莱州等海域。该渔具的上纲长度 30.00～140.00 m，网衣拉直高度 0.95～1.60 m，网目内径 80.0～140.0 mm。适宜于 8.95～223.80 kW（12～300 马力）的渔船作业。作业海区主要为黄渤海近岸的浅水区域，作业水深 10～40 m，作业水层为底层，主捕三疣梭子蟹。渔期为 8 月至 10 月。单船带网 100～500 片，年产量 1～2 t。

下面以山东省青岛市城阳区 179.04 kW（240 马力）渔船的梭子蟹定刺网为例作介绍。

（一）渔具结构

渔具主尺度：43.00 m×1.05 m。

1. 网衣

由直径 0.25 mm 的尼龙单丝编结，目大 140 mm，双死结。网图中用 PAMφ0.25—140ss 表示。每片网衣长 1 000 目，高 7.5 目，重 0.13 kg。纵目使用。

2. 纲索

（1）浮子纲、上缘纲：乙纶绳，PE36tex20×3，直径 3 mm，分别为 3 股左、右捻，各长 43.60 m，其中装配网衣部分长 43.00 m。

（2）沉子纲、下缘纲：乙纶绳，PE36tex10×3，直径 3.6 mm，分别为 3 股左、右捻，各长 73.60 m，其中装配网衣部分长 73.00 m。沉子纲长度约是浮子纲的 1.7 倍。

（3）浮标绳（站缨绳）：乙纶绳，PE36tex60×3，直径 4.5 mm，每条长约 50 m，每船 17～18 条。

（4）带网纲：乙纶绳，PE36tex160×3，直径 8 mm，每条长约 150 m，每船 1 条。

（5）沉石绳：乙纶绳，PE36tex60×3，直径 4.5 mm，每条长 5.00 m，每 30 片网用 1 条。在网头系 15 kg 左右的沉石 1 块，作为锚用。

3. 属具

（1）浮子：硬塑料，猫耳腰鼓形，直径 20 mm，重 2 g，静浮力 18 gf，每片网用 81 个。

（2）沉子：铅坠，麦粒形，长条，中间稍粗，两侧带对称凹槽，每个重 11 g，每片网用 317 个。

（3）浮标（站缨）：竹竿长 3.50 m，基部直径 45 mm，在基部系结重 3.50 kg 的砖块（1.5~2.0 块），中间系结 7~8 个直径 75 mm 的圆球形浮子，顶部插小红旗。每 15 片网用浮标 1 支。每船用 34~35 支。

（4）沉石：石块，每块重约 15 kg，每 30 片网 1 块，共 17 块。

（二）渔具装配

（1）将上缘纲以全目穿入的方法穿过网衣上缘网上边的所有网目，再将浮子纲与上缘纲分档并扎，每档 255 mm，下挂 6 目。共 167 档。网衣水平缩结系数 0.31。然后用网线穿过浮子的猫耳孔，将其均匀等距扎牢在上纲上，除第一个和最末一个浮子距网端各 750 mm 外，其余各浮子间距均等。

（2）将下缘纲以全目穿入的方法穿过网衣下缘网下边的所有网目，然后将下缘纲与沉子纲分档并扎，每档 230 mm，上挂 3 目。网衣水平缩结系数 0.52。将铅沉子夹装在沉子纲和下缘纲之间，用网线扎牢。网衣两端下纲直接挂铅沉子，各铅沉子间距均等。共 317 档，每档中间绑扎 1 个铅沉子。

（3）将网片以每 30 片网为 1 组，每组两相邻网片的上纲（浮子纲、上缘纲）和下纲（沉子纲、下缘纲）分别上纲与上纲、下纲与下纲对应系结连接。其相邻网衣无需绕缝，各组网片顺次连成网列，各组网片连接处的下纲通过沉石绳连接沉石。最后一组为 29 片，作为网列的网头。

（4）将网列末端的上纲（浮子纲、上缘纲）和下纲（沉子纲、下缘纲）分别与叉纲的分叉上、下两端连接，叉纲的折弯处连接带网纲。

（三）渔船

小型木质渔船，主机功率 179.04 kW（240 马力），总长 24.00 m，型宽 6.00 m，型深 1.50 m。带网 500 片左右，每船作业人员 7 人。装备有 2 鼓轮起网机。

（四）渔法

渔船到达渔场后，根据流向选择放网场地，无论白天或夜间均放网。网具顺序放置于前甲板两侧，一般为左舷作业。横流确定放网方向，以横流偏顺风为好。放网时，船长 1 人操舵兼开船，2~3 人轮换放浮子纲兼放浮标，2~3 人轮换放沉子纲和沉石。放网完毕，即刻赶到放网点，开始起网。起网通常在左舷进行，先把带网纲引入鼓轮起网机，1 人看起网机，1 人收盘浮子纲，1 人收盘沉子纲，1 人开船和

16

操舵，其余人员拉收网衣并摘取渔获物。

（五）结语

梭子蟹定刺网的网目尺寸大，渔获物质量好、价格高，兼捕渔获种类少，对经济鱼类的幼鱼损害程度较小。由于该渔具的下纲长度是上纲的1.7倍，避免了因梭子蟹上网后挣扎而造成的滚纲，捕捞产量比等长配纲的网具产量要高，值得推广使用。根据中华人民共和国农业部通告〔2013〕1号《农业部关于实施海洋捕捞准用渔具和过渡渔具最小网目尺寸制度的通告》之规定，梭子蟹定置单片刺网为准用渔具，最小网目尺寸为110 mm。该渔具网目尺寸为140 mm，符合准用条件。

梭子蟹定刺网（山东　青岛）

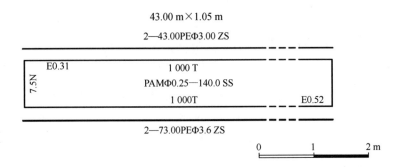

图 1-1　梭子蟹定置单片刺网网衣展开图

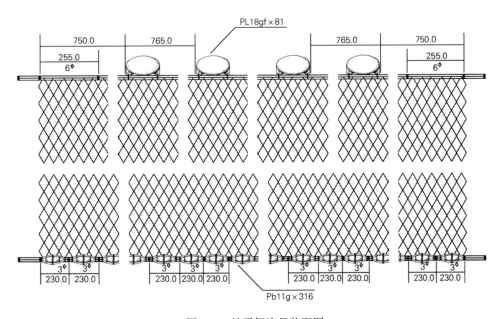

图 1-2　梭子蟹渔具装配图

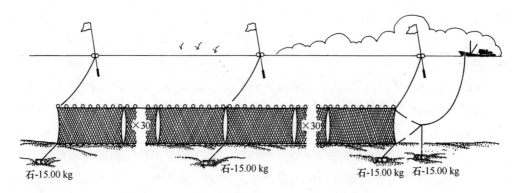

图 1-3　梭子蟹定置单片刺网作业示意图

二、气泡子网（天津　汉沽）

气泡子网属定置单片刺网（20·dp·C），主要分布在天津市沿海海域。该渔具的上纲长度 50.00 m，网衣拉直高度 4.20 m，网目内径 50 mm。适宜于 29.84～111.90 kW（40～150 马力）渔船作业。作业渔场为渤海湾各河口水域，作业水深 10～20 m，作业水层为底层，主要捕捞对象为斑鰶（当地俗称其为"气泡子"鱼），兼捕其他底层鱼类。渔期为 4 月至 5 月。单船带网 50～80 片，年产量 3～8 t。

下面以天津市汉沽区蔡家堡 67.14 kW（90 马力）渔船的气泡子网为例作介绍。

（一）渔具结构

渔具主尺度：50.00 m×4.20 m。

1. 网衣

由直径 0.20 mm 的尼龙单丝编结，双死节，目大 50 mm。网图中用 PAMΦ0.20—50.0ss 表示。每片网衣长 2 000 目，高 100 目。横目使用。

2. 纲索

（1）浮子纲、上缘纲：乙纶绳，PE36tex 单丝集束 3 股合股绳。直径 5 mm，分别为 3 股，左、右捻，各长 50.00 m。

（2）沉子纲、下缘纲：乙纶绳，PE36tex 单丝集束 3 股合股绳。直径 5 mm，分别为 3 股，左、右捻，各长 52.85 m，其中装配网衣部分长 52.40 m。

（3）侧纲：乙纶绳，PE36tex 单丝集束 3 股合股绳。直径 3 mm，每条长 4.20 m。每一条网用 2 条。

（4）叉纲：乙纶绳，PE36tex 单丝集束 3 股合股绳。直径 8 mm，每条长 13.00 m，2 条。

（5）锚纲：乙纶绳，PE36tex 单丝集束 3 股合股绳。直径 10 mm，长 40.00 m。

每片网用 1 条。

（6）浮标绳：乙纶绳，PE36tex 单丝集束 3 股合股绳。直径 10 mm，长 15.00 m。每船 21 条。

（7）浮标叉纲：乙纶绳，PE36tex 单丝集束 3 股合股绳。直径 3mm，长 1.60 m，对折使用。

（8）大浮子绳：乙纶绳，PE36tex 单丝集束 3 股合股绳。直径 6 mm，长 15.00 m，每船 9 条。

3. 属具

（1）浮子：泡沫塑料，圆球形，直径 100 mm，静浮力 360 gf，每片网用 40 个。

（2）大浮子：硬塑料，圆球形，直径 250 mm，静浮力 6.70 kgf，每船用 9 个。

（3）沉子：陶质，腰鼓形，每个重 125 g，每片网用 55 个。

（4）浮标：竹竿长 4.00 m，基部直径 40~50 mm，在基部系结重约 5.00 kg 的砖块（2 块），中间系结 8~9 个直径 100 mm 的圆球形浮子，顶部插小红旗。每 10 片网用浮标 1 支。每船用 8~9 支。

（5）网用铁锚：有杆双齿铁锚，重约 15.00 kg，每片网 1 个，按单船带网 50~80 片计，共需 51~81 个。

（二）渔具装配

（1）将泡沫塑料浮子穿在浮子纲上，每条穿 40 个。然后将上缘纲以全目穿入的方法穿过网衣上缘网上边的所有网目，再将浮子纲与上缘纲分档并扎，每档 250 mm，下挂 10 目。共 200 档。第一个和最末一个浮子距网端各 625 mm，其余全部泡沫塑料浮子之间的间距均为 1.25 m。网衣水平缩结系数 0.50。

（2）将陶质沉子穿在沉子纲上，每条穿 55 个。然后将下缘纲以全目穿入的方法穿过网衣下缘网下边的所有网目，再将下缘纲与沉子纲分档并扎，每档 262 mm，上挂 10 目，共 200 档。网两端的陶质沉子距网端各留 0.48 m，其余沉子的间距为 0.95 m。网衣水平缩结系数 0.523。

（3）将侧纲以全目穿入的方法穿过网衣两侧边缘的所有网目，其上、下两端分别与上、下纲捆扎连接，侧纲实际高度为 4.20 m。

（4）将两条叉纲的分叉端分别与片网两端的上纲（浮子纲、上缘纲）和下纲（沉子纲、下缘纲）系结连接，中间折弯处与锚纲的一端连接。锚纲的中点系结在锚柄末端的锚环上，两端系结在相邻网片叉纲的中点折弯处。

（5）将大浮子绳一端结扎在大浮子上，另一端与叉纲中点折弯处相连。浮标叉纲的两端结扎在浮标杆中部的浮子两边，中间与浮标相连。浮标绳一端与浮标杆相连，另一端结扎在锚纲的中点。

19

（三）渔船

小型木质渔船，渔船主机功率 67.14 kW（90 马力），总长 21.40 m，型宽 4.80 m，型深 1.50 m。带网 50 片左右，每船作业人员 6 人。

（四）渔法

出海前将网整理好，按放网顺序，将后下海的网具放在下面，最先下海的网具放在上面，依次放置在左舷甲板上。沉子纲堆在船前边，浮子纲堆在船后边。渔船到达渔场后，选好位置，横流顺风或偏流放网。放网作业在左舷进行，船长 1 人操舵兼开船，1 人放下纲，1 人放锚纲及叉纲，2 人放锚。放网的顺序是先放网锚→放网锚纲→放浮标→放大浮子→放网衣→放另一端的网锚纲→放另一端的网锚，如此循环放完整列网具。最后将带网纲系在船头，同时抛好船锚。待缓流时起网，一边起网、摘取渔获物，一边再将网具放出。若需要转移渔场，起网时就把网和锚全部起上，依次叠放在甲板上，待船行驶到理想渔场后再行放网。

（五）结语

气泡子网是一种小型渔具，主要用于河口毗邻海域作业，一般为兼作或轮作。受渔业资源衰退影响，该渔具的使用数量已不多，渔业规模越来越小，其网目尺寸较小，对经济鱼类的幼鱼有一定程度的损害。根据中华人民共和国农业部通告〔2013〕1 号《农业部关于实施海洋捕捞准用渔具和过渡渔具最小网目尺寸制度的通告》之规定，斑鰶定置单片刺网为准用渔具，最小网目尺寸为 50 mm。该渔具网目尺寸为 50 mm，符合准用条件。

气泡子网（天津　汉沽）

主尺度:50.00m×4.20m

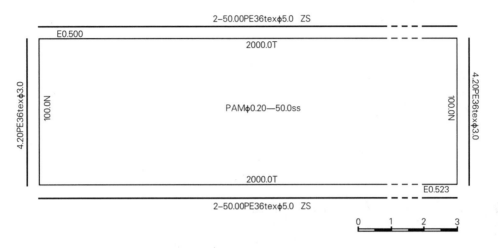

图 1-4　斑鰶刺网网衣展开图

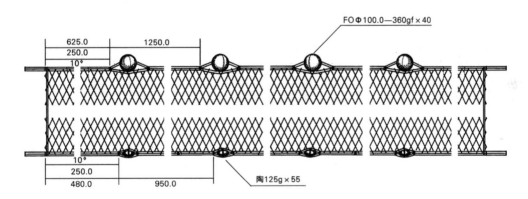

图 1-5　斑鰶刺网渔具装配图

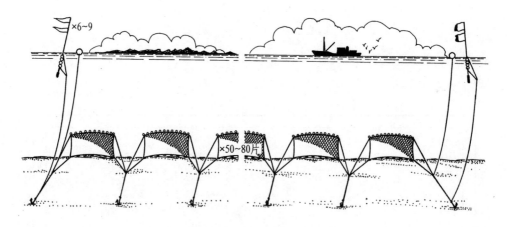

图 1-6　斑鰶刺网作业示意图

三、口虾蛄定刺网（河北　秦皇岛）

口虾蛄定刺网属定置单片刺网（20·dp·C），俗名又称虾爬子网、小眼网，主要分布在渤海沿岸的黄骅、塘沽、秦皇岛、抚宁、昌黎等海域。该渔具的上纲长度28.00~120.00 m，网衣拉直高度 0.90 ~ 4.50 m，网目尺寸 45 ~ 60 mm，适宜于8.95~298.40 kW（12~400 马力）渔船作业。作业渔场为渤海沿岸水域，作业水深2~20 m，作业水层为底层，主要捕捞对象为口虾蛄，兼捕虾、蟹和底层鱼类。渔期3月底至 5 月底。单船带网 40~500 片，年产量 0.5~2 t。

下面以河北秦皇岛 8.95 kW（12 马力）渔船的口虾蛄定刺网为例作介绍。

（一）渔具结构

渔具主尺度：54.00 m×0.90 m。

1. 网衣

由直径 0.20 mm 的尼龙单丝编结，目大 60 mm，双死结，网图中用 PAMφ0.2—60.0ss 表示。每片网衣长 2 500 目，高 15 目。横目使用。

2. 纲索

（1）浮子纲、上缘纲：乙纶绳，PE36tex 单丝集束 3 股合股绳。直径 2 mm，分别为 3 股，左、右捻，各长 54.00 m。

（2）沉子纲、下缘纲：乙纶绳，PE36tex 单丝集束 3 股合股绳。直径 2 mm，分别为 3 股，左、右捻，各长 73.50 m。

（3）浮标绳：乙纶绳，PE36tex 单丝集束 3 股合股绳。直径3.4 mm，长 20.00 m。

（4）碰石绳：乙纶绳，PE36tex 单丝集束 3 股合股绳。直径 3.4 mm，长 7.00 m，对折使用。

3. 属具

（1）浮子：泡沫塑料，长方体，规格 40 mm×10 mm×10 mm，静浮力 3.6 gf，每片网用 250 个。

（2）沉子：混凝土，圆柱形，每个重 6.5 g，每片网用 375 个。

（3）碰石：石块，每块重约 10.00 kg，每 12 片网两端各用 1 块。

（4）浮标：竹竿长 4.00 m，基部直径 40 mm，在基部系结重 2.00 kg 铁块，中间系结 6~7 个直径 95 mm 的圆球形浮子，顶部插小红旗。每 12 片网用浮标 2 支。每船用 10~12 支。

（5）网扦子：170 mm×40 mm×20 mm 木板 1 块，基部钻一孔，用直径 15 mm，长 300 mm 圆竹棍 1 根，插入孔中，固定在木板上，另一端削尖，尖端略微上翘，每片网 1 个，用于收敛网。

（二）渔具装配

（1）将上缘纲以全目穿入的方法穿过网衣上边的所有网目，然后将上缘纲与浮子纲分档并扎，每档 216 mm，下挂 10 目，共 250 档。网衣水平缩结系数 0.36。再将浮子夹入浮子纲和上缘纲之间，用乙纶网线绑扎。每档 1 个浮子，下扎 2 目，浮子间距为 216 mm，第一个和最末一个浮子距网端各 108 mm。

（2）将下缘纲以全目穿入的方法穿过网衣下边的所有网目，然后将下缘纲与沉子纲分档并扎，每档 294 mm，上挂 10 目。网衣水平缩结系数 0.49。共 250 档。再将沉子均匀绑扎在下缘纲和沉子纲之间，中间沉子间距 196 mm，两端沉子距离网端各留 98 mm。

（3）将各网片的上纲（浮子纲、上缘纲）和下纲（沉子纲、下缘纲）对应系结连接，其相邻网衣无需绕缝，全部网片顺次连成网列。

（三）渔船

小型木质渔船，主机功率 8.95 kW（12 马力），带网 60~72 片，每船作业人员 3~4 人。

（四）渔法

每天作业一次，早上出海，先起上前一天放的网，再放带来的网。

放网前，先整理好网具，在上纲与浮子纲之间用网扦子穿好每一片网。放网时，先将碰石抛入海水中，同时抛下浮标，然后顺流下网，放完一片网后，将其上、下纲与准备投放的另一片网的上、下纲连接在一起，放完12片网（俗称一吊网）后再抛一块碇石和浮标。然后继续下网，由船长1人操舵兼开船，1人放网，1人连接网片及投放浮标和碇石。放网后，由船长标记网列投放的位置，整个网列无需与渔船连带。

起网时，船长1人操舵兼开船，1人收网，同时把网穿入网扦子，1人收浮标、碇石及解开各网片间的连接扣。将起上的网带回渔港，网上岸摘取渔获。

（五）结语

口虾蛄定刺网结构简单，操作方便，成本低，但需要较多的劳动力摘取渔获物，网次产量不如三重刺网。目前，该渔具已经很少使用，逐步被口虾蛄定置三重刺网所替代。根据中华人民共和国农业部通告〔2013〕1号《农业部关于实施海洋捕捞准用渔具和过渡渔具最小网目尺寸制度的通告》之规定，口虾蛄定置单片刺网为准用渔具，最小网目尺寸为50 mm。该渔具网目尺寸为60 mm，符合准用条件。

口虾蛄定刺网（河北　秦皇岛）

主尺度:54.00 m×0.90 m

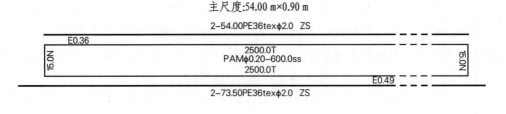

图1-7　口虾蛄定刺网网衣展开图

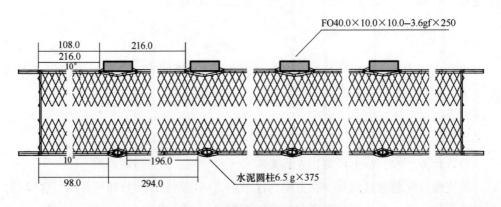

图1-8　口虾蛄定刺网渔具装配图

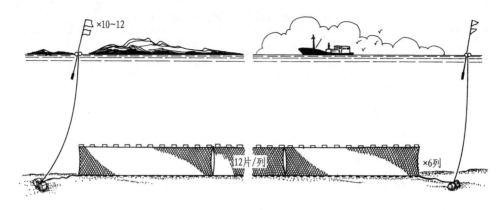

图 1-9 口虾蛄定刺网作业示意图

第二节 漂流单片刺网

漂流单片刺网是由单片网衣和上纲、下纲、浮子、沉子等构成，以流漂方式作业的单片刺网，有的亦称流刺网。按作业水层不同，又可分为中上层流刺网和底层流刺网。底层流刺网主要用来捕捞底层的鱼类、虾类和蟹类，中上层流刺网用来捕捞中上层的鱼类、虾类、海蜇和头足类等。中上层流刺网比底层流刺网活动性大，不受渔场地形和底质的限制。漂流单片刺网在刺网类渔具中是数量较大、使用最广的渔具。其主要优点是：生产机动灵活，不受水深、水流和底质环境限制，作业范围广阔，网具随风、流漂移，在单位时间内的扫海面积大，产量比其他类型的刺网渔具高。因此，在海洋渔场作业多以流刺网为主。

黄渤海区的漂流单片刺网主要有：鲅鱼漂流单片刺网、小黄鱼漂流单片刺网、对虾漂流单片刺网、鱿鱼漂流单片刺网、青鳞鱼漂流单片刺网、颚针鱼漂流单片刺网、鲻鱼漂流单片刺网等。

一、大目鲅鱼流网 （山东 昌邑）

大目鲅鱼流网属漂流单片刺网（21·dp·C），在黄渤海区沿海各地均有分布。该网具特点是将上缘网拉直使用，替代浮子纲和上缘纲。上纲长度 18.96～35.00 m，网衣拉直高 16.73～19.64 m，网目内径 115～120 mm（各地的渔具参数见表 1-1），适宜于 223.80～298.40 kW（300～400 马力）渔船作业。作业渔场为黄海中南部海域，水深 60～80 m，作业水层中上层，多为夜间作业，主要捕捞 3 龄及以上的大鲅鱼（2.50～3.50 kg/尾），兼捕少量大规格的许氏平鲉鲟（黑鲪）、鲳鱼和带鱼。渔期为 4 月初至 5 月底。单船带网 600～800 片，年产量 5～10 t。

表 1-1 大目鲅鱼流网主要参数

调查地点	主尺度（m×m）	网片规格（目×目）	网目尺寸（mm）	水平缩结系数	网线直径（mm）	浮力配备（gf/m）	总浮力（gf）	总沉力（g）	浮沉比
莱州（1）	34.00×16.8	500×160	115	0.591	0.45	265	9010	5000	1.802
莱州（2）	35.00×18.00	500×170	120	0.583	0.50	277.7	9600	8000	1.215
昌邑	33.00×19.92	500×160	120	0.550	0.48	247.3	8160	5000	1.632
黄骅	18.96×19.64	316×200	115	0.520	0.55	184.6	3500	2500	1.40
普兰店	30.70×18.00	500×160	115	0.534	0.45	406.5	12480	7500	1.664

下面以山东省昌邑市 261.10 kW（350 马力）渔船的大目鲅鱼流网为例作介绍。

（一）渔具结构

渔具主尺度：33.00 m×19.92 m。

1. 网衣

由直径 0.48 mm 的尼龙单丝编结，目大 120 mm，双死结，网图中用 PAMφ0.48—120ss 表示。每片网衣长 500 目，高 160 目。纵目使用。

上、下缘网：均由 PE36tex8×3 的乙纶网线编结，上缘网目大 66 mm，单死结，网图中用 PE36tex8×3—66sj 表示。每片网衣长 500 目，高 3 目；下缘网目大 120 mm，单死结，网图中用 PE36tex8×3—120sj 表示。每片网衣长 500 目，高 6 目。

2. 纲索

（1）浮子纲、上缘纲：均无。用 3 目上缘网拉紧作为上纲使用，上缘网为 PE36tex8×3 乙纶网线，重 0.13 kg。

（2）沉子纲、下缘纲：乙纶绳，PE36tex 单丝集束 3 股合股绳。直径 8 mm，分别为 3 股，左、右捻，各长 33.00 m，重 2.50 kg。

（3）叉纲：乙纶绳，PE36tex 单丝集束 3 股合股绳。直径 10 mm，每条长 50.00 m，对折使用，上叉纲长 25.00 m，下叉纲长 25.00 m，每船 1 条。

（4）浮标绳：乙纶绳，PE36tex 单丝集束 3 股合股绳。直径 6 mm，每条长 16.00 m，每船 40~50 条。

（5）压纲沉石绳：朝鲜麻 3 股合股绳。直径 15~20 mm，长 10.00 m。用 1~3 条。

3. 属具

（1）浮子：泡沫塑料，圆球形，直径 100 mm，静浮力 680 gf，每片网用 12 个。

（2）沉子：普通机制黏土红砖，为 53 mm×115 mm×240 mm 的长方体，比重为

1.8 g/cm³，每块重约 2.50 kg，每片网用 2 块。

（3）浮标：竹竿长 7.00 m，基部直径 50 mm，在基部系结重约 5.00 kg 的圆柱形水泥预制件，中间有直径 50~60 mm 的圆孔，竹竿中间系结 9 个直径 100 mm 的圆球形浮子，顶部插小旗。每 16 片网用浮标 1 支。每船需备 40~50 支。

（4）压纲沉石：每块重约 15.00 kg，一般准备 1~4 块，风浪小时用 1 块压带网纲，风浪大时用 4 块。

（二）渔具装配

（1）无上缘纲和浮子纲。上缘网与主网衣 1 目对 1 目用网线打结缝合，因上缘网的网目尺寸为 66 mm，基本是主网衣网目尺寸的 1/2，拉直后，用上缘网替代上缘纲和浮子纲，每 42 目绑扎 1 个浮子。网衣水平缩结系数 0.55。第一个和最末一个浮子距网端各 21 目，各浮子间距均等。

（2）将下缘网与主网衣 1 目对 1 目打结缝合连接，然后将下缘纲以全目穿入的方法穿过网衣下缘网的所有网目，再将下缘纲与沉子纲分档并扎，每档 193 mm，上挂 3 目。主网衣水平缩结系数 0.55。沉子为红砖，两片相邻网衣连接处吊绑 1 块红砖，网衣中间绑扎 1 块红砖。吊绑红砖绳长 1.00 m 左右。

（3）两片相邻网衣用 PE36tex8×3 乙纶网线绕缝。

（4）将相邻网片的上缘网用 PE36tex8×3 乙纶网线 1 目对 1 目单死结编织连接，下纲（沉子纲、下缘纲）分别对应系结连接，全部网片顺次连成一个网列。

（5）网列末端的下纲（沉子纲、下缘纲）系结连接带网纲。

（三）渔船

中型木质渔船，主机功率 257.25 kW（350 马力），总长 29.00 m，型宽 6.00 m，型深 2.50 m。带网 800 片，每船作业人员 7 人。4 鼓轮起网机 2 台，左右舷各装备 1 台。

（四）渔法

傍晚放网，翌晨 2：00~3：00 时开始起网。网具顺序放置于前甲板两侧，根据风向，左舷或右舷均有作业。一般顺风横流放网，以横流偏顺风为好。放网时，船长 1 人操舵兼开船，2 人轮换放浮子纲兼放浮标，2 人轮换放沉子纲并绑扎红砖吊绳。放网完毕，将带网纲系结于船首的系缆桩上，而后，船与网列同时随海流漂移。起网一般在受风舷进行，1 人操作起网机，2 人收拢、盘放上纲和浮标，2 人收拢、盘放沉子纲并解掉红砖吊绳，其余人员摘取渔获物并收拢好网衣。

（五）结语

大目鲅鱼流网的网目尺寸较大，渔获个体大，质量好，价格高，经济效益较好，对经济鱼类的幼鱼损害程度小，值得推广使用。根据中华人民共和国农业部通告〔2013〕1号《农业部关于实施海洋捕捞准用渔具和过渡渔具最小网目尺寸制度的通告》之规定，鲅鱼漂流单片刺网为准用渔具，最小网目尺寸为90 mm。该渔具网目尺寸为120 mm，符合网目准用标准。

大目鲅鱼流网（山东　昌邑）

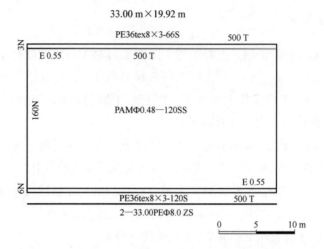

图1-10　大目鲅鱼流网网衣展开图

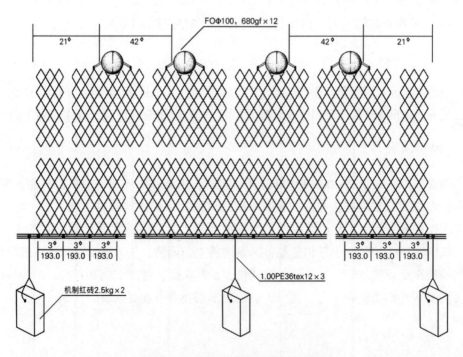

图1-11　大目鲅鱼流网渔具装配图

28

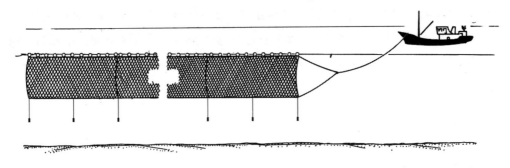

图 1-12　大目鲅鱼流网作业示意图

二、小目鲅鱼流网（辽宁　庄河）

小目鲅鱼流网属漂流单片刺网（21·dp·C），在黄渤海区沿海各地均有分布。该渔具的上纲长度 23.50~60.00 m，网衣拉直高 11.20~15.78 m，网目尺寸 67~96 mm（各地的渔具参数见表 1-2），适宜于 149.20~298.40 kW（200~400 马力）渔船作业。作业渔场主要为黄海中北部近岸水域，水深 30~40 m，作业水层为中上层，多为夜间作业，主要捕捞对象为 1~2 龄鲅鱼（0.50~2.00 kg/尾），兼捕鲐鱼和白姑鱼等。渔期 4 月初至 5 月底、9 月至 11 月。单船带网 200~600 片，年产量 3~5 t。

表 1-2　小目鲅鱼流网主要参数

调查地点	主尺度（m×m）	网片规格（目×目）	网目尺寸（mm）	水平缩结系数	网线直径（mm）	浮力配备（gf/m）	总浮力（gf）	总沉力（g）	浮沉比
庄河	60.00×15.78	1500×260	67	0.597	0.31	128.3	7700	5900	1.305
蓬莱	34.60×11.20	650×140	96	0.554	0.45	178.5	6170	2050	3.01
崂山	28.80×14.50	516×207	90	0.62	0.40	187.5	5400	2400	2.25
城阳	23.50×13.40	600×200	76	0.52	0.32	148.9	3500	2500	1.40
海阳	27.36×12.65	600×200	76	0.60	0.32	146.2	4000	3000	1.333

下面以辽宁省庄河市 179.04 kW（240 马力）渔船的鲅鱼流网为例作介绍。

（一）渔具结构

渔具主尺度：60.00 m×15.78 m。

1. 网衣

由直径 0.31 mm 的尼龙单丝编结，目大 67 mm，双死结，网图中用

PAMφ0.31—67ss 表示。每片网衣长 1 500 目，高 260 目，重 5.00 kg。纵目使用。

上、下缘网：由直径 15 PE36te×3 的乙纶捻线编结，目大 77 mm，单死结，网图中用 PE36tex15×3—77sj 表示。每片网衣长 1 500 目，高 15 目，重 1.10 kg。纵目使用。

2. 纲索

（1）浮子纲、上缘纲：乙纶绳，PE36tex40×3 合股捻绳，分别为 3 股，左、右捻，各长 60.00 m，重 0.37 kg。

（2）沉子纲、下缘纲：乙纶绳，PE36tex 单丝集束 3 股合股绳。直径 6.0 mm，分别为 3 股，左、右捻，各长 63.00 m，重 1.28 kg。

（3）侧纲：乙纶绳，PE36tex 单丝集束 3 股合股绳。直径 3 mm，长 15.78 m，重 0.30 kg。每片网需 2 条。

（4）浮标绳：乙纶绳，PE36tex 单丝集束 3 股合股绳。直径 3mm，每条长 30.00 m，重 0.6 kg，每 10 片网 1 条浮标绳，每船备 30~31 条。

3. 属具

（1）浮子：泡沫塑料，圆球形，直径 90 mm，中央孔径 11 mm，重 28 g，静浮力 350 gf，每片网用 25 个。

（2）沉子：陶质，腰鼓形，每个重 165 g，每片网用 36 个。

（3）浮标：竹竿长 7.00 m，基部直径 50 mm，在基部系结重约 3.50 kg 的圆柱形水泥预制件，中间有直径 50~60 mm 的圆孔，竹竿的中间系结 9 个直径 100 mm 的圆球形浮子，顶部插小旗，并带有电池闪光灯。每 10 片网用浮标 1 支。每船备用 40~41 支。

（二）渔具装配

（1）将所需的泡沫塑料浮子穿在浮子纲上，然后将上缘纲以全目穿入的方法穿过网衣上缘网上边的所有网目，再将上缘纲与浮子纲分档并扎，每档 200 mm，下挂 5 目，共 300 档。浮子间距 2.40 m，每 60 目 1 个浮子。第一个和最末一个浮子距网端各 1.20 m，其余各浮子间距均等。

（2）将所需的陶质沉子穿在沉子纲上，然后将下缘纲以全目穿入的方法穿过网衣下缘网下边的所有网目，再将下缘纲与沉子纲分档并扎，每档 210 mm，上挂 5 目，共 300 档。各沉子间距均等，为 1.75 m，每 42 目 1 个沉子。第一个和最末一个沉子距网端各 0.875 m。

（3）将主网衣与上、下缘网 1 目对 1 目绕缝，每 5 目打一个死结。网衣上纲水平缩结系数 0.597。网衣下纲水平缩结系数 0.627。

（4）侧纲穿入网衣侧边网目，其两端分别结扎在浮子纲和沉子纲上。

（5）将各相邻网片的上纲（浮子纲、上缘纲）和下纲（沉子纲、下缘纲）分别上纲与上纲、下纲与下纲对应系结连接，其相邻网衣绕缝，全部网片顺次连成网列。

（三）渔船

中型木质渔船，主机功率 179.04 kW（240 马力），总长 24.00 m，型宽 6.00 m，型深 1.50 m。带网 400 片，每船作业人员 6 人。3 鼓轮起网机 1 台。

（四）渔法

傍晚放网，翌晨起网。网具顺序放置于前甲板两侧，通常为左（或右）舷作业。根据风向，顺流确定放网方向，以横流偏顺风为好。放网时，船长 1 人操舵兼开船，2~3 人轮换放浮子纲兼放浮标，2~3 人轮换放沉子纲。放网完毕，利用 GPS 等导航设备对网列定位，而后渔船驶离，抛锚休息，网列随流漂移。翌晨起网，利用 GPS 等导航设备找到渔网。捞起一端的浮标，将浮标绳导入起网机滚轮。起网一般在受风舷进行，2 人收盘浮子纲，3~4 人收盘沉子纲，其余人员收拉网衣并摘取渔获物。

（五）结语

黄渤海传统的鲅鱼漂流单片刺网的网目尺寸为 90 mm，现已逐步被更小的网目尺寸所替代，春季主要捕捞鲅鱼初次产卵群体，秋季捕捞鲅鱼当年补充群体，不利于鲅鱼资源养护。根据中华人民共和国农业部通告〔2013〕1 号《农业部关于实施海洋捕捞准用渔具和过渡渔具最小网目尺寸制度的通告》之规定，鲅鱼漂流单片刺网为准用渔具，最小网目尺寸为 90 mm。因此，网目尺寸为 67 mm 和 76 mm 的鲅鱼漂流单片刺网不符合准用条件，属禁用渔具。

小目鲅鱼流网（辽宁　庄河）

主尺度: 60.00 m×15.78 m

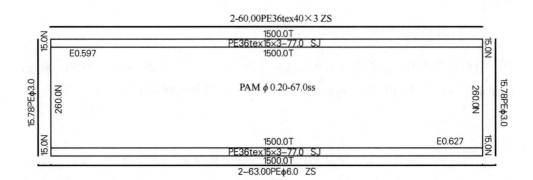

图 1-13　小目鲅鱼流网网衣展开图

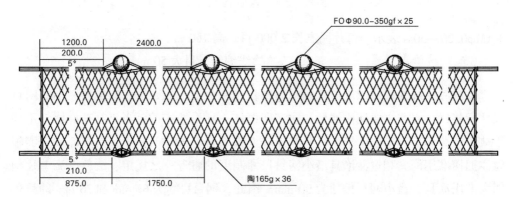

图 1-14　小目鲅鱼流网渔具装配图

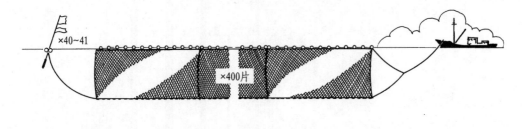

图 1-15　小目鲅鱼流网作业示意图

三、花鱼网（辽宁　锦州）

花鱼网属漂流单片刺网（21·dp·C），广泛分布于黄渤海区沿海各地，俗名又称小黄花流网，是捕捞小黄鱼的主要渔具之一。该渔具的上纲长度 18.00~80.00 m，网衣拉直高 6.00~12.00 m，网目内径 40~60 mm，适宜于 8.95~223.80 kW（12~300 马力）渔船作业。作业渔场遍布黄渤海区，尤以黄海海域为主，在韩国专属经济区亦有作业，其中黄海中南部水域的作业水深 40~70 m，入韩水域的作业水深 70~90 m。作业水层为底层，主要捕捞对象为小黄鱼，兼捕鲐鱼和白姑鱼等。渔期分为春、秋两季，春季作业时间为 4 月至 5 月，秋季作业时间为 9 月至 12 月。单船带网 200~1 000 片，年产量 5~25 t。

下观以辽宁省锦州市 100.71 kW（135 马力）渔船的花鱼网为例作介绍。

（一）渔具结构

渔具主尺度：58.33 m×7.50 m。

1. 网衣

由直径 0.20 mm 的尼龙单丝编结，目大 50 mm，双死结，网图中用 PAMφ0.20—50ss 表示。每片网衣长 2 000 目，高 160 目，重 1.50 kg。横目使用。

上、下缘网：由 3PE36tex×3 的乙纶捻线编结，目大 50 mm，单死结，网图中用 PE36tex3×3—50sj 表示。每片网衣长 1 000 目，上缘网高 10 目、下缘网高 15 目。

2. 纲索

（1）浮子纲、上缘纲：乙纶绳，PE36tex 单丝集束 3 股合股绳。直径 5.0 mm，分别为 3 股，左、右捻，各长 58.33 m。

（2）沉子纲、下缘纲：乙纶绳，PE36tex 单丝集束 3 股合股绳。直径 7.2 mm，分别为 3 股，左、右捻，各长 58.33 m。

（3）浮标绳：乙纶绳，PE36tex 单丝集束 3 股合股绳。直径 7.0 mm，每条长 100 m 左右，每船 18~19 条。

（4）叉纲：乙纶绳，PE36tex 单丝集束 3 股合股绳。直径 14 mm，每条长 16.00 m，对折使用，上叉纲长 8.00 m，下叉纲长 8.00 m，每船 1 条。

（5）带网纲：乙纶绳，PE36tex 单丝集束 3 股合股绳。直径 14.0 mm，长约 150~200 m，每船 1 条。

3. 属具

（1）浮子：硬质塑料，腰果形（空心），在两端靠内凸起处带 2 个猫耳，长 135 mm，直径 80.0 mm，重 115 g，静浮力 300 gf，耐压水深 100.00 m，每片网用

19 个。

（2）沉子：陶质，腰鼓形，中有通孔，长 70 mm，最大直径 40.0 mm，每个重 150 g，每片网用 83 个。

（3）浮标：竹竿长 7.00 m，基部直径 50.0 mm，在基部系结重 2.64 kg 的铁质沉子（16 个，每个重 165 g），中间系结 9 个直径 100.0 mm 的圆球形泡沫塑料浮子，顶部插小红旗。每 15 片网用浮标 1 支。每船用 18~19 支。

（二）渔具装配

（1）将上、下缘网与主网衣 1 目对 1 目单死结缝合连接。

（2）将上缘纲以全目穿入的方法穿过网衣上缘网上边的所有网目，然后将上缘纲与浮子纲分档并扎，每档 175 mm，下挂 6 目，网衣水平缩结系数 0.583。每隔 3.07 m 绑扎 1 个浮子，先用网线穿入浮子猫耳上的圆孔，再系紧在上纲上。第一个和最末一个浮子距网端各 1.535 m，各浮子间距均等，距离为 3.07 m。

（3）将所需的陶质沉子穿在沉子纲上，然后将下缘纲以全目穿入的方法穿过网衣下缘网下边的所有网目，再将下缘纲与沉子纲分档并扎，每档 175 mm，上挂 6 目。网衣水平缩结系数 0.583。每 4 档 1 个沉子，各个沉子间距均为 700 mm，但是第一个和最末一个沉子距网端间距各 465 mm。

（4）将各网片的上纲（浮子纲、上缘纲）和下纲（沉子纲、下缘纲）分别上纲与上纲、下纲与下纲对应系结连接，但其相邻网衣无需绕缝，全部网片顺次连成网列。

（5）网列末端网片的上纲（浮子纲、上缘纲）和下纲（沉子纲、下缘纲）分别与叉纲分叉的上、下两端连接，叉纲的折弯处连接带网纲。

（三）渔船

中小型木质渔船，主机功率 100.71 kW（135 马力），总长 22.00 m，型宽 4.60 m，型深 2.30 m。带网 270 片，每船作业人员 8 人。4 鼓轮起网机 1 台。

（四）渔法

早晨 5∶00 时左右放网，上午 10∶00 时左右起网。网具顺序放置于前甲板两侧，通常为左舷作业。顺风放网，顶流起网，以横流偏顺风为好。放网时，船长 1 人操舵兼开船，1 人放浮子纲，1 人放浮标，1 人轮换放沉子纲，放网需要时间 40~50 min。放网完毕，将带网纲系结于船首系缆桩上，然后船与网列随流漂移。3~4 h 后开始起网。起网一般在受风舷进行，顶流起网。把带网纲导入起网机，1 人操作起网机，1 人收浮子纲，1 人收沉子纲，其余人员收拢盘好网衣并摘取渔获物。

（五）结语

花鱼网是黄渤海捕捞小黄鱼的传统渔具，作业渔场范围广，渔期长，渔获质量高，生产成本底，效益好。但秋汛渔获中有一定比例的幼鱼，如捕捞量过大会对小黄鱼资源造成不利影响。根据中华人民共和国农业部通告〔2013〕1号《农业部关于实施海洋捕捞准用渔具和过渡渔具最小网目尺寸制度的通告》之规定，小黄鱼漂流单片刺网为准用渔具，最小网目尺寸为 50 mm。该渔具网目尺寸为 50 mm，符合准用条件。

花鱼网（辽宁 锦州）

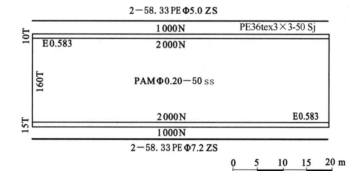

图 1-16 花鱼网网衣展开图

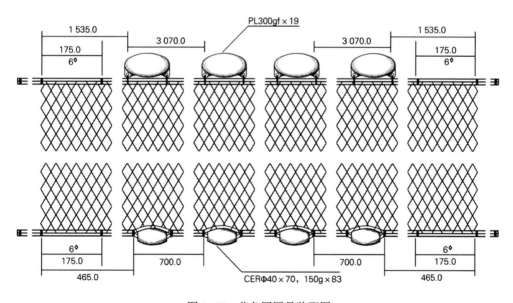

图 1-17 花鱼网网具装配图

35

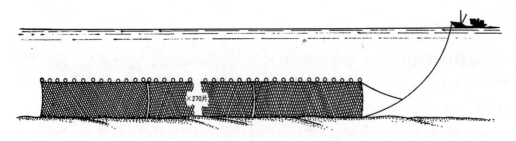

图 1-18　花鱼网作业示意图

四、对虾流网（天津　北塘）

对虾流网属漂流单片刺网（21·dp·C），主要分布在渤海湾沿岸地区，数量不多。该渔具的上纲长度 20.00~30.00 m，网衣拉直高 1.50~3.70 m，网目尺寸 54~60 mm。适宜于 89.52~149.20 kW（120~200 马力）的渔船作业。作业渔场为渤海湾，作业水深 10~30 m。作业水层为底层，主要捕捞对象为中国对虾，兼捕梭子蟹、梭鱼、斑鲦等。渔期为 9 月初至 11 月底。单船带网 300~500 片，年产量 1~2 t。

下面以天津市北塘区 89.52 kW（120 马力）渔船的对虾流网为例作介绍。

（一）渔具结构

渔具主尺度：30.00 m×3.70 m。

1. 网衣

（1）主网衣：由直径 0.20 mm 的尼龙单丝编结，目大 60 mm，双死结，网图中用 PAMφ0.20—60ss 表示。每片网衣长 800 目，高 80 目。纵目使用。

（2）下缘网：乙纶，PE36tex3×3 捻线，目大 60 mm，单死结，网图中用 PE36tex3×3—60sj 表示。长 800 目，高 6.5 目。

2. 纲索

（1）浮子纲、上缘纲：乙纶绳，PE36tex 单丝集束 3 股合股绳。直径 3.0 mm，分别为 3 股，左、右捻，各长 30.00 m。

（2）沉子纲、下缘纲：乙纶绳，PE36tex 单丝集束 3 股合股绳。直径 6.0 mm，分别为 3 股，左、右捻，各长 30.00 m。

（3）侧纲：乙纶绳，PE36tex 单丝集束 3 股合股绳。直径 3.0 mm，长 3.70 m，每一片网用 2 条。

（4）浮标绳：乙纶绳，PE36tex 单丝集束 3 股合股绳。直径 6.0 mm，每条长 40.00 m，每 20 片网 1 条浮标绳，每船应备有 20~21 条。

（5）叉纲：乙纶绳，PE36tex 单丝集束 3 股合股绳。直径 8.0 mm，分别为 3

股，左、右捻，长 20.00 m，1 条，对折使用。

（6）带网纲：乙纶绳，PE36tex 单丝集束 3 股合股绳。直径 8 mm，分别为 3 股，左、右捻，长约 100 m。每船 1 条。

3. 属具

（1）浮子：泡沫塑料，圆球形，直径 70.0 mm，中央孔径 17.0 mm，重 15 g，静浮力 150 gf，每片网用 15 个。

（2）沉子：陶质，腰鼓形，每个重 125 g，每片网用 66 个。

（3）沉石：石块，1 块，重 10.00～12.00 kg。结缚在叉纲与带网纲连接处。

（4）浮标：竹竿长 5.00 m，基部直径 35.0 mm，在基部系结重 3.50 kg 的圆柱形水泥预制件，中间有直径 3.5 mm 的圆孔，中间系结 9 个直径 100.0 mm 的圆球形浮子，顶部插小旗，并带有电池闪光灯。每 20 片网用浮标 1 支。每船要用 20～21 支。

（二）渔具装配

（1）主网衣与下缘网 1 目对 1 目打结缝合。

（2）将所需的泡沫塑料球形浮子穿在浮子纲上，然后将上缘纲以全目穿入的方法穿过网衣上缘网上边的所有网目，再将上缘纲与浮子纲分档并扎，每档 150 mm，下挂 4 目，共 200 档。每 13 档 1 个浮子，各浮子间距均为 1.95 m，第一个和最末一个浮子距网端各 1.35 m。

（3）将所需的陶质沉子穿在沉子纲上，然后将下缘纲以全目穿入的方法穿过网衣下缘网下边的所有网目，再将下缘纲与沉子纲分档并扎，每档 150 mm，上挂 4 目，共 200 档。每 3 档 1 个沉子，各沉子间距均等，均为 0.45 m。第一个和最末一个沉子距网端各 0.375 m。

（4）上、下网衣与上纲和下纲的水平缩结系数均为 0.625。

（5）侧纲以全目穿入的方法穿过网衣两侧边缘的所有网目，其上、下两端分别结扎在浮子纲和沉子纲上。

（6）将各网片的上纲（浮子纲、上缘纲）和下纲（沉子纲、下缘纲）分别上纲与上纲、下纲与下纲对应系结连接，其相邻网衣绕缝，全部网片顺次连成网列。

（7）网列末端网片的上纲（浮子纲、上缘纲）和下纲（沉子纲、下缘纲）分别与叉纲分叉的上、下两端连接，叉纲的折弯处连接带网纲。

（三）渔船

中小型木质渔船，主机功率 89.52 kW（120 马力），总长 20.00 m，型宽 4.60 m，型深 1.50 m。带网 400 片，每船作业人员 6 人。装备有 3 鼓轮起网机 1 台。

（四）渔法

傍晚放网，翌晨起网。网具顺序放置于前甲板舱口两侧，浮子纲堆放在船头方向，沉子纲堆放在船尾方向，浮标码在舵楼旁边，通常为左（或右）舷作业。根据风向，以横流偏顺风为好。放网时，船长1人操舵兼开船，2人轮换放沉子纲，2人轮换放浮子纲兼放浮标。放网完毕，将带网纲牢系在船首的系缆桩上，渔船与整列网随流漂移。翌晨起网，起网一般在受风舷进行，先收起带网纲与叉子纲，然后捞起网列末端的浮标，将浮标绳导入起网机滚轮，开始起网。2人收盘浮子纲，2人收盘沉子纲，其余人员收拉网衣并摘取渔获物。为防止掉虾，可在起网舷加装承接落虾的网兜。

（五）结语

对虾漂流单片刺网目前使用较少，基本上已被对虾漂流三重刺网所取代。根据中华人民共和国农业部通告〔2013〕1号《农业部关于实施海洋捕捞准用渔具和过渡渔具最小网目尺寸制度的通告》之规定，对虾漂流单片刺网为准用渔具，最小网目尺寸为50 mm。该渔具网目尺寸为60 mm，符合准用条件。

对虾流网（天津　北塘）

主尺度:30.00 m×3.70 m

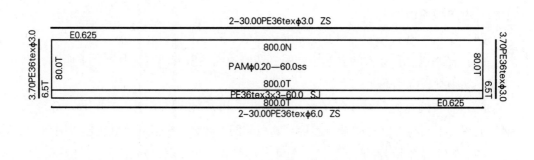

图 1-19　对虾流网网衣展开图

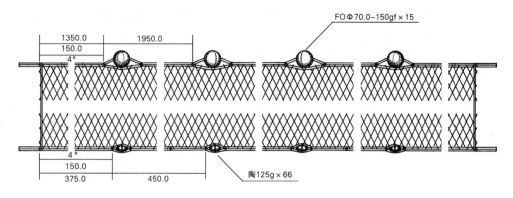

图 1-20　对虾流网渔具装配图

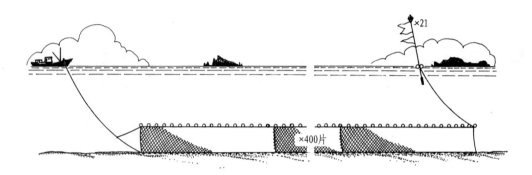

图 1-21　对虾流网作业示意图

五、鱿鱼流网（天津　北塘）

鱿鱼流网属漂流单片刺网（21·dp·C），主要分布在天津市北塘区、辽宁省庄河市、营口市、绥中县和山东省青岛市城阳区沿海海域。该渔具的上纲长度 26.00～70.00 m，网衣拉直高 8.00～15.00 m，网目尺寸 53.3～70.0 mm。适宜于 89.52～223.8 kW（120～300 马力）渔船作业。作业渔场为黄海中部水域，水深 60～80 m，作业水层为中上层，主要捕捞对象为太平洋褶柔鱼，兼捕鲅鱼、鲐鱼、许氏平鲉、鲈鱼等。渔期为 9 月至 12 月。单船带网 200～800 片，年产量 20～30 t。

下面以天津市北塘区 89.52 kW（120 马力）渔船的鱿鱼流网为例作介绍。

（一）渔具结构

渔具主尺度：34.10 m×13.05 m。

1. 网衣

（1）主网衣：由直径 0.20 mm 的尼龙单丝编结，目大 58 mm，双死结，网图中用 PAMφ0.20—58ss 表示。每片网衣长 1 200 目，高 250 目。纵目使用。

（2）缘网：上缘网由 PE36tex6×3 的网线编结，目大 29 mm，单死结，网图中用 PE36tex6×3—29sj 表示。每片网衣长 1 218 目，高 3.5 目。下缘网由 PE36tex6×3 的网线编结，目大 58 mm，单死结，网图中用 PE36tex6×3—58sj 表示。每片网衣长 1 200 目，高 14.5 目。

2. 纲索

（1）上纲：该网没有绳索材质的上纲，是用高 3.5 目的上缘网替代上缘纲及浮子纲。上缘网两端各多出 9 目网衣，供相邻网片连接使用，其余 1 200 目连接主网衣，代替主网衣的上缘纲及浮子纲。

（2）沉子纲、下缘纲：乙纶绳，PE36tex 单丝集束 3 股合股绳。直径 8.0 mm，分别为 3 股，左、右捻，各长 34.10 m。

（3）侧纲：乙纶网线，PE36tex11×3，直径 1.4 mm，左或右捻均可，长 13.05 m。每片网 2 条。

（4）浮标绳：乙纶绳，PE36tex 单丝集束 3 股合股绳。直径 4.0mm，每条长 20.00 m，每船 15~16 条。

（5）叉纲：朝鲜麻 3 股捻绳，直径 20.0 mm，每条长 30.00 m，对折使用，上叉纲长 15.00 m，下叉纲长 15.00 m，每船 1 条。

（6）带网纲：乙纶绳，PE36tex 单丝集束 3 股合股绳。直径 25.0 mm，每条长 200.00 m，每船 1 条。

（7）压纲沉石绳：乙纶绳，PE36tex 单丝集束 3 股合股绳。直径 12.0 mm，长 20.00 m。每船用 1~2 条。

3. 属具

（1）浮子：泡沫塑料，圆球形，直径 95.0 mm，中央孔径 25.0 mm，重 36 g，静浮力 370 gf，每片网用 12 个。

（2）沉子：陶质，腰鼓形，每个重 125 g，每片网用 23 个。

（3）浮标：竹竿长 6.00 m，基部直径 35.0 mm，在基部系结重约 5.00 kg 的可乐瓶（瓶内装满水泥），中间系结 1 个直径 230.0 mm 的圆球形泡沫塑料大浮子，7~8 个直径 100.0 mm 的圆球形泡沫塑料浮子，顶部插小旗。每 20 片网用浮标 1 支。每船用 15~16 支。

（4）压纲沉石：汽缸盖，重 25.00 kg，1~2 块。上带浮标。风浪大时用于压带网纲。

（二）渔具装配

（1）用 3.5 目上缘网代替浮子纲和上缘纲。将上缘网与网衣上缘网目 1 目对 1

目打结绕缝。在上缘网上每 2.55 m 绑扎 1 个浮子，第一个和最末一个浮子距网端各 0.81 m，其他各浮子间距均等。网衣水平缩结系数为 0.49。

（2）将所需的腰鼓形陶质沉子穿在沉子纲上，然后将下缘纲以全目穿入的方法穿过网衣下缘网下缘的所有网目，再将下缘纲与沉子纲分档并扎，每档 170 mm，上挂 6 目，网衣水平缩结系数 0.49。每 9 档 1 个沉子，各沉子间距均等，均为 1.53 m，第一个和最末一个沉子绑扎在网端。

（3）侧纲以全目穿入的方法穿过网衣两侧边缘的所有网目，其上下两端分别结扎在上缘网（浮子纲）和下缘纲（沉子纲）上。

（4）将各网片的上缘网（无上纲，用上缘网代替）和下纲（沉子纲、下缘纲）分别对应系结连接，其相邻网衣绕缝，全部网片顺次连成网列。

（5）网列末端的上缘网和下纲（沉子纲、下缘纲）分别与叉纲分叉的上、下两端连接，叉纲折弯处连接带网纲。

（三）渔船

中小型木质渔船，主机功率 89.52 kW（120 马力），总长 24.00 m，型宽 4.60 m，型深 1.70 m。带网 300 片，每船作业人员 7 人。4 滚轮起网机 2 台。

（四）渔法

傍晚 4~5 时放网，翌晨 2 时起网。网具顺序放置于前甲板两侧，左舷或右舷均有作业。顺风放网，顶风起网，不考虑流向。放网时，船长 1 人操舵兼开船，2 人轮换放浮子纲兼放浮标，2 人轮换放沉子纲。放网完毕，将带网纲系结于船首系缆桩上，然后船与网列同时随流漂移。起网一般在受风舷进行，将带网纲导入起网机，并至网衣导入，1 人操舵兼开船，1 人操作起网机，1 人收上缘网，1 人收沉子纲，其余人员收盘网衣并摘取渔获物。通常在起网舷备有 1~2 个手抄网，准备随时捞取从网上脱落的鱿鱼。

（五）结语

近几年鱿鱼漂流单片刺网的捕捞效益较好，每艘主机功率 89.52 kW（120 马力）的渔船，年净利润都在 10 万元以上，是黄渤海区发展较快的流刺网渔具。根据中华人民共和国农业部通告〔2013〕1 号《农业部关于实施海洋捕捞准用渔具和过渡渔具最小网目尺寸制度的通告》之规定，鱿鱼漂流单片刺网为准用渔具，最小网目尺寸为 50 mm。该渔具网目尺寸为 58 mm，符合准用条件。

鱿鱼流网（天津　北塘）

34.10 m × 13.05 m

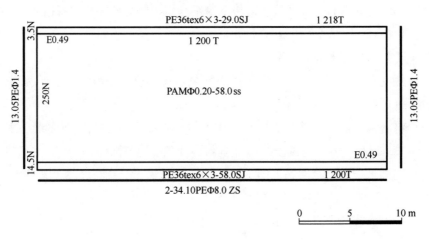

图 1-22　鱿鱼流网网衣展开图

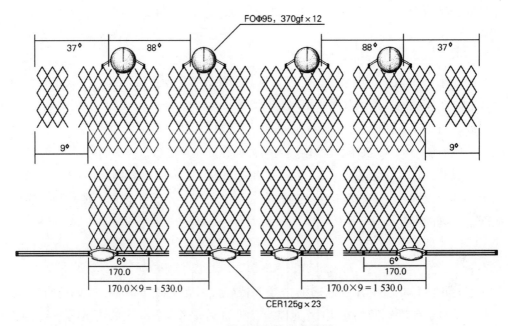

图 1-23　鱿鱼流网渔具装配图

42

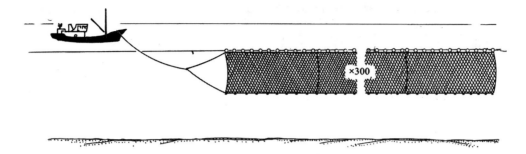

图 1-24　鱿鱼流网作业示意图

六、青鳞鱼流网（辽宁　营口）

青鳞鱼流网属漂流单片刺网（21·dp·C），俗名又称青皮子网，主要分布于辽宁省营口市，河北省昌黎、黄骅等沿海海域，是在近海捕捞青鳞鱼的主要渔具之一。该渔具的上纲长度 16.00～60.00 m，网衣拉直高 3.00～6.10 m，网目尺寸 30～40 mm。适宜于 8.95～149.20 kW（12～200 马力）渔船作业。作业渔场主要在辽东湾和渤海湾的近岸水域，作业水深 10～20 m，作业水层为底层，主要捕捞对象为青鳞鱼，兼捕其他小型底层鱼类。渔期为 5 月初至 5 月底、9 月初至 10 月中旬。单船带网 50～500 片，年产量 5～15 t。

下面以辽宁省营口市 74.6 kW（100 马力）渔船的青鳞鱼流网为例作介绍。

（一）渔具结构

渔具主尺度：52.50 m×6.08 m。

1. 网衣

由直径 0.20 mm 的尼龙单丝编结，目大 35 mm，双死结，网图中用 PAMφ0.20—35ss 表示。每片网衣长 2 500 目，高 165 目。纵目使用。

上、下缘网：由 PE36tex1×3 的网线编结，目大 67 mm，单死结，网图中用 PE36tex1×3—67sj 表示。每片网衣长 1 250 目，上缘网高 1.5 目、下缘网高 3 目。

2. 纲索

（1）浮子纲、上缘纲：乙纶绳，PE36tex 单丝集束 3 股合股绳。直径 4.0 mm，分别为 3 股，左、右捻，各长 52.50 m。

（2）沉子纲、下缘纲：乙纶绳，PE36tex 单丝集束 3 股合股绳。直径 6.0 mm，分别为 3 股，左、右捻，各长 52.50 m。

（3）浮标绳：乙纶绳，PE36tex 单丝集束 3 股合股绳。直径 6.0 mm，每条长 20.00 m，每船 10～11 条。

（4）带网纲：乙纶绳，PE36tex 单丝集束 3 股合股绳。直径 14.0 mm，每条长 50.00~60.00 m，每船 1 条。

3. 属具

（1）浮子：泡沫塑料，圆球形，直径 50.0 mm，孔径 5.0 mm，静浮力 80 gf，每片网用 52 个。

（2）沉子：陶质，腰鼓形，中有通孔，每个重 125 g，每片网用 104 个。

（3）浮标：竹竿长 5.00 m，基部直径 40.0 mm，在基部系结重 2.50 kg 的水泥块，中间系结 7 个直径 90.0 mm 的圆球形泡沫塑料浮子，顶部插小旗。每 10 片网用浮标 1 支。每船用 10~11 支。

（二）渔具装配

（1）将上、下缘网与主网衣 1 目对 2 目单死结缝合连接。

（2）将所需的浮子穿在浮子纲上，然后将上缘纲以全目穿入的方法穿过网衣上缘网上边的所有网目，再将上缘纲与浮子纲分档并扎，每档 200 mm，下挂 5 目缘网。每 5 档绑扎 1 个浮子，各浮子间距均等，均为 1.00 m，第一个和最末一个浮子距网端各 750 mm。网衣缩结系数为 0.60。

（3）将所有沉子穿在沉子纲上，然后将下缘纲以全目穿入的方法穿过网衣下缘网下边的所有网目，再将下缘纲与沉子纲分档并扎，每档 200 mm，上挂 5 目下缘网。每 2.5 档 1 个沉子，各沉子间距均等，均为 500 mm，第一个和最末一个沉子距网端各 500 mm。网衣缩结系数为 0.60。

（4）将各网片的上纲（浮子纲、上缘纲）和下纲（沉子纲、下缘纲）分别对应系结连接，其相邻网衣绕缝，全部网片顺次连成网列。

（5）网列末端的下纲（沉子纲、下缘纲）连接带网纲。

（三）渔船

中小型木质渔船，主机功率 74.6 kW（100 马力），总长 21.00 m，型宽 4.60 m，型深 1.60 m。带网 100 片，每船作业人员 6 人。备有 3 鼓轮起网机 1 台。

（四）渔法

一般为底层作业，天亮前放网。网具顺序放置于前甲板两侧，通常为左舷作业。在缓流时，慢车横流顺风或偏顺风放网为好。放网时，船长 1 人操舵兼开船，1 人放浮子纲，1 人放浮标，1 人轮换放沉子纲，放网需要时间 40 min 左右。放网完毕，将带网纲系于船首桩上，然后船、网随流漂移。4~5 h 后开始起网。起网一般在受风舷进行，顶流起网。把带网纲导入起网机，1 人操作起网机，1 人收浮子纲，1

人解、收浮标，1人收沉子纲，边起网边抖网，使鱼落在甲板上，其余人员收盘网衣。若渔获物较多时，则起网后回港摘鱼。

（五）结语

青鳞鱼流网结构简单，成本低，捕捞效益较好，可以充分利用青鳞鱼资源。但该渔具的网目尺寸较小，对经济鱼类幼鱼有一定程度的损害。根据中华人民共和国农业部通告〔2013〕1号《农业部关于实施海洋捕捞准用渔具和过渡渔具最小网目尺寸制度的通告》之规定，青鳞鱼漂流单片刺网最小网目尺寸为35 mm，但须由地方政府特许作业。

青鳞鱼流网（辽宁　营口）

主尺度: 52.50 m×6.08 m

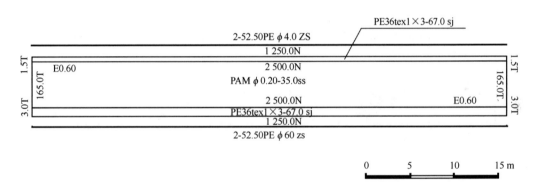

图1-25　青鳞鱼流网网衣展开图

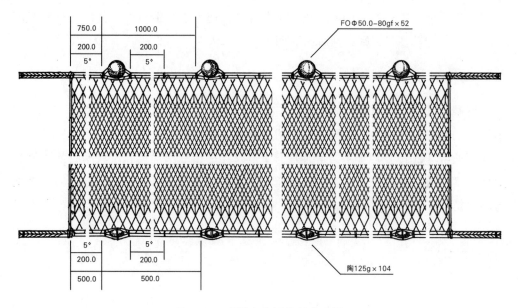

图 1-26 青鳞鱼流网渔具装配图

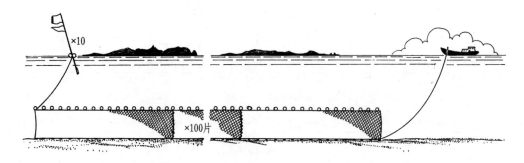

图 1-27 青鳞鱼流网作业示意图

七、青条鱼挂子（河北 乐亭）

青条鱼挂子属漂流单片刺网（21·dp·C），是河北省乐亭县渔民在近海海域捕捞颚针鱼的传统渔具。该渔具的上纲长度 45.70 ~ 50.00 m，网衣拉直高 0.60 ~ 1.70 m，网目内径 43.0 ~ 49.0 mm。适宜于 8.95 ~ 89.52 kW（12 ~ 120 马力）渔船作业。作业渔场主要在滦河口及曹妃甸毗邻水域，水深 10 m 左右，作业水层为表层，主要捕捞对象为颚针鱼，兼捕其他小型中上层鱼类。渔期为 5 月中下旬。单船带网 50 ~ 80 片，年产量 2 t 左右。

下面以河北省乐亭县 33.57 kW（45 马力）渔船的青条鱼挂子为例作介绍。

（一）渔具结构

渔具主尺度：45.70 m×0.60 m。

1. 网衣

由直径 0.18 mm 的尼龙单丝编结，目大 43 mm，双死结，网图中用 PAMφ0.18—43ss 表示。每片网衣长 3 850 目，高 14 目。横目使用。

2. 纲索

（1）浮子纲、上缘纲：乙纶绳，PE36tex 单丝集束 3 股合股绳。直径 1.0 mm，分别为 3 股，左、右捻，各 1 条。浮子纲长 50.70 m，其中扎浮子用 5.00 m，上缘纲长 45.70 m。此外，下料时两条纲的两端各预留 400.0 mm，作为连接相邻网片之用。

（2）沉子纲、下缘纲：乙纶绳，PE36tex 单丝集束 3 股合股绳。直径 1.0 mm，分别为 3 股左、右捻，各 1 条。沉子纲长 60.70 m，其中扎沉子用 7.50 m。下缘纲长 53.20 m。

（3）浮标绳：乙纶绳，PE36tex 单丝集束 3 股合股绳。直径 2.0 mm，每条长 2.00~3.00 m，每 10 片网用 1 条。

3. 属具

（1）浮子：泡沫塑料，长方体，43.0 mm×11.0 mm ×11.0 mm，静浮力 4.7 gf，每片网用 274 个。

（2）沉子：以 12 号铁丝代替铅坠，长 43.0 mm，每个重 1.3 g，每片网用 320 个。

（3）连接钉：由木板（或泡沫塑料板）和竹钉制成，规格不一。通常为长方体木板，规格为 300 mm ×120 mm ×20 mm。竹钉长 300 mm，直径 6.0 mm。木板上钻两个孔，竹钉一端牢牢插在 1 个孔内，另一端削尖，木板上另 1 个孔供相邻网片竹钉插入之用。每片网用两个连接钉，连接网片并起浮子作用。

（4）浮标：竹竿长 3.00 m，基部直径 30.0 mm，在基部系结重 1.00 kg 的铁块，中间扎泡沫塑料板或泡沫塑料浮子，顶部插小旗。每 10 片网用浮标 1 支。

（二）渔具装配

（1）将上缘纲以全目穿入的方法穿过网衣上缘网上边的所有网目，然后将浮子均匀绑扎在浮子纲与上缘纲之间，浮子间距 166 mm，每 14 目 1 个浮子，其中浮子处下挂 5 目。最末端浮子距网端 194 mm。扎结网衣部分浮子纲长 45.70 m，两端各预留出 400 mm，末端各扎结 1 个连结钉。网衣缩结系数为 0.276。

（2）将下缘纲以全目穿入的办法穿过网衣下缘网下边的所有网目，然后将下缘纲与沉子纲并扎，沉子夹在下缘纲与沉子纲之间，沉子间距166 mm，每12目1个沉子，其中沉子处上挂4目。最末端沉子距网端123 mm。扎结网衣部分下缘纲长53.20 m，两端各预留出200 mm，做相邻网片连接用。网衣缩结系数为0.32。

（三）渔船

小型木质渔船，主机功率14.92 kW（20马力），总长12.80 m，型宽3.20 m，型深1.20 m。带网80片，每船作业人员4~5人。

（四）渔法

一般在白天作业。作业时，放完一片网后，用该片网上的连接钉与下一相邻网片的连接钉相互扎牢，连成网列。两片网之间的沉子纲和下缘纲均不连接。放好网约30 min后起网，起到连接钉处，拔开两个连接钉，一边起网，一边摘鱼，一潮可放网数次。也可以将全部网片分成两部分，轮换起、放网。起放网时船长1人操舵兼开船，其余3~4人负责上纲、下纲及网衣的收放和渔获物的摘取。

（五）结语

该渔具是一种捕捞颚针鱼的传统渔具，结构简单，成本低，但由于受资源、渔场等多种因素的影响，渔业规模越来越少，现仅为当地农民、渔民的一种副业作业和轮作作业。该渔具的网目尺寸较小，对经济鱼类幼鱼有一定程度的损害。根据中华人民共和国农业部通告〔2013〕1号《农业部关于实施海洋捕捞准用渔具和过渡渔具最小网目尺寸制度的通告》之规定，颚针鱼漂流单片刺网最小网目尺寸为45 mm，由地方政府特许作业。该渔具的网目尺寸为43 mm，不符合准用标准。

青条鱼挂子（河北　乐亭）

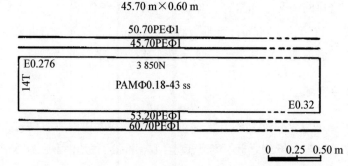

图1-28　青条鱼挂子网衣展开图

48

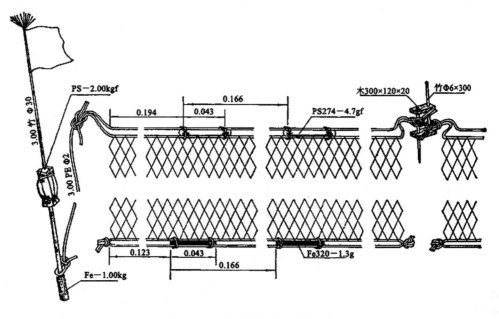

图 1-29　青条鱼挂子渔具装配图

图 1-30　青条鱼挂子作业示意图

八、白眼网（天津　北塘）

白眼网属漂流单片刺网（21·dp·C），是天津市沿海渔民在近海捕捞鲻鱼的传统渔具。该渔具的上纲长度 33.60 m，网衣拉直高 1.20 m，网目尺寸 70 mm。适宜于 8.95~89.52 kW（12~120 ph）的渔船作业。作业渔场主要为渤海湾的河口水域，作业水深 10 m 以内。作业水层为底层，主要捕捞对象为鲻鱼和梭鱼。春季渔期为 4 月中旬至 5 月底、秋季为 9 月。单船带网 40~50 片，年产量 1.5~2.0 t。

下面以天津市北塘区 14.92 kW（20 马力）渔船的白眼网属为例作介绍。

49

（一）渔具结构

渔具主尺度：33.60 m×1.20 m。

1. 网衣

由直径 0.20 mm 的尼龙单丝编结，目大 70 mm，双死结，网图中用 PAMφ0.20—70ss 表示。每片网衣长 1 000 目，高 20 目。纵目使用。

2. 纲索

（1）浮子纲、上缘纲：乙纶粗网线，规格为 PE36tex10×3，分别为 3 股，左、右捻，各 1 条。结扎网衣部分长为 33.60 m。此外，两条纲的两端各预留 400 mm，作为连接相邻网片之用。

（2）沉子纲、下缘纲：乙纶网线，规格为 PE36tex7×3，分别为 3 股，左、右捻，各 1 条。结扎网衣部分长 33.60 m，两条纲的两端各预留 400 mm，作为连接相邻网片之用。

（3）侧纲：乙纶网线，规格为 PE36tex7×3，长 1.20 m。每片网用 2 条。

（4）浮标绳：乙纶绳，PE36tex 单丝集束 3 股合股绳。直径 2.0 mm，每条长 6.00~7.00 m，每 10 片网用 1 条。

（5）叉子纲：乙纶绳，PE36tex 单丝集束 3 股合股绳。直径 8.0 mm，长 10.00 m，1 条，对折使用。

（6）带网纲：乙纶绳，PE36tex 单丝集束 3 股合股绳。直径 14.0 mm，长约20~30 m，每船 1 条。

3. 属具

（1）浮子：泡沫塑料，长方体，50 mm×12 mm×12 mm，静浮力 6.4 gf，每片网约用 130 个。

（2）沉子：以 8 号铁丝代替铅坠，长条形，长约 40 mm，每个重约 6.2 g，每片网用 175 个。

（3）浮标：竹竿长 4.50 m，基部直径 40.0 mm，在基部系结重 2.00 kg 的铁块，中间扎泡沫塑料板或泡沫塑料浮子，顶部插小旗。每 10 片网用浮标 1 支。

（二）渔具装配

（1）将上缘纲以全目穿入的方法穿过网衣上缘网上边的所有网目，然后将上缘纲与沉子纲分档并扎，每 10 目 1 档，每档长约 336 mm，再将浮子均匀绑扎在浮子纲与上缘纲之间，浮子间距 258.5 mm。每片网始末两端的浮子距网端 130 mm。扎结网衣部分浮子纲长 33.60 m，两端各预留出 400 mm。网衣缩结系数为 0.48。

（2）将下缘纲以全目穿入的方法穿过网衣下缘网下边的所有网目，然后将下缘纲与沉子纲分档并扎，每10目1档，每档长约336 mm，沉子均匀夹在下缘纲与沉子纲之间，沉子间距192 mm。始末两端沉子距网端96 mm。扎结网衣部分下缘纲长33.60 m，两端各预留出200 mm，做相邻网片连接用。网衣缩结系数为0.48。

（3）侧纲以全目穿入的方法穿过网衣边缘的所有网目，其上下两端结缚在上下纲上。

（4）将所有网片的上纲（浮子纲、上缘纲）和下纲（沉子纲、下缘纲）分别对应系结连接，其相邻网衣绕缝，全部网片顺次连成网列。

（5）网列末端的上纲（浮子纲、上缘纲）和下纲（沉子纲、下缘纲）分别与叉纲分叉的上、下两端系结连接，叉纲折弯处系结连接带网纲。

（三）渔船

小型木质渔船，主机功率14.92 kW（20马力），总长14.80 m，型宽3.60 m，型深1.20 m。带网50片，每船作业人员3~4人。

（四）渔法

通常白天作业。渔船到达渔场后，观察好风向、流向和周围船只动态，做好放网准备。放网时船慢速前进，在左舷进行，船长1人操舵兼开船，2人放上纲和浮标，1人放下纲和网衣。一般为顺风或偏顺风横流放网。网列全部放完后，再放叉子纲和带网纲，带网纲连接在舷上。船带网的时间一般为8~10 h，漂流过程中应注意周围船只的动态，防止其他船破坏网列，随时掌握船和网的漂流动态。起网时一般船舶左舷顶风或顶流慢车起网，1人收底纲、2人收浮子纲兼清理网衣和摘取渔获物。

（五）结语

白眼网是渤海湾捕捞鲻鱼和梭鱼的传统渔具，网目较大，结构简单，成本低，对经济鱼类幼鱼损害程度小。但由于受资源、渔场等多种因素的影响，渔业规模越来越少，逐步被鲻鱼漂流三重刺网所代替。根据中华人民共和国农业部通告〔2013〕1号《农业部关于实施海洋捕捞准用渔具和过渡渔具最小网目尺寸制度的通告》之规定，鲻鱼（梭鱼）漂流单片刺网为准用渔具，最小网目尺寸为50 mm。该渔具网目尺寸为70 mm，符合准用条件。

白眼网（天津　北塘）

主尺度: 33.60 m×1.20 m

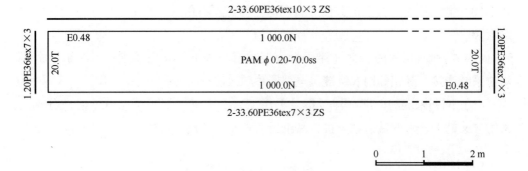

图 1-31　白眼网网衣展开图

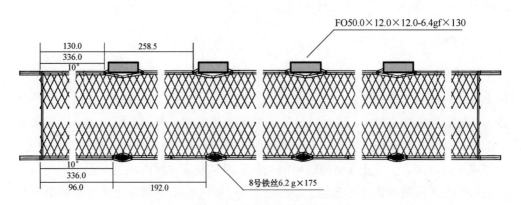

图 1-32　白眼网渔具装配图

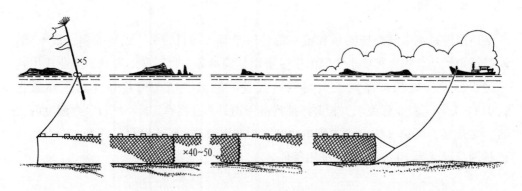

图 1-33　白眼网作业示意图

52

第三节　定置三重刺网

三重刺网由两片大网目网衣中间夹一片小网目网衣和上、下纲等构成。利用桩、橛、杆、碇、锚或锚泊的渔船等，将其固定于某一水域空间进行捕捞作业的三重刺网称为定置三重刺网。其特点是选择性较差，但在多种鱼类、虾类和蟹类同时出现的渔场作业，或在捕捞对象种类较多、个体大小参差不齐的渔场作业，具有良好的捕捞效果。

黄渤海区的定置三重刺网主要有：口虾蛄定置三重刺网、鲆鲽类定置三重刺网、鲻鱼定置三重刺网、梭子蟹定置三重刺网等。

一、皮皮虾网（河北　丰南）

皮皮虾网属定置三重刺网（20·sch·C），俗名又称虾爬子网、倒子网，在黄渤海沿岸的渔港（村）均有分布。该渔具的上纲长度 29.00~60.00 m，网衣拉直高度 1.20~5.00 m，网目尺寸 50~60 mm。适宜于 8.95~298.40 kW（12~400 马力）渔船作业。作业渔场为渤海和黄海近岸水域，作业水深 5~30 m。作业水层为底层，主要捕捞对象为口虾蛄，兼捕底层鱼类和梭子蟹。渔期为 3 月中旬至 5 月底。单船带网 50~3 000 片，年产量 0.5~30 t。

下面以河北省唐山市丰南区 89.52 kW（120 马力）渔船的皮皮虾网为例作介绍。

（一）渔具结构

渔具主尺度：29.00 m×2.50 m。

1. 网衣

（1）内网衣：由直径 0.12 mm 的尼龙单丝编结，目大 60 mm，双死结，网图中用 PAMφ0.12—60ss 表示。每片网衣长 1 200 目，高 70 目。横目使用。

（2）外网衣：由 36tex2×3 乙纶捻线编结，目大 533 mm，单死结，网图中用 PE36tex2×3—533sj 表示。每片网衣长 100 目，高 5.5 目。纵目使用。

2. 纲索

（1）浮子纲、上缘纲：乙纶绳，PE36tex 单丝集束 3 股合股捻绳，直径3.0 mm，分别为 3 股，左、右捻，2 条，网衣装配部分长 29.00 m。两端外加200 mm 做连接用。

（2）沉子纲、下缘纲：乙纶绳，PE36tex 单丝集束 3 股合股捻绳，直径3.5 mm，分别为 3 股，左、右捻，2 条，网衣装配部分长 29.00 m。两端外加 200 mm 做连接用。

（3）穿内网衣绳：乙纶网线，PE36tex2×3 乙纶捻线，长 29.00 m。

（4）侧纲：乙纶粗网线，36tex5×3 股，左或右捻，长 2.50 m。每一片网用 2 条。

（5）浮标绳：乙纶绳，PE36tex 单丝集束 3 股合股捻绳，直径 7.0 mm，每条长 26.00~30.00 m，每 100 片为 1 个网列，每列网片两端各 1 条。

（6）锚绳：乙纶绳，PE36tex 单丝集束 3 股合股捻绳，直径 12.0 mm，长 16.00~17.00 m。每 100 片网为 1 个网列，每 10 片网用 1 个锚。

3. 属具

（1）浮子：泡沫塑料，圆球形，直径 50.0 mm，中央孔径 9.0 mm，重 6 g，静浮力 72 gf，每片网用 30 个。

（2）沉子：水泥，鸭蛋形，每个重 100 g，每片网用 101 个。

（3）浮标：用 10 个直径 100 mm 的圆球形泡沫塑料浮子绑扎在一起作为浮标，浮标杆顶部绑扎小旗。每列网片两端各用浮标 1 组。每列网用 2 组。有的无浮标杆和小旗。

（4）网用铁锚：有杆双齿铁锚，重约 15.00 kg。每 10 片网用 1 只铁锚。

（二）渔具装配

（1）将上缘纲以全目穿入的方法穿过内网衣上缘网的所有网目，然后将下缘纲穿过内网衣下缘网的所有网目；再将所需的圆球形泡沫塑料浮子穿在浮子纲上，将浮子纲与上缘纲分档并扎，每档 200 mm。浮子间距为 1.00 m，第一个和最末一个浮子绑扎在网端。最后将沉子纲与下缘纲并扎，每档 200 mm，把水泥沉子夹在两纲中间扎牢，沉子间距为 290 mm，第一个和最末一个沉子绑扎在网端。上、下纲可反复使用。

（2）将穿过内网衣上、下边缘网目的内网衣绳两端分别系结在上纲及下纲的两端，并使内网衣均匀散开；再将外网衣按 1 目对内网衣 12 目扎结在上纲上。间距为 290 mm。内网衣水平缩结系数 0.403，外网衣水平缩结系数 0.544。

（3）用 PE36tex3×3 乙纶网线把上、下穿内网衣绳绕缝在上、下纲上，每 200~300 mm 打 1 个死结。内网衣及外网衣均为一次性使用，起网摘取渔获物后，即沿上、下纲将此绕缝网线剪开，去掉原有的内外网衣，重复使用上、下纲，装上新的内外网片。

（4）将侧纲以全目穿入的方法穿入内网衣两侧边缘网目，其上下两端分别结扎在上纲和下纲上。

54

（5）将各网片的上纲（浮子纲、上缘纲）和下纲（沉子纲、下缘纲）分别上纲与上纲、下纲与下纲对应系结连接，其相邻网衣无需绕缝，全部网片顺次连成网列。每100片网为1网列，长达2 900.00 m。

（三）渔船

中小型木质渔船，主机功率89.52 kW（120马力），总长27.00 m，型宽5.00 m，型深2.00 m。带网1 000片。每船作业人员6人。备有4鼓轮起网机2台。

（四）渔法

通常在3月中旬开始下网，选择垂直往复流的渔场作业，渔船到达渔场后，横流方向下网，网列与岸线垂直。下网时先将铁锚抛入海中，同时抛下浮标，然后边放网边连接下1片网，放完1片网后，将其上、下纲与准备投放的另1片网的上、下纲连接在一起，放完10片网（俗称一吊网）后再抛1只铁锚和1个浮标，然后继续下网。下网时，船长1人操舵兼开船，2人放网，2人连接网片和抛铁锚。放完100片网后，抛1只铁锚和1个浮标。

放完1列网后，渔船离开，驶离距上1网列300~500 m处，再放第2列网，放网方法相同，直至在该渔场依次放完10~12列网具。然后渔船离开渔场回港。根据渔场的占有范围，渔船多次往返作业，直至把网下完。3~5天甚至更长时间返回渔场，根据浮标或GPS定位，捞起1网列，查看口虾蛄上网情况，如果渔获较好就开始起网；如果渔获不好，就再次返港休息。

起网时，船长1人操舵兼开船，1~2人捞起浮标，把渔网的上纲分别导入起网机，并在起网全过程中有专人值守起网机，1人收上纲，1人解浮标兼理网，1人收下纲，1人解铁锚兼理网。其余人员收起掉网的渔获物。待渔网理好后返回渔港，再摘取网上的口虾蛄。

（五）结语

该渔具结构简单，操作方便，成本低，经济效益好。但需要较多的劳动力摘取渔获物，网具损害严重，为一次性使用。目前，该渔具的使用已经遍及整个渤海海域，数量众多，造成捕捞过度，因抢占渔场而引起的纠纷时有发生，应加强管理。根据中华人民共和国农业部通告〔2013〕1号《农业部关于实施海洋捕捞准用渔具和过渡渔具最小网目尺寸制度的通告》之规定，口虾蛄定置三重刺网为过渡渔具，最小网目尺寸为50 mm。该渔具内网衣网目尺寸为60 mm，符合过渡期准用条件。

皮皮虾网（河北 丰南）

29.00 m×2.50 m

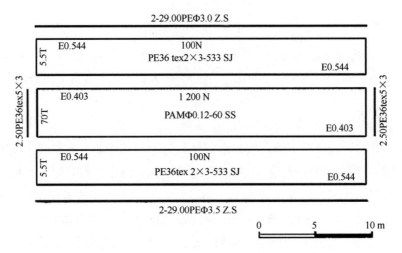

图 1-34 皮皮虾网网衣展开图

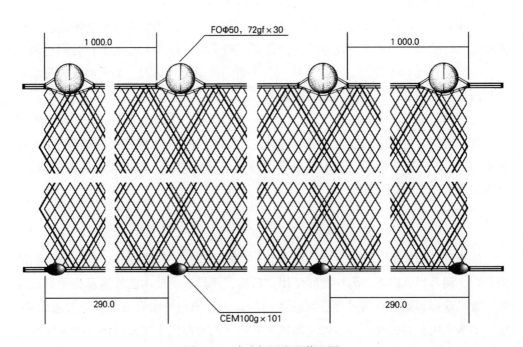

图 1-35 皮皮虾网渔具装配图

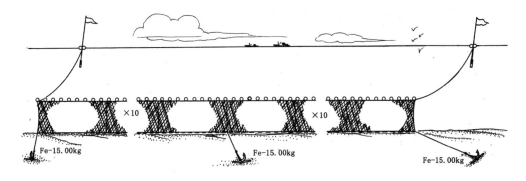

图 1-36　皮皮虾网作业示意图

二、长脖网（山东　海阳）

长脖网属定置三重刺网（20·sch·C），主要分布在山东省海阳市的沿海地区。该渔具的上纲长度 45.78 m，网衣拉直高度 1.75 m，网目尺寸 87 mm。适宜于 111.90~223.80 kW（150~300 马力）渔船作业。作业渔场为黄海中部海域，水深 50~60 m。作业水层为底层，主要捕捞对象为高眼鲽（俗称"长脖"）等鲆鲽类，兼捕鮻、黄鮟鱇和细纹狮子鱼等底层鱼类。渔期 3 月初至 5 月底。单船带网 200~300 片，年产量 3~5 t。

下面以山东省海阳市 208.88 kW（280 马力）渔船的长脖网为例作介绍。

（一）渔具结构

渔具主尺度：45.78 m×1.75 m。

1. 网衣

（1）内网衣：由直径 0.20 mm 的尼龙单丝编结，目大 87 mm，双死结，网图中用 PAMφ0.20—87ss 表示。每片网衣长 1 250 目，高 30.5 目。横目使用。

（2）外网衣：由直径 0.32 mm 的尼龙单丝编结，目大 500 mm，双死结，网图中用 PAMφ0.32—500ss 表示。每片网衣长 250 目，高 3.5 目。纵目使用。

2. 纲索

（1）浮子纲、上缘纲：乙纶网线，PE36tex10×3 捻线，分别为 3 股，左、右捻，各长 45.78 m，外加 400 mm 作为连接用。

（2）沉子纲、下缘纲：乙纶网线，PE36tex15×3 捻线，分别为 3 股，左、右捻，各长 56.35 m，外加 400 m 作为连接用。

（3）浮标绳：乙纶绳，PE36tex 单丝集束 3 股合股捻绳，直径 21.0 mm，每条长 100.00 m 左右，每 20 片 1 条，每船 11~12 条。

（4）网锚纲：乙纶绳，PE36tex 单丝集束 3 股合股捻绳，直径 15.0 mm，长 10.00 m，对折使用。以每 4 片网作为一个网列单元，用 2 条。单船带网 200 片，共需 51 条。

3. 属具

（1）浮子：腰鼓形硬塑料中空渔用浮子，直径 27.0 mm，中央孔径 6.0 mm，重 2.5 g，静浮力 20 gf，每片网用 74 个。

（2）沉子：铅坠，麦粒形，宽 9.2 mm，长 35.6 mm，两侧带凹槽，每个重 12 g，每片网用 250 个。

（3）浮标：竹竿长 5.00 m，基部直径 33.0 mm，在基部系结重 2.50 kg 的建筑用机制红砖 2 块，中间系结 10 个直径 95.0 mm 的圆球形浮子，顶部插小旗。每 20 片网用浮标 1 支。每船用 11~12 支。

（4）网用铁锚：有杆双齿铁锚，重约 25.00 kg，每 4 片网用 1 个，200 片网需 51 个。

（二）渔具装配

（1）先将所需的腰鼓形硬塑料中空渔用浮子穿在浮子纲上，然后将上缘纲以全目穿入的方法穿过内外网衣上缘网的所有网目；再将浮子纲与上缘纲分档并扎，每档 183 mm，下挂 5 目内网衣、1 目外网衣，内网衣水平缩结系数 0.42，外网衣水平缩结系数 0.366。各浮子间距均等，为 617 mm，第一个和最末一个浮子距网端各 366 mm。

（2）将下缘纲以全目穿入的方法穿过内外网衣下缘网的所有网目；然后再将下缘纲与沉子纲分档并扎，每档 225.4 mm，每 5 目内网衣挂外网衣 1 目，内网衣水平缩结系数 0.52，外网衣 0.45。再将麦粒形铅坠沉子夹装在沉子纲和下缘纲之间，用网线扎牢。各沉子间距均等，均为 224 mm，第一个和最末一个沉子距网端各 287 mm。

（3）装配完成的网具，下纲的长度要比上纲长出 23.09%。

（4）将 200 片网分成 50 个网列单元，将各网列单元相邻片网的上纲（浮子纲、上缘纲）和下纲（沉子纲、下缘纲）分别上纲与上纲、下纲与下纲对应系结连接，其相邻网衣绕缝。

（三）渔船

中型木质渔船，主机功率 208.88 kW（280 马力），总长 23.00 m，型宽 4.60 m，型深 1.50 m。带网 200 片，每船作业人员 6 人。

（四）渔法

网具顺序放置于前甲板两侧，通常为左舷作业。无论白天黑夜，随时都可以放网，顶风或顺风均放网，与流无关。放网时，船长 1 人操舵兼开船，2 人轮换放浮子纲兼放浮标，2 人轮换放沉子纲和铁锚。先投放 1 个铁锚，锚纲对折的两端分别系结在网端的上纲与下纲上。随之投放浮标绳系结锚纲上的浮标 1 支，并继续放网，放完第一网列单元的 4 片网后，将其上纲与下纲分别与下一个网列单元的上纲与下纲系结，同时将 1 个铁锚的锚纲对折的两端分别系结在两个网列单元末端的上纲与下纲的系结处，继续放网，每放下 5 个网列单元，在锚纲上系结 1 支浮标。如此循环，放完全部的网列单元后，系结好最后 1 个锚。放网完毕，记住网列位置。渔船驶出一定距离后、抛锚守望，等待起网。一般傍晚放网，放网后 5~6 h 或等天亮时起网。起网一般在受风舷进行，顶风起网。起网时船长 1 人操舵兼开船，先捞起浮标，把浮标绳绕入 3 鼓轮起网机，1 人看起网机，1 人收盘浮子纲，1 人收盘沉子纲，其余人员收拉网衣、解浮标、收铁锚并摘取渔获物。

（五）结语

该渔具由于下纲比上纲长 23% 左右，不会因鱼上网后的活动冲力而引起卷纲，渔具装配较为合理。渔获物中，高眼鲽的优势体长为 160~220 mm，达到 150 mm 的可捕标准。根据中华人民共和国农业部通告〔2013〕1 号《农业部关于实施海洋捕捞准用渔具和过渡渔具最小网目尺寸制度的通告》之规定，三重刺网为过渡渔具。但高眼鲽等鲆鲽类定置三重刺网尚未确定最小网目尺寸，应开展相关研究，以确定其过渡期后的归属和最小网目尺寸。

长脖网（山东　海阳）

45.78 m×1.75 m

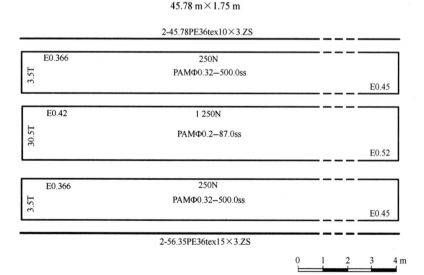

图 1-37　长脖网网衣展开图

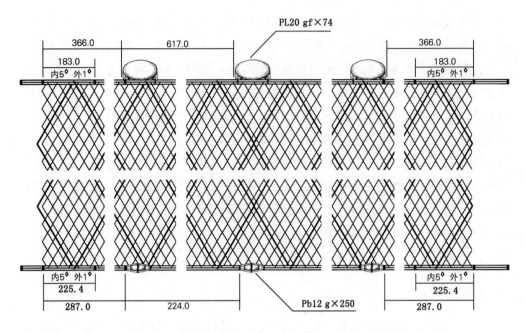

图 1-38　长脖网渔具装配图

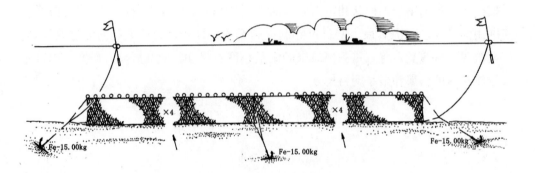

图 1-39　长脖网作业示意图

三、八扣网（辽宁　普兰店）

八扣网属定置三重刺网（20·sch·C），主要分布在辽宁省的普兰店、庄河、长海以及山东省的长岛一带沿海海域。当地渔民在织网时，习惯将一行网目称为"一扣"，由于最初该网具高度仅为八目，故而被俗称为"八扣网"。该渔具的上纲长度 50.00 m，网衣拉直高度 1.82 m，网目尺寸 90 mm。适宜于 89.52~179.04 kW（120~240 马力）的渔船作业。作业渔场主要为黄海北部海域，作业水深 20~40 m。作业水层为底层，主要捕捞对象为高眼鲽等鲆鲽类，兼捕梭子蟹和其他底层鱼类。渔期为 3 月中旬至 5 月底、8 月底至 11 月底。单船带网 500~1 000 片，年产量 10~15 t。

下面以辽宁省普兰店市 89.52 kW（120 马力）渔船的八扣网为例作介绍。

（一）渔具结构

渔具主尺度：50.00 m×1.82 m。

1. 网衣

（1）内网衣：由直径 0.20 mm 的尼龙单丝编结，目大 90 mm，双死结，网图中用 PAMφ0.20—90ss 表示。每片网衣长 1 600 目，高 30 目。横目使用。

（2）外网衣：由直径 0.40 mm 的尼龙单丝编结，目大 520 mm，双死结，网图中用 PAMφ0.40—520ss 表示。每片网衣长 200 目，高 4 目。纵目使用。

2. 纲索

（1）浮子纲、上缘纲：乙纶绳，36tex40×3 捻线，分别为 3 股，左、右捻，各长 50.00 m。

（2）沉子纲、下缘纲：乙纶绳，36tex15×3 捻线，分别为 3 股，左、右捻，各长 50.00 m。

（3）侧纲：乙纶粗网线，36tex5×3 捻线，左或右捻，长 1.82 m。每一片网用 2 条。

（4）浮标绳：乙纶绳，36tex40×3，每条长 60 m 左右，每船 51 条。

（5）沉石绳：乙纶绳，PE36tex 单丝集束 3 股合股捻绳，直径 2.7 mm，长 1.00 m。每 10 片网用 1 条。

（6）压纲石绳：乙纶绳，PE36tex 单丝集束 3 股合股捻绳，直径 2.7 mm，长 2.00 m，1 条。

（7）带网纲：乙纶绳，PE36tex 单丝集束 3 股合股捻绳，直径 14.0 mm，长约 120.00 m，1 条。

3. 属具

（1）浮子：硬塑料，腰鼓形，直径 27.0 mm，中央孔径 6.0 mm，重 2.5 g，静浮力 20 gf，每片网用 66 个。

（2）沉子：铅坠，麦粒形，长 35 mm，宽 9 mm，两侧带凹槽，每个重 11 g，每片网用 199 个。

（3）浮标：竹竿，长 7.00 m，基部直径 60.0 mm，在基部系结重 5.27 kg 的红砖（2 块），中间系结 9~10 个直径 100 mm 的圆球形泡沫塑料浮子，顶部插小旗。每 20 片网用浮标 1 支。每船用 51 支。

（4）沉石：石块，每块重 2.00~3.00 kg，外包旧网衣，每 10 片网 1 块。

（二）渔具装配

（1）先将所需的腰鼓形硬塑料浮子穿在浮子纲上，然后将上缘纲以全目穿入的方法穿过内、外网衣上边缘的所有网目，每穿 8 目内网衣，同时穿 1 目外网衣，再将浮子纲与上缘纲分档并扎，每档 250 mm，共 200 档，每档下挂内网衣 8 目、外网衣 1 目，内网衣水平缩结系数 0.347，外网衣水平缩结系数 0.481。每 3 档 1 个浮子，第一个和最末一个浮子距网端各 625 mm，其余各浮子间距为 750 mm。浮子纲扎结网衣部分长 50.00 m，两端各留 250 mm 做连接网片之用。

（2）先将下缘纲以全目穿入的方法穿过内外网衣下边缘的所有网目，每穿内网衣 8 目，同时穿外网衣 1 目，然后再与沉子纲分档并扎，每档 250 mm，共 200 档，每档上挂内网衣 8 目、外网衣 1 目，内网衣水平缩结系数 0.347，外网衣水平缩结系数 0.481。沉子夹装在沉子纲和下缘纲之间，用网线扎牢，每 2 档 1 个沉子，各沉子间距均为 250 mm，第一个和最末一个沉子距网端各 250.0 mm。沉子纲扎结网衣部分长 50.00 m，两端各留 250 mm 做连接网片之用。

（3）将侧纲穿入网衣侧边网目，其两端分别结扎在浮子纲和沉子纲上。

（4）将各相邻网片的上纲（浮子纲、上缘纲）和下纲（沉子纲、下缘纲）分别上纲与上纲、下纲与下纲对应系结连接，其相邻网衣绕缝，全部网片顺次连成网列。

（三）渔船

中小型木质渔船，主机功率 89.52 kW（120 马力），总长 21.50 m，型宽 3.90 m，型深 1.50 m。带网 1 000 片，每船作业人员 6 人。4 鼓轮起网机 1 台。

（四）渔法

通常白天平流时放网和起网，每天起、放网 1 次。将网具顺序放置于前甲板两侧，左舷或右舷看风向均可作业。根据风向，以平流偏顺风为好。放网时，船长 1 人操舵兼开船，2 人轮换放浮子纲兼放浮标，2 人轮换放沉子纲和沉石。放网完毕，带网纲系于船艄，抛锚休息。起网时，收缴带网纲，捞起浮标绳，将上纲导入起网机的滚轮。起网一般在受风舷进行，1 人操作起网机，1 人收盘浮子纲和浮标，1 人收盘沉子纲，其余人员收、拉网衣、解沉石并摘取渔获物。

（五）结语

八扣网是黄海北部海洋岛渔场和烟威渔场捕捞高眼鲽、牙鲆、鳐等底层鱼类以及蟹类的主要刺网类渔具。由于鲆鲽类等底层鱼类资源的衰退，该渔具的作业规模在逐渐减小。根据中华人民共和国农业部通告〔2013〕1号《农业部关于实施海洋捕捞准用渔具和过渡渔具最小网目尺寸制度的通告》之规定，三重刺网为过渡渔具。但鲆鲽类定置三重刺网尚未确定最小网目尺寸，应开展相关研究，以确定其过渡期后的归属和最小网目尺寸。

八扣网（辽宁　普兰店）

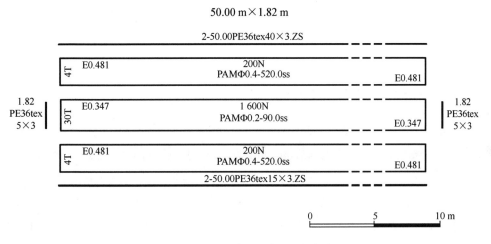

图 1-40　八扣网网衣展开图

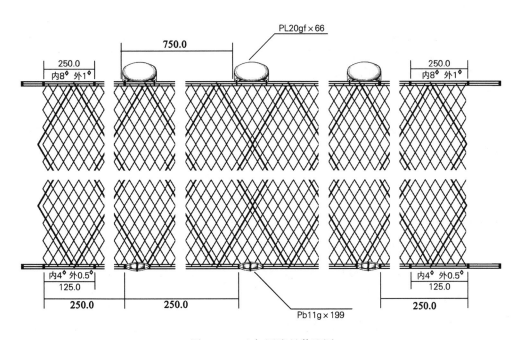

图 1-41　八扣网渔具装配图

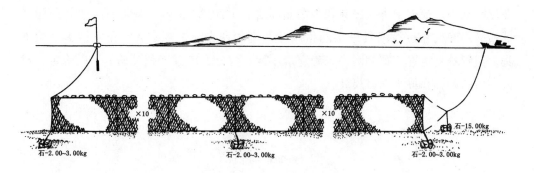

图 1-42　八扣网作业示意图

四、飞蟹网（辽宁　庄河）

飞蟹网属定置三重刺网（20·sch·C），俗名又称蟹子网，在黄渤海沿海海域均有分布。该渔具的上纲长度 45.00~114.40 m，网衣拉直高度 1.30~7.66 m，网目尺寸 110~126 mm。适宜于 8.95~298.40 kW（12~400 马力）的渔船作业。作业渔场为渤海和黄海近岸水域，作业水深 10~50 m。作业水层为底层，主要捕捞对象为三疣梭子蟹，兼捕鳐类和黄鮟鱇等底层鱼类。渔期为 3 月中旬至 5 月底、9 月至 10 月。单船带网 50~600 片，年产量 0.5~15 t。

下面以辽宁省庄河市 261.10 kW（350 马力）渔船的飞蟹网为例作介绍。

（一）渔具结构

渔具主尺度：50.00 m×7.66 m。

1. 网衣

（1）内网衣：由直径 0.19 mm 的尼龙单丝编结，目大 126 mm，双死结，网图中用 PAMφ0.19—126ss 表示。每片网衣长 1 000 目，高 90 目，重 0.90 kg。纵目使用。

（2）外网衣：由 PE36tex3×3 的乙纶单丝编结，目大 766 mm，双死结，网图中用 PE36tex3×3—766ss 表示。每片网衣长 111 目，高 10 目，重 1.00 kg。

（3）上、下缘网：由 PE36tex3×3 的网线编结，目大 86 mm，双死结，网图中用 PE36tex3×3—86ss 表示。每片网衣长 1 000 目，高 5 目，重 1.00 kg。

2. 纲索

（1）浮子纲、上缘纲：乙纶绳，PE36tex 单丝集束 3 股合股捻绳，直径 6.0 mm，分别为 3 股，左、右捻，各长 50.00 m，重 1.00 kg。

（2）沉子纲、下缘纲：乙纶绳，PE36tex 单丝集束 3 股合股捻绳，直径 6.0 mm，分别为 3 股、左、右捻，各长 50.00 m，重 1.0 kg。

（3）浮标绳：丙纶绳，直径 10.0 mm，每条长约 120.00 m，重 7.80 kg，每 15 片网 1 条浮标绳，每船应备有 34~40 条。

（4）叉纲：乙纶绳，PE36tex 单丝集束 3 股合股捻绳，直径 10.0 mm，每条长 27.20 m，重 1.90 kg，对折使用，上叉纲长 13.60 m，下叉纲长 13.60 m，每 2 片网需 1 条。

（5）网锚纲：乙纶绳，PE36tex 单丝集束 3 股合股捻绳，直径 10.0 mm，每条长 10.00 m，重 0.70 kg，每 2 片网需 1 条。

3. 属具

（1）浮子：硬质塑料，腰果形（空心），两端靠内凸起处带 2 个猫耳，长 135.0 mm，直径 80.0 mm，重 115 g，静浮力 300 gf，耐压水深 100.00 m，每片网需用 32 个。

（2）沉子：陶质，腰鼓形，每个重 165 g，每片网需用 144 个。

（3）浮标：竹竿长 6.00 m，基部直径 50.0 mm，在基部系结重约 5.00 kg 的圆柱形砼预制件，高 300 mm，中心孔径 50~60 mm，中间系结 9 个直径 100.0 mm 的泡沫塑料圆球形浮子，顶部插小旗。每 15 片网用浮标 1 支。每船用 34~40 支。竹竿上端带有闪光灯。

（4）网用铁锚：有杆双齿铁锚，每个重约 25.00 kg，每船 250~300 个。

（二）渔具装配

1. 先将所需的腰鼓形陶质沉子穿在沉子纲上，然后将上、下缘纲以全目穿入的方法穿过网衣上、下缘网的所有网目；再将浮子纲与上缘纲分档并扎，沉子纲与下缘纲分档并扎，各扎 250 档，每档均为 200 mm，每档扎附缘网 4 目。

2. 内网衣与上、下缘网 1 目对 1 目，按 9 目内网衣对 1 目外网衣的比例，用绕缝的方式将内、外网衣连接到上、下缘网上，在外网衣与内网衣的接点处，扎 1 死结，扎附缩结后的外网衣两个大网目的间距 450 mm。

3. 内网衣水平缩结系数 0.397，外网衣水平缩结系数 0.588。

4. 将浮子均匀绑扎在浮子纲上，各浮子间距 1.56 m。第一个和最末一个浮子各距网端 820 mm。每隔 350 mm 绑扎 1 个沉子，各沉子间距均等，第一个和最末一个沉子绑扎在网的两端。

5. 无侧纲。各相邻网片不需要绕缝。

6. 将每两片网连接成一组，相邻两网片对应端的上纲（浮子纲、上缘纲）和下纲（沉子纲、下缘纲）分别系结连接，另一端的上纲与下纲分别系结连接叉纲的分叉两端。

7. 每隔 2 片网，在其上纲（浮子纲、上缘纲）和下纲（沉子纲、下缘纲）的连接处分别与叉纲的分叉上、下端系结连接，放网时，叉纲折弯处连接网锚绳和网用铁锚。

（三）渔船

中型木质渔船，主机功率 261.10 kW（350 马力），总长 32.00 m，型宽 5.80 m，型深 2.50 m。带网 500~600 片，每船作业人员 8 人。4 鼓轮起网机 2 台。辅机功率 13.43 kW（18 马力）。

（四）渔法

傍晚放网，翌晨起网。网具顺序放置于前甲板两侧，常为左舷作业。根据风向，横流放网，以横流偏顺风为好。放网时，船长 1 人操舵兼开船，2 人或 3 人轮换放浮子纲兼放浮标，2 人或 3 人轮换放沉子纲和铁锚。放网完毕，将船驶离，让网定置于海中。2~3 天后去起网 1 次。根据 GPS 定位，先找到网列一端的浮标。捞起浮标绳，导入起网机。起网通常在受风舷进行，2 人收盘浮子纲，3 人或 4 人收盘沉子纲并兼解铁锚，其余人员收拉网衣并摘取渔获物。

（五）结语

该渔具结构简单，设计比较合理，制作工艺简单，网具成本低。其网目尺寸较大，渔获品种好，经济效益高，对经济鱼类幼鱼损害小。根据中华人民共和国农业部通告〔2013〕1 号《农业部关于实施海洋捕捞准用渔具和过渡渔具最小网目尺寸制度的通告》之规定，梭子蟹定置三重刺网为过渡渔具，最小网目尺寸为 110 mm。该渔具内网衣网目尺寸为 126 mm，符合过渡期的准用条件。

飞蟹网（辽宁 庄河）

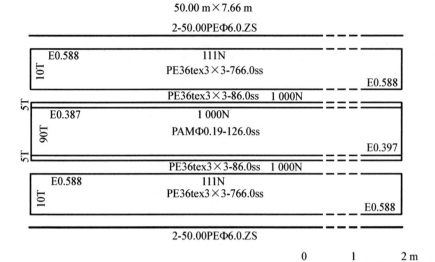

50.00 m×7.66 m

图 1-43　飞蟹网网衣展开图

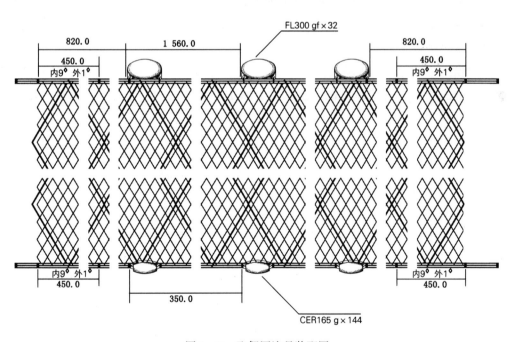

图 1-44　飞蟹网渔具装配图

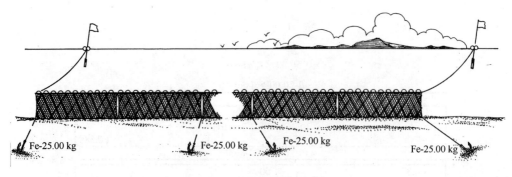

图 1-45　飞蟹网作业示意图

第四节　漂流三重刺网

漂流三重刺网是由两片大网目网衣中间夹一片小网目网衣和上、下纲等构成，并以漂流方式作业的一种刺网。小网目网衣水平缩结系数小，网衣松弛，形成袋状。当鱼、虾、蟹类穿过一侧大网目后，刺入（或缠入）袋形小网目网衣中被捕获。漂流三重刺网捕捞效率高，选择性较差，但在多种鱼、虾、蟹类同时出现的渔场或在捕捞对象种类较多、个体大小参差不齐的渔场作业具有良好的捕捞效果。作业水层为中上层或底层。

黄渤海区的漂流三重刺网主要有：对虾漂流三重刺网、口虾蛄漂流三重刺网、鲳鱼漂流三重刺网、梭鱼漂流三重刺网、海蜇漂流三重刺网、梭子蟹漂流三重刺网等。

一、对虾三重流网（山东　青岛）

对虾三重流网属漂流三重刺网（21·sch·C），广泛分布于环黄渤海区沿海海域。该渔具的上纲长度 17.00~60.00 m，网衣拉直高 5.40~10.00 m，内网衣网目尺寸 40~60 mm。适宜于 44.76~298.40 kW（60~400 马力）渔船作业。作业水层为底层，主要捕捞对象为中国对虾，兼捕斑鰶、小黄鱼、鲐鱼、绿鳍鱼、鲬等鱼类。渔期分为春、秋两季，春季作业时间为 2 月底至 4 月初，作业渔场为黄海中部水域，作业水深 40~60 m；秋季作业时间为 8 月中旬至 10 月底，作业渔场为黄渤海近岸水域，水深作业 10~40 m。单船带网 100~500 片，年产量 0.5~3 t。

下面以山东省青岛市城阳区 179.04 kW（240 马力）渔船的对虾三重流网为例作介绍。

68

（一）渔具结构

渔具主尺度：17.00 m×5.40 m。

1. 网衣

（1）内网衣：由直径 0.12 mm 的锦纶单丝编结，目大 55 mm，双死结，网图中用 PAMφ0.12—55ss 表示。每片网衣长 800 目，高 120 目，重 0.12 kg。横目使用。

（2）上缘网：由 PE36tex4×3 捻线编结，目大 55 mm，双死结，网图中用 PE36tex4×3—55ss 表示。每片网衣长 800 目，高 6 目。纵目使用。

（3）下缘网：由 PE36tex8×3 捻线编结，目大 55 mm，单死结，网图中用 PE36tex8×3—55ss 表示。每片网衣长 800 目，高 9 目。纵目使用。

（4）外网衣：由 PE36tex2×3 编结，目大 300 mm，双死结，网图中用 PE36tex2×3—300ss 表示。每片网衣长 114 目，高 21 目，2 片。横目使用。

2. 纲索

（1）浮子纲、上缘纲：乙纶绳，PE36tex 单丝集束 3 股合股捻绳，直径5.0 mm，分别为 3 股，左、右捻，各长 17.00 m，2 条。

（2）沉子纲、下缘纲：乙纶绳，PE36tex 单丝集束 3 股合股捻绳，直径8.0 mm，分别为 3 股，左、右捻，各长 17.00 m，2 条。

（3）侧纲：乙纶绳，PE36tex 单丝集束 3 股合股捻绳，直径 3.4 mm，3 股左或右捻，长 5.40 m。每片网用 2 条。

（4）浮标绳：乙纶绳，PE36tex 单丝集束 3 股合股捻绳，直径 8.0 mm，长100.00 m，每 35 片用 1 条，每船 29~30 条。

（5）叉纲：乙纶绳，PE36tex 单丝集束 3 股合股捻绳，直径 12.0 mm，长 12.00 m，对折使用。

（6）带网纲：乙纶绳，PE36tex 单丝集束 3 股合股捻绳，直径 12.0 mm，长约150m，1 条。

3. 属具

（1）浮子：泡沫塑料，圆球形，直径 66.0 mm，中央孔径 12.0 mm，重 50 g，静浮力 165 gf，每片网用 16 个。

（2）沉子：陶质，腰鼓形，中有通孔，长 60.0 mm，最大直径 40.0 mm，每个重 125 g，每片网用 27 个。

（3）浮标（地方名：站缨）：竹竿长 5.00 m，基部直径 50.0 mm，在基部系结2~3 块红砖，重 6.00~7.00 kg，中间系结 7~8 个直径 95.0 mm 的圆球形浮子，顶部插小红旗。每 35 片网用浮标 1 支。每船用 29~30 支。

（二）渔具装配

1. 上、下缘网与内网衣采取 1 目对 1 目编缝连接。

2. 将所需的圆球形泡沫塑料浮子穿在浮子纲上，然后将上缘纲以全目穿入的方法穿过内外网衣上缘网的所有网目，再将浮子纲与上缘纲分档并扎，每档长 150 mm，下挂内网衣 7 目，两边外网衣 1 目。网衣水平缩结系数，内网衣为 0.39，外网衣为 0.50。每 7 档扎附 1 个浮子，各浮子间距均等，均为 1.05 m，第一个和最末一个浮子距网两端各 625 mm。

3. 将所需的腰鼓形陶质沉子穿在沉子纲上，然后将下缘纲以全目穿入的方法穿过内外网衣下缘网的所有网目，再将沉子纲与下缘纲分档并扎，每档长 150 mm，上挂内网衣 7 目与两边外网衣 1 目。网衣水平缩结系数，内网衣为 0.39，外网衣为 0.50。每 4 档扎 1 个沉子，沉子间距 600 mm。第一个和最末一个沉子距网端各 700 mm。

4. 将侧纲以全目穿入的方法穿过网衣侧边的所有网目，其上、下两端分别扎结在浮子纲和沉子纲上。

5. 将各相邻网片的上纲（浮子纲、上缘纲）和下纲（沉子纲、下缘纲）分别上纲与上纲、下纲与下纲对应系结连接，其相邻网衣绕缝，全部网片顺次连成网列。

6. 网列末端网片的上纲（浮子纲、上缘纲）和下纲（沉子纲、下缘纲）分别与叉纲的分叉上、下两端系结连接，叉纲的折弯处系结连接带网纲。

（三）渔船

中型木质渔船，渔船主机功率 179.04 kW（240 马力），总长 24.00 m，型宽 6.00 m，型深 1.50 m。带网 500 片，每船作业人员 7 人。

（四）渔法

傍晚放网，翌晨起网。网具顺序放置于前甲板两侧，通常为左（或右）舷作业。根据风向，顺流确定放网方向，以横流偏顺风为好。放网时，船长 1 人操舵兼开船，2 人或 3 人轮换放浮子纲兼放浮标，2 人或 3 人轮换放沉子纲。放网完毕，将带网纲系结于船首桩上，然后船、网随流漂移。起网通常在受风舷进行，2 人收盘浮子纲，3 人或 4 人收盘沉子纲，其余人员收拉网衣并摘取渔获物。

（五）结语

对虾三重流网是黄渤海区捕捞中国对虾的主要渔具，渔获效果较好，基本上代替了传统的漂流单片刺网。但该网具的内网衣网目尺寸较小，秋季作业对经济鱼类的幼鱼具有一定程度的损害。根据中华人民共和国农业部通告〔2013〕1号《农业部关于实施海洋捕捞准用渔具和过渡渔具最小网目尺寸制度的通告》之规定，对虾漂流三重刺网为过渡渔具，最小网目尺寸为 50 mm。该渔具内网以网目尺寸为 55 mm，符合过渡期的准用条件。

对虾三重流网（山东　城阳）

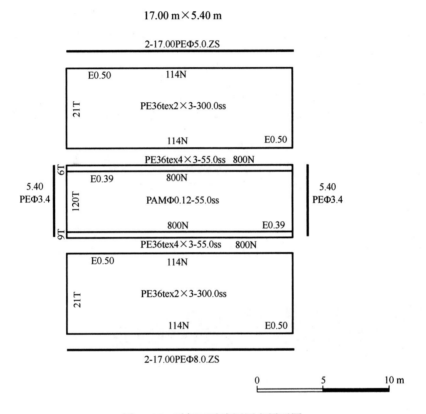

图 1-46　对虾三重流网网衣展开图

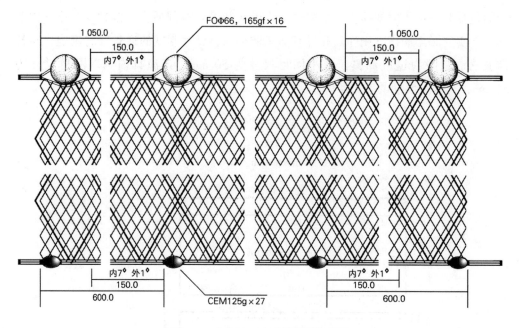

图 1-47 对虾三重流网渔具装配图

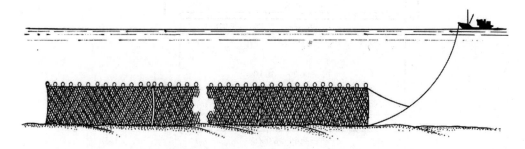

图 1-48 对虾三重流网作业示意图

二、虾爬子网（辽宁 大洼）

虾爬子网属漂流三重刺网（21·sch·C），分布于环黄渤海区沿海海域。该渔具的上纲长度 20.00～80.00 m，网衣拉直高 1.20～4.50 m，内网衣网目尺寸 50～60 mm。适宜于 13.43～298.40 kW（18～400 马力）渔船作业。作业渔场为黄渤海近岸水域，作业水深 10～30 m。作业水层为底层，主要捕捞对象为口虾蛄（俗称虾爬子），兼捕梭子蟹、斑鰶、鲬、鰕虎鱼等。渔期为 4 月初至 5 月底、10 月中旬至 11 月底。单船带网 100～1 000 片，年产量 0.5～5 t。

下面以辽宁省大洼县 13.43 kW（18 马力）渔船的虾爬子网为例作介绍。

（一）渔具结构

渔具主尺度：35.15 m×1.67 m。

1. 网衣

（1）内网衣：由直径 0.12 mm 的尼龙单丝编结，目大 60 mm，双死结，网图中用 PAMφ0.12—60ss 表示。每片网衣长 1 600 目，高 50 目。横目使用。

（2）外网衣：由直径 0.30 mm 的尼龙单丝编结，目大 350 mm，双死结，网图中用 PAMφ0.30—350ss 表示。每片网衣长 200 目，高 5.5 目。2 片。纵目使用。

2. 纲索

（1）浮子纲、上缘纲：乙纶绳，PE36tex 单丝集束 3 股合股捻绳，直径 3.0 mm，分别为 3 股，左、右捻，各长 35.15 m。

（2）沉子纲、下缘纲：乙纶绳 PE36tex 单丝集束 3 股合股捻绳，直径 3.5 mm，分别为 3 股，左、右捻，各长 35.15 m。

（3）侧纲：乙纶网线 PE36tex15×3，长 1.67 m。每片网用 2 条。

（4）浮标绳：乙纶绳，PE36tex 单丝集束 3 股合股捻绳，直径 6.0 mm，每条长 20.00 m，每船 10~11 条。

（5）叉纲：乙纶绳，PE36tex 单丝集束 3 股合股捻绳，直径 12.0 mm，长 8.00 m，对折使用。

（6）带网纲：乙纶绳，PE36tex 单丝集束 3 股合股捻绳，直径 12.0 mm，长 60.00 m。

3. 属具

（1）浮子：泡沫塑料，圆球形，直径 60.0 mm，中央孔径 13.0 mm，重 10 g，静浮力 100 gf，每片网用 20 个。

（2）沉子：滑石，长方体，55 mm×25 mm×25 mm，每个重 54 g，每片网用 101 个。

（3）浮标：竹竿长 6.00~7.00 m，基部直径 60.0 mm，在基部系结重约 4.00 kg 的石块，中间系结 9~10 个直径 95.0 mm 的圆球形泡沫塑料浮子，顶部插小旗。每 10 片网用浮标 1 支，每船用 10~11 支。

（二）渔具装配

1. 先将所需的圆球形泡沫塑料浮子穿在浮子纲上，然后将上缘纲以全目穿入的方法穿过内外网衣上缘网的所有网目，再将浮子纲与上缘纲以及穿内网衣的上缘网网线分档并扎，内网衣每 8 目对外网衣 1 目，即每 1 目外网衣扎结 1 档，每档长

175 mm，共计 200 档。内网衣水平缩结系数 0.366，外网衣水平缩结系数 0.502。每 10 档绑扎 1 个浮子，即 10 目外网衣绑扎 1 个浮子，各浮子间距均等。第一个和最末一个浮子距网端各 950 mm。

2. 将下缘纲以全目穿入的方法穿过内外网衣下缘网的所有网目，然后将下缘纲、沉子纲并拢，再均匀分散穿在下缘网线上的内外网衣，每 8 目内网衣与 1 目外网衣，结扎为 1 档，每档长 175 mm。内网衣水平缩结系数 0.366，外网衣水平缩结系数 0.502。沉子夹装在沉子纲和下缘纲之间，2 目外网衣（即每 2 档）绑扎 1 个沉子。各沉子间距均等，均为 350 mm，第一个和最末一个沉子绑扎在网的始、末端。

3. 将侧纲以全目穿入的方法穿入网衣侧边的所有网目，其上下两端分别结扎在浮子纲和沉子纲上。

4. 将各相邻网片的上纲（浮子纲、上缘纲）和下纲（沉子纲、下缘纲）分别上纲与上纲、下纲与下纲对应系结连接，其相邻网衣绕缝，全部网片顺次连成网列。

5. 将网列两端的上纲（浮子纲、上缘纲）系结连接浮标绳。

6. 将叉纲分叉的两端分别与网列末端的上、下纲系结连接，叉纲的折弯的一端系结连接带网纲。

（三）渔船

小型木质渔船，主机功率 13.43 kW（18 马力），总长 14.50 m，型宽 3.60 m，型深 1.15 m。带网 100 片，每船作业人员 3 人。2 鼓轮起网机 1 台。

（四）渔法

白天放网，翌晨起网。网具顺序放置于前甲板两侧，通常为左舷作业。以横流偏顺风为好。放网时，船长 1 人操舵兼开船，1 人轮换放浮子纲兼放浮标，1 人轮换放沉子纲，网列全部入海后将带网纲系在渔船的船头带缆桩上。放网完毕，然后渔船与网列随流漂移，一般漂移速度为 1.0~1.5 kn（n mile）。起网通常在受风舷进行，将带网纲以及上纲引入起网机，1 人操作起网机，1 人收盘浮子纲和沉子纲，并兼摘取渔获物；若渔获物多时，则先把网起到甲板上，然后再摘取渔获物。

（五）结语

虾爬子网结构简单，成本低，在近岸作业，方便灵活，效益较好，适合中小型渔船使用。但该渔具的内网衣网目尺寸较小，秋季作业对经济鱼类的幼鱼具有一定程度的损害。根据中华人民共和国农业部通告〔2013〕1 号《农业部关于实施海洋捕捞准用渔具和过渡渔具最小网目尺寸制度的通告》之规定，口虾蛄漂流三重刺网为过渡渔具，最小网目尺寸为 50 mm。该渔具内网衣网目尺寸为 60 mm，符合过渡期准用条件。

虾爬子网（辽宁　大洼）

35.15 m×1.67 m

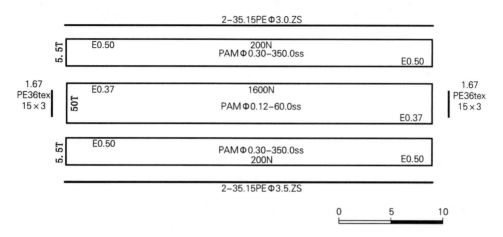

图 1-49　虾爬子网网衣展开图

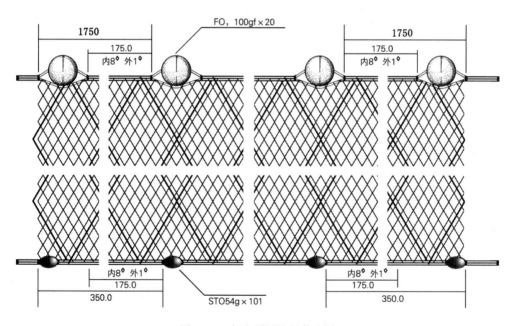

图 1-50　虾爬子网渔具装配图

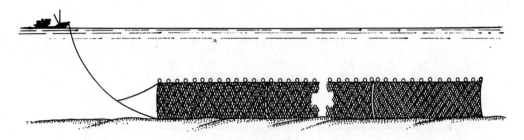

图 1-51　虾爬子网作业示意图

三、鲳鱼流网（山东　昌邑）

鲳鱼流网属漂流三重刺网（21·sch·C），主要分布于莱州湾、渤海湾沿海海域。由于鲳鱼资源衰退的原因，目前捕捞鲳鱼的流网渔业严重萎缩，从业渔船数量已经大大减少，仅零星分布在莱州湾、渤海湾的沿岸渔港。该渔具的上纲长度30.00~50.00 m，网衣拉直高8.00~16.80 m，内网衣网目尺寸115~125 mm。适宜于73.50~298.40 kW（100~400 马力）渔船作业。作业渔场为莱州湾、渤海湾水域，水深10~30 m，作业水层为中上层，主要捕捞对象为银鲳，兼捕梭子蟹。渔期为5月初至5月底、9月初至11月底，单船带网80~500片，年产量0.5~3 t。

下面以山东省昌邑市246.18 kW（330马力）渔船的鲳鱼流网为例作介绍。

（一）渔具结构

渔具主尺度：52.00 m×16.80 m。

1. 网衣

（1）主网衣：由直径0.16 mm的尼龙单丝编结，目大115 mm，双死结，网图中用PAMφ0.18—115ss表示。每片网衣长1 500目，高200目。横目使用。

（2）外网衣：由直径0.40 mm的尼龙单丝编结，目大660 mm，双死结，网图中用PAMφ0.40—660ss表示。每片网衣长150目，高30目。纵目使用。

（3）上、下缘网：由PE36tex4×3的乙纶单丝编结，目大90 mm，单死结，网图中用PE36tex4×3—90ss表示。每片网衣长1 500目，高：上缘网9.5目，下缘网6.5目。缘网与内网衣1目对1目单死结连接。横目使用。

2. 纲索

（1）浮子纲、上缘纲：乙纶绳，PE36tex 单丝集束3股合股捻绳，直径2.0 mm，分别为3股，左、右捻，2条，各长52.00 m。

（2）沉子纲、下缘纲：乙纶绳，PE36tex 单丝集束3股合股捻绳，直径8.0 mm，分别为 3 股，左、右捻，2 条，各长 50.00 m。下纲比上纲短 2.00 m。

（3）侧纲：乙纶绳，PE36tex 单丝集束 3 股合股捻绳，直径 3.6 mm，3 股左或右捻，长 16.80 m。每片网用 2 条。

（4）浮标绳：乙纶绳，PE36tex 单丝集束 3 股合股捻绳，直径 6.0 mm，每条长 16.00 m，每船 30 条左右。

（5）带网纲：朝鲜麻，3 股捻绳，直径 22.0 mm，每条长 170.00~180.00 m，重约 100 kg，每船 1 条。带网纲直接拴在底纲上。

（6）压纲沉石绳：乙纶绳，PE36tex 单丝集束 3 股合股捻绳，直径 2.0 mm，4 个对折，对折后长 1.00 m 左右。每船用 1~4 条。

3. 属具

（1）浮子：泡沫塑料，长方体，200 mm×60 mm×38 mm，重 40 g，静浮力 680 gf，每片网用 26 个。

（2）沉子：机制黏土烧制红砖，为 53 mm×115 mm×240 mm 的长方体，标准比重为 1.8 g/cm³，每块砖重 2.50 kg，每片网用 3 块。

（3）浮标：竹竿长 7.00 m，基部直径 50 mm，在基部系结重约 5.00 kg 的圆柱形水泥预制件，高约 300 mm，中心孔径 50~60 mm，中间系结 9 个直径 100 mm 的圆球形浮子，顶部插小旗。每 6~7 片网用浮标 1 支。每船用 30~33 支。

（4）沉石：石块，每块重约 15 kg，每船备 4 块。风浪小时加 1 块压带网纲，风浪大的时候加到 4 块。

（二）渔具装配

1. 缘网与内网衣 1 目对 1 目打结绕缝。

2. 先将上缘纲以全目穿入的方法穿过内网衣上缘全部网目和外网衣上缘的全部网目，每穿内网衣 10 目，同时穿过两侧外网衣各 1 目。然后将上缘纲与浮子纲分档并扎，每档长 173.3 mm，下挂内网衣 5 目，共 300 档，2 档挂 1 目外网衣。内网衣水平缩结系数 0.301，外网衣水平缩结系数 0.525。然后每隔 2.00 m 绑扎 1 个长方形的浮子，其余各浮子间距均等。第一个和最末一个浮子距网端各 1.00 m。

3. 采取全目穿入的方法将下缘纲穿过内网衣下缘全部网目和外网衣下缘的全部网目，每穿内网衣 10 目，同时穿过两侧外网衣各 1 目。然后将下缘纲与沉子纲分档并扎，每档长 167 mm，上挂 5 目内网衣，2 档挂 1 目外网衣。内网衣水平缩结系数 0.29，外网衣水平缩结系数 0.505。沉子为红砖，吊绑红砖的绳长约 1.00 m，一端系红砖，另一端绑扎在并扎在一起的沉子纲和下缘纲上，每片网用 3 块红砖，总沉力 7.50 kg。1 块绑在 2 片网的连接处，红砖与红砖的间距约 17.00 m。

4. 采取全目穿入的方法将侧纲穿过网衣侧边全部网目，其上下两端分别扎结在浮子纲和沉子纲上。

5. 将相邻网片的上纲（浮子纲、上缘纲）和下纲（沉子纲、下缘纲）分别上纲与上纲、下纲与下纲对应系结连接，其相邻网衣绕缝，全部网片顺次连成网列。

6. 带网纲直接系结连接在网列末端的下纲（沉子纲、下缘纲）上。

（三）渔船

中型木质渔船，主机功率 246.18 kW（330 马力），总长 29.00 m，型宽 6.00 m，型深 2.50 m。带网 200 片，每船作业人员 7 人。左舷和右舷各装 4 鼓轮起网机 1 台。

（四）渔法

傍晚放网，翌晨 2~3 时开始起网。网具顺序放置于前甲板两侧，根据风向、渔场与船长的习惯，左舷或右舷作业都有。根据风向，顺风放网，以横流偏顺风为好。放网时，船长 1 人操舵兼开船，2~3 人轮换放浮子纲兼放浮标，2~3 人轮换放沉子纲。放网完毕，将带网纲系结于船首桩上，然后船、网随流漂移。起网通常在受风舷进行，1 人操作起网机，2 人收盘浮子纲，2 人收盘沉子纲，其余人员收拉网衣并摘取渔获物。

（五）结语

鲳鱼流网主捕银鲳，但渤海的银鲳资源逐年衰退，该渔具现在已变为以捕捞梭子蟹和其他大规格鱼类为主的替用渔具，渔业规模较小。根据中华人民共和国农业部通告〔2013〕1 号《农业部关于实施海洋捕捞准用渔具和过渡渔具最小网目尺寸制度的通告》之规定，鲳鱼漂流三重刺网为过渡渔具，最小网目尺寸为 110 mm。该渔具内网衣网目尺寸为 115 mm，符合过渡期的准用条件。

鲳鱼流网（山东　昌邑）

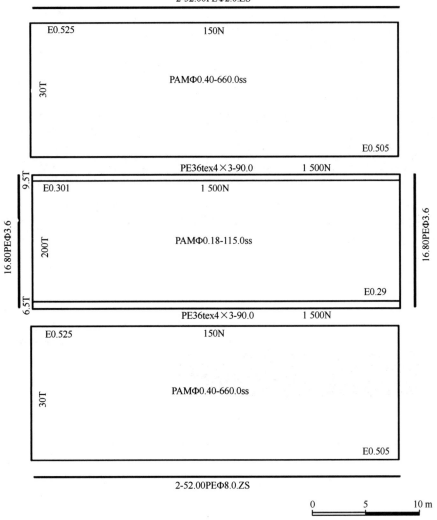

图 1-52　鲳鱼流网网衣展开图

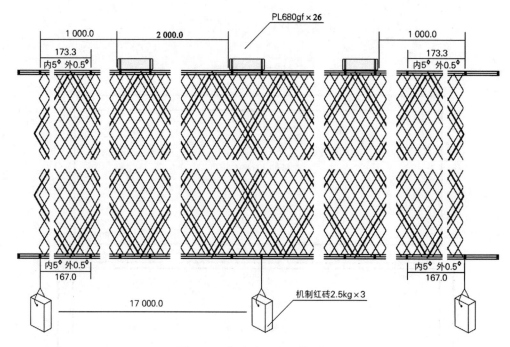

图 1-53　鲳鱼流网渔具装配图

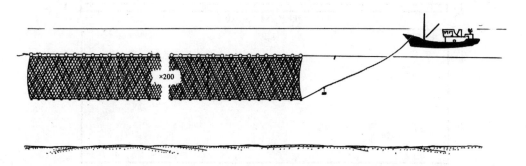

图 1-54　鲳鱼流网作业示意图

四、三重白眼网（辽宁　大洼）

三重白眼网属漂流三重刺网（21·sch·C），主要分布在辽东湾沿海海域。该渔具的上纲长度 30.00~100.00 m，网衣拉直高 1.27~1.50 m，网目尺寸 50~80 mm。适用于 7.35~44.10 kW（10~60 马力）渔船作业。作业渔场为辽东湾河口近岸水域，作业水深 3~5 m。作业水层为底层，主要捕捞对象为鲻鱼（白眼鱼），故此得名，兼捕梭鱼。渔期为 5 月中旬至 5 月底、8 月初至 9 月底。渔船单船带网 20~60 片，年产量 0.5~3 t。

下面以辽宁省大洼县主机功率 14.92 kW（20 马力）渔船的三重白眼网为例作

介绍。

（一）渔具结构

渔具主尺度：100.00 m×1.27 m。

1. 网衣

（1）内网衣：由直径 0.20 mm 的尼龙单丝编结，目大 80 mm，双死结，网图中用 PAMφ0.20—80ss 表示。每片网衣长 4 000 目，高 32 目。纵目使用。

（2）外网衣：由直径 0.32 mm 的尼龙单丝编结，目大 300 mm，单死结，网图中用 PAMφ0.32—300sj 表示。每片网衣长 1 000 目，高 4.5 目。2 片。

2. 纲索

（1）浮子纲、上缘纲：乙纶 PE36tex10×3 捻线，分别为 3 股，左、右捻，各长 100.00 m。

（2）沉子纲、下缘纲：乙纶 PE36tex10×3 捻线，分别为 3 股，左、右捻，各长 100.00 m。

（3）附加纲：乙纶 PE36tex3×3 捻线，左或右捻，直径 0.6 mm，长 100.50 mm。每片网用 1 条。

（4）侧纲：乙纶 PE36tex10×3 捻线，左或右捻，长 1.27 m。每片网用 2 条。

（5）浮标绳：乙纶绳，PE36tex 单丝集束 3 股合股捻绳，直径 6.0 mm，每条长 15.00 m，每船 4~5 条。

3. 属具

（1）浮子：泡沫塑料，长方体，63.1 mm×15.7 mm×15.7 mm，重 2g，静浮力 16 gf，每片网用 172 个。

（2）沉子：铅坠，枣核形，29.5 mm×5.5 mm×4.6 mm，两侧带凹槽，每个重 11 g，每片网用 300 个。

（3）浮标：竹竿长 6.00 m，基部直径 50 mm，在基部系结重 5.00 kg 的砖块（2 块红砖），中间系结 10 个直径 100 mm 的圆球形浮子，顶部插小旗。每 10 片网用浮标 1 支。每船用 4~5 支。

（4）网扦子板：用木板制成。长 200 mm，宽 60 mm，厚 8 mm 的木板 1 块，在板上钻 1 孔，将直径 6~7 mm，长 400 mm 的竹扦子 1 根插入孔中，固定在木板上；再将竹扦子的另一端削尖，并略向上翘。网扦子用于整理网具，每片网 1 个。

（二）渔具装配

1. 采用全目穿入的方法将上缘纲穿过内网衣上缘全部网目和外网衣上边的全部

网目，每穿内网衣 4 目，同时穿入两侧外网衣各 1 目，然后将浮子纲与上缘纲分档并扎。每档长 333 mm，下挂 8 目内网衣、2 目外网衣。内网衣水平缩结系数 0.312，外网衣水平缩结系数 0.333。然后，将 172 个长方形的浮子均匀绑扎在上缘纲与浮子纲之间，每约 580 mm 绑扎 1 个浮子。第一个和最末一个浮子距网端各 410 mm，其他浮子间距均等。

2. 先将下缘纲以全目穿入的方法穿入内网衣下缘全部网目和外网衣下边的全部网目内，上挂 4 目内网衣和 1 目外网衣。然后再将下缘纲与沉子纲分档并扎，每档长 167 mm，每 1 档挂 4 目内网衣和 1 目外网衣，内网衣水平缩结系数 0.312，外网衣水平缩结系数 0.333。沉子夹装在沉子纲和下缘纲之间，每 1.00 m 绑扎 3 个沉子，各沉子间距均等。第一个和最末一个沉子距网两端各 133 mm。

3. 侧纲穿入网衣侧边网目，其两端分别扎结在浮子纲和沉子纲上。

4. 将相邻网片的上纲（浮子纲、上缘纲）和下纲（沉子纲、下缘纲）分别上纲与上纲、下纲与下纲对应系结连接，其相邻网衣绕缝，全部网片顺次连成网列。

（三）渔船

小型木质渔船，主机功率 14.92 kW（20 马力），总长 14.80 m，型宽 3.60 m，型深 1.10 m。带网 40 片，每船作业人员 3 人。

（四）渔法

白天作业。涨潮时或看到鱼群时放网。网具顺序放置于前甲板两侧，通常为左舷作业。选择与陆岸平行放网，拦截鲻鱼的通道，以横流偏顺风为好。放网时，船长 1 人操舵兼开船，1 人从网扦子上解网，1 人放浮子纲、沉子纲兼放浮标。放网完毕，30 min 后开始起网。起网通常在受风舷进行，先找到浮标，捞起浮标绳，1 人手抓上纲和下纲起网，同时兼摘取渔获物，1 人把浮子纲穿在网扦子上。

（五）结语

该渔具捕捞鲻鱼效果较好，网具结构简单，成本低，是当地渔民兼作的常用渔具。根据中华人民共和国农业部通告〔2013〕1 号《农业部关于实施海洋捕捞准用渔具和过渡渔具最小网目尺寸制度的通告》之规定，鲻鱼（梭鱼）漂流三重刺网为过渡渔具，最小网目尺寸为 50 mm。该渔具内网衣网目尺寸为 80 mm，符合过渡期的准用条件。

三重白眼网（辽宁 大洼）

100.00 m×1.27 m

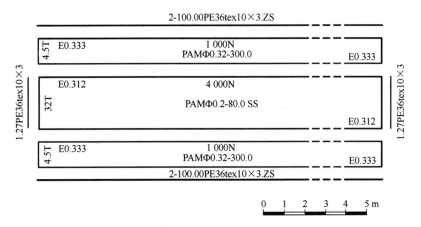

图 1-55　三重白眼网网衣展开图

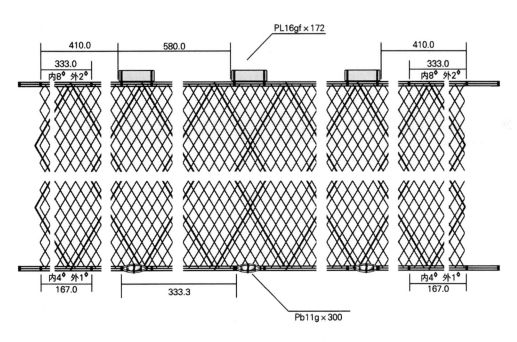

图 1-56a　三重白眼网渔具装配图

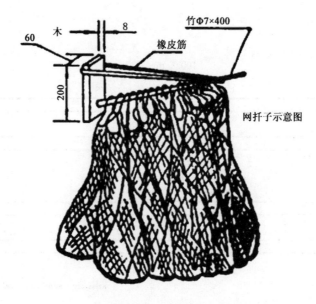

图 1-56b 三重白眼网渔具装配图（网扦子示意图）

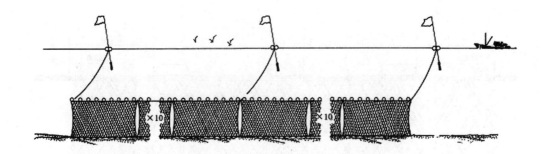

图 1-57 三重白眼网作业示意图

五、海蜇流网（河北 丰南）

海蜇流网属漂流三重刺网（21·sch·C），主要分布在渤海和黄海北部沿岸的渔港（村）。该渔具的上纲长度 20.00~50.00 m，网衣拉直高 6.00~12.00 m，网目尺寸 120~133 mm。适宜于 88.20~298.40 kW（120~400 马力）渔船作业。作业渔场为渤海和黄海北部水域，水深 10~50 m。作业水层为中上层，主要捕捞对象为海蜇。渔期为 7 月中旬至 8 月初。单船带网 200~500 片，年产量 1~5 t。

下面以河北省唐山市丰南区主机功率为 88.20 kW（120 马力）渔船的海蜇网为例作介绍。

84

（一）渔具结构

渔具主尺度：51.76 m×6.30 m。

1. 网衣

（1）内网衣：由直径 0.12 mm 的尼龙单丝编结，目大 125 mm，双死结，网图中用 PAMφ0.12—125ss 表示。每片网衣长 1000 目，高 60 目，横目使用。

（2）外网衣：由直径 0.40 mm 的尼龙单丝编结，目大 750 mm，单死结，网图中用 PAMφ0.40—750sj 表示。每片网衣长 100 目，高 10 目，纵目使用。

（3）上、下缘网：由 PE36tex4×3 捻线编结，目大 80 mm，单死结，网图中用 PE36tex4×3—80sj 表示。每片网衣长 1 000 目，高 7.5 目，纵目使用。

2. 纲索

（1）浮子纲、上缘纲：乙纶绳，PE36tex 单丝集束 3 股合股乙纶网线，直径 1.68 mm，分别为 3 股，左、右捻，各长 51.76 m。

（2）沉子纲、下缘纲：乙纶绳，PE36tex 单丝集束 3 股合股捻绳，直径 7.0 mm，分别为 3 股，左、右捻，各长 51.76 m。

（3）侧纲：乙纶网线，PE36tex15×3，3 股左或右捻，长 6.30 m。每片网用 2 条。

（4）浮标绳：乙纶绳，PE36tex 单丝集束 3 股合股捻绳，直径 7.0 mm，每条长 15.00 m，每船 13~14 条。

3. 属具

（1）浮子：泡沫塑料，长方体，220 mm×63 mm×58 mm，重 48 g，静浮力 830 gf，每片网用 25 个。

（2）沉子：陶质，腰鼓形，每个重 125 g，每片网用 62 个。

（3）浮标：竹竿长 5.00~6.00 m，基部直径 50 mm，在基部系结重 5.00 kg 的装满水泥的大可乐瓶，中间系结 9~10 个直径 100 mm 的圆球形泡沫塑料浮子，顶部插小旗。每 15 片网用浮标 1 支。每船用 13~14 支。

（二）渔具装配

1. 将上、下缘网与内网衣、外网衣绕缝连接，上、下缘网与内网衣为 1 目对 1 目，即每 10 目缘网对 10 目内网衣，而每 10 目缘网对 1 目外网衣。

2. 先将上缘纲以全目穿入的方法穿过上缘网上边的全部网目，然后将上缘纲与浮子纲分档并扎，每档长 206 mm，下挂两个外网 1 目、内网 10 目。上缘网水平缩结系数 0.647，内网衣水平缩结系数 0.414，外网衣水平缩结系数 0.69。在上纲上每隔 2.07 m 绑扎 1 个浮子，浮子两端各绑扎 1 道，中间绑扎 1 道，各浮子间距均等。第一个和最末一个浮子距网两端各 1.04 m。

3. 先将下缘纲以全目穿入的方法穿过下缘网下边的全部网目，后将所需全部腰鼓型陶质沉子穿在沉子纲上，再将下缘纲与沉子纲分档并扎，每档长 206 mm，上挂外网 1 目、内网 4 目，每 4 档扎附 1 个沉子。下缘网水平缩结系数 0.647，内网衣水平缩结系数 0.414，外网衣水平缩结系数 0.69。各沉子间距均等，均为 824 mm，第一个和最末一个沉子距网两端各 748 mm。

4. 以全目穿入的方法将侧纲穿入网衣两侧边网的所有网目，其上下两端分别结扎在浮子纲和沉子纲上。

5. 将相邻网片的上纲（浮子纲、上缘纲）和下纲（沉子纲、下缘纲）分别上纲与上纲、下纲与下纲对应系结连接，其相邻网衣绕缝，全部网片顺次连成网列。

（三）渔船

中小型木质渔船，渔场主机功率 88.20 kW（120 马力），总长 27.00 m，型宽 5.00 m，型深 2.00 m。带网 200 片，每船作业人员 6 人。装备有 4 滚轮起网机 2 台。

（四）渔法

白天、夜间均有放网，白天起网。网具顺序放置于前甲板两侧，根据风向，选择左舷或右舷作业。以横流偏顺风为好。放网时，船长 1 人操舵兼开船，2 人轮换放浮子纲兼放浮标，2 人轮换放沉子纲。放网完毕，然后船抛锚休息，网随流漂移，网的漂流速度 2 kn 左右。起网时，先找到浮标（有的渔船备有 GPS 定位仪，方便寻找网位），捞起浮标绳，将上或下纲及网衣导入起网机。起网通常在受风舷进行，1 人操舵兼开船，1 人操作起网机，2 人收盘浮子纲，2 人收盘沉子纲，并摘取渔获物。

（五）结语

该渔具的特点是内网衣、外网衣直接连接在上、下缘网上，不与上下纲连接；缘网用于保护主网衣，以避免起网机起网时对主网衣造成损坏；无带网纲和叉纲，结构简单，装配方便，成本低，经济效益好，对渔业资源损害少。根据中华人民共和国农业部通告〔2013〕1 号《农业部关于实施海洋捕捞准用渔具和过渡渔具最小网目尺寸制度的通告》之规定，海蜇漂流三重刺网为过渡期渔具，最小网目尺寸为 110 mm。该渔具内网衣网目尺寸为 125 mm，符合过渡期的准用条件。

海蜇流网（河北　丰南）

51.76 m×6.30 m

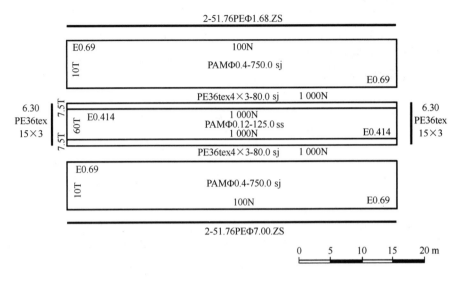

图 1-58　海蜇流网网衣展开图

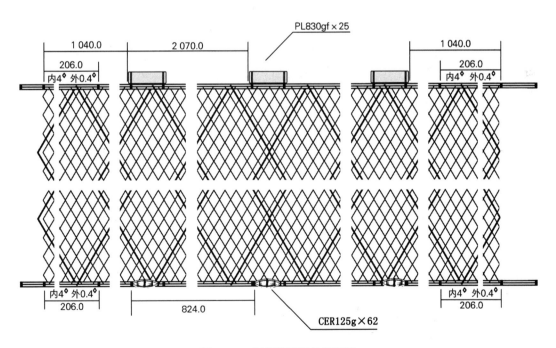

图 1-59　海蜇流网渔具装配图

图 1-60　海蜇流网作业示意图

六、蟹流网（河北　昌黎）

蟹流网属漂流三重刺网（21·sch·C），广泛分布于黄渤海海域。该渔具的上纲长度 28.00~60.00 m，网衣拉直高 1.50~2.50 m，网目尺寸 110~130 mm。适宜于 44.10~298.40 kW（60~400 马力）的渔船作业。作业渔场为黄渤海近岸水域，作业水深 10~50 m。作业水层为底层，主要捕捞对象为三疣梭子蟹。渔期为 8 月至 10 月。单船带网 50~600 片。年产量 0.5~3.5 t。

下面以河北省昌黎县主机功率为 279.75 kW（375 马力）渔船的蟹流网为例作介绍。

（一）渔具结构

渔具主尺度：50.00 m×2.30 m。

1. 网衣

（1）内网衣：由直径 0.12 mm 的尼龙单丝编结，目大 130 mm，双死结，网图中用 PAMφ0.12—130ss 表示。每片网衣长 1 200 目，高 21 目。横目使用。

（2）外网衣：由 PE36tex2×3 的乙纶捻线编结，目大 460 mm，单死结，网图中用 PE36tex2×3—460ss 表示。每片网衣长 200 目，高 5 目，2 片。横目使用。

2. 纲索

（1）浮子纲、上缘纲：朝鲜麻 3 股捻绳，直径 6.0 mm，分别为 3 股，左、右捻，各长 50.00 m，重 1.85 kg。

（2）沉子纲、下缘纲：乙纶绳，PE36tex 单丝集束 3 股合股捻绳，直径 6.0 mm，分别为 3 股，左、右捻，各长 50.00 m，重 0.96 kg。

（3）浮标绳：乙纶绳，直径 6.0 mm，每条长 35.00 m，重 0.67 kg，每船17 条。

3. 属具

（1）浮子：泡沫塑料，圆球形，直径 70.0 mm，中央孔径 17.0 mm，重 15 g，静浮力 150 gf，每片网用 33 个。

（2）沉子：砼块，长方体，52 mm×33 mm×29 mm，每个重 62 g，每片网用200 个。

（3）浮标：竹竿长 4.00～5.00 m，基部直径 50.0 mm，在基部系结重约 4.50 kg的圆柱体（中间开心处插竹竿用）砼预制件（直径约 150 mm、高约 300 mm），中间系结 9～10 个直径 100.0 mm 的圆球形泡沫塑料浮子，竹竿顶部穿插小旗。约每 18片网用浮标 1 支。每船用 17～18 支。

（二）渔具装配

1. 先将上缘纲以全目穿入的方法穿过内网衣上缘全部网目和外网衣上边的全部网目内，每穿内网衣目 6 目，同时穿入两侧外网各 1 目。然后将全部所需的圆球形泡沫塑料浮子穿在浮子纲上，再将上缘纲与浮子纲分档并扎，每档长 250 mm，每档下挂 6 目内网衣和各 1 目两侧外网衣。内网衣水平缩结系数 0.321，外网衣水平缩结系数 0.543。每 6 档扎附 1 个浮子，各浮子间距均等，均为 1.50 m，第一个浮子和最末一个浮子距离网的两端各 1.00 m。

2. 先将下缘纲以全目穿入的方法穿过内网衣下缘全部网目和外网衣下边的全部网目内，每穿内网衣目 6 目，同时穿入两侧外网衣各 1 目。然后将下缘纲与沉子纲分档并扎，每档 250 mm，上挂内网衣 6 目，同时挂外网衣各 1 目。内网衣水平缩结系数 0.321，外网衣水平缩结系数 0.543。将长方体砼块沉子夹装在下缘纲和沉子纲之间绑扎牢，每 1 档绑扎 1 个沉子，沉子间距 250 mm，第一个和最末一个沉子距网的两端各 250 mm。

3. 将各相邻网片的上纲（浮子纲、上缘纲）和下纲（沉子纲、下缘纲）分别上纲与上纲、下纲与下纲对应系结连接，其相邻网衣绕缝，全部网片顺次连成网列。

（三）渔船

中型钢壳渔船，渔船主机功率 279.75 kW（375 马力），总长 27.00 m，型宽5.90 m，型深 2.45 m。带网 300 片，每船作业人员 6 人。装备有 4 滚轮起网机 2 台，分别安装在左右舷的前部。

（四）渔法

将网具由头至尾顺序放置于前甲板两侧，左、右舷均可放网作业。通常早晨放网，放网时顺流放网，与风向无关。24 h 后起网。放网时，船长 1 人操舵兼开船，2 人轮换放浮子纲兼放浮标，2 人轮换放沉子纲，1 人在后理网。放网完毕，渔船开出一定的距离抛锚休息。然后，网随流漂移，漂流速度 2~3 kn。起网通常在受风舷进行，首先找到浮标，捞起浮标绳，将网的下纲导入起网机滚轮，1 人操作起网机，2 人收盘浮子纲，2 人收盘沉子纲，并同时摘取挂在网片上的渔获物。

（五）结语

该渔具结构简单，沉子就地取材，网具成本低。网目尺寸较大，渔获质量好，经济效益较高，对经济鱼类的幼鱼损害小，是黄渤海近岸水域捕捞梭子蟹的主要网具。根据中华人民共和国农业部通告〔2013〕1 号《农业部关于实施海洋捕捞准用渔具和过渡渔具最小网目尺寸制度的通告》之规定，梭子蟹漂流三重刺网为过渡期渔具，最小网目尺寸为 110 mm。该渔具内网衣网目尺寸为 130 mm，符合过渡期的准用条件。

蟹流网（河北　昌黎）

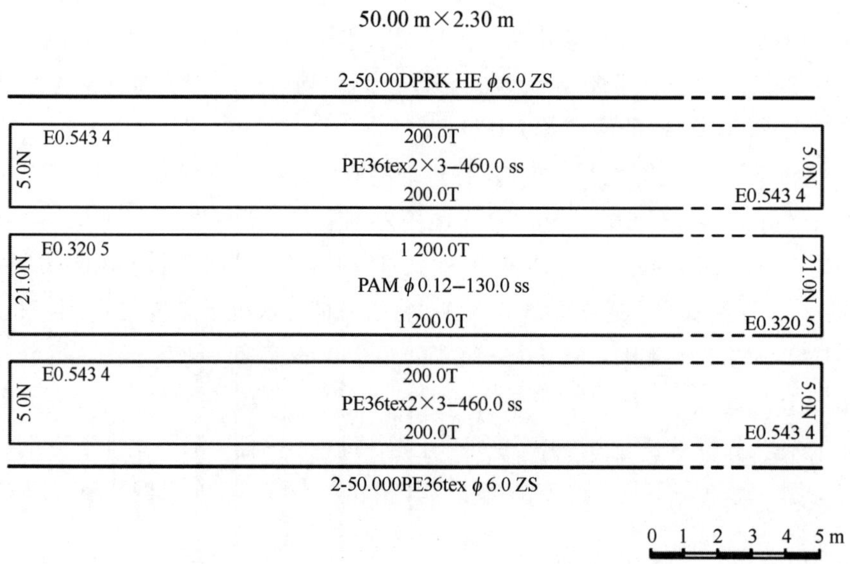

50.00 m×2.30 m

2-50.00DPRK HE φ6.0 ZS

E0.543 4	200.0T	5.0N
5.0N	PE36tex2×3—460.0 ss	
	200.0T	E0.543 4
E0.320 5	1 200.0T	21.0N
21.0N	PAM φ0.12—130.0 ss	
	1 200.0T	E0.320 5
E0.543 4	200.0T	5.0N
5.0N	PE36tex2×3—460.0 ss	
	200.0T	E0.543 4

2-50.000PE36tex φ6.0 ZS

0　1　2　3　4　5 m

图 1-61　蟹流网网衣展开图

90

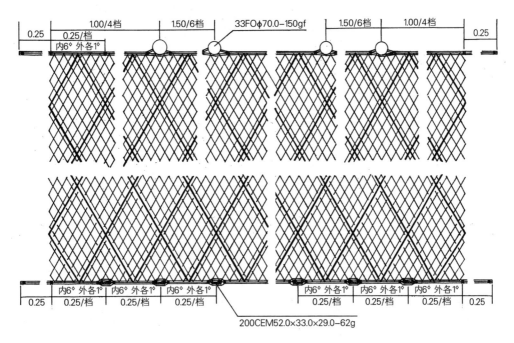

图 1-62　蟹流网渔具装配图

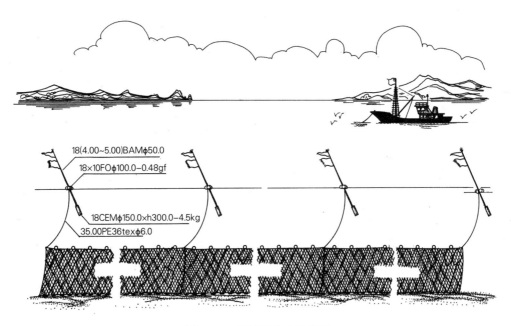

图 1-63　蟹流网作业示意图

第二章　围网类渔具

围网作业是根据捕捞对象集群的特性，利用长带形或一囊两翼的网具包围鱼群，对鱼群进行围捕，迫使鱼群集中于取鱼部或网囊，从而达到捕捞目的。围网是渔业生产中网具较大、网次产量很高的渔具。大中型围网长度一般为 800~2 000 m，有的超过 2 000 m，网衣最大拉直高度一般为 100~250 m，有的可达 350 m 左右。围网作业不但要求渔船有良好的快速性和回转性，以满足迅速追捕鱼群的需要，而且要求捕捞操作过程尽可能机械化和自动化，以提高围捕成功率，减轻劳动强度，保障作业安全。

围网捕捞的对象主要是集群性的中上层鱼类和近底层鱼类，随着捕捞技术水平的提高和现代化探鱼仪器、设备的使用，捕捞作业的水层不断向深层发展。捕捞对象主要有蓝圆鲹、金枪鱼、沙丁鱼、鲐、鲱、竹荚鱼等。由于鱼类的群体数量和聚群密度相差较大和其他因素的影响，网次产量相差也较大，甚至出现空网现象，因此，年产量往往有明显的波动性。围网的捕捞效果在很大程度上取决于鱼群的大小和密度，鱼群的密度越大，捕捞效果就越好。对于群体小而较分散的鱼群，必须采取诱集或驱集措施，将小群集成大群，达到良好的生产效果。

围网类渔具按其结构特征可分为有囊围网和无囊围网。有囊围网主要由网囊和两个网翼组成，形似拖网，与拖网的区别在于网囊较短而网翼很长，网身和网囊的长度约为网翼长度的 1/4~1/3；无囊围网主要由取鱼部和网翼组成，无网囊。网具形状呈长带形，一般是中间高，两端低。依取鱼部位置的不同，可分为单翼围网和双翼围网，单翼围网的取鱼部位于网具的一端，其余部分为网翼；双翼围网的取鱼部位于网具中间，两边左右对称。

围网类渔具按作业方式可分为单船围网、双船围网、多船围网。单船围网由一艘网船和几艘辅助船（或艇）组成一个作业单位，使用单翼式无囊围网；双船围网由两艘网船和几艘辅助船（或艇）组成一个作业单位，使用双翼式无囊围网或有囊围网；多船围网由 3 艘以上网船组成一个作业单位，由于操作不方便而被淘汰。现在大部分作业采用单船围网，如我国机轮鲐、鲹鱼围网、金枪鱼围网均为单船围网；双船作业在小型围网渔业中仍有采用。

围网是开发中上层鱼类资源的主要渔具之一，在海洋渔业生产中起到重要作用。与渔业先进国家相比，我国的围网船组产量仍处于较低的水平，在渔场调查、鱼群侦察技术水平、灯诱设备和灯诱技术等方面还有待进一步提高，常年作业问题还没有根本解决。根据《中国渔业统计年鉴》资料，2012 年，我国近海围网渔业产量 969 593 t（不含远洋捕捞产量），约占当年海洋捕捞总产量的 7.65%，环黄渤海区"三省一市"的围网产量主要来自山东和辽宁，共 42 671 t，占"三省一市"总渔获量的 1.15%。由于海洋渔业资源过度利用，网次单位产量下降，黄渤海周边区域围网渔船数量已逐渐减少，大部分渔船转产其他作业，目前只有极少数渔船仍进行生产作业。

灯光围网（辽宁　大连）

灯光围网属于单船式无囊围网（00·wn·W），仅在大连、威海地区有少量分布，捕捞对象主要有鲐、鲹、沙丁鱼等中上层鱼类，夜间利用灯光诱集，使鱼类高密度集群，从而达到围捕目的。灯光围网网具上纲长度 500~1 000 m，高度 150~210 m，渔船主机功率 220.5~1 470 kW，网具规格依渔船功率大小而定。作业海区主要是黄海和东海海区，渔期为夏季和秋季。

下面以辽宁省大连市 588 kW 渔船单船无囊围网为例作介绍。

（一）渔具结构

渔具主尺度：820.43 m×218.57 m。

1. 网衣

网衣部分主要由取鱼部、网翼、网缘、前后网头等组成，各部网衣结构见表 2-1。

表 2-1　网衣材料

序号	名称	网线结构 D/s×n	目大 （mm）	宽度/T	长度/N	网线 材料	网片类型	数量 （片）
1	网翼	210D/14×3	35	300	2 400	PA	WJ	8
2	网翼	210D/12×3	35	300	2 400	PA	WJ	12
3	网翼	210D/10×3	35	300	2 400	PA	WJ	32
4	网翼	210D/8×3	35	300	2 400	PA	WJ	37
5	网翼	210D/6×3	35	300	2 400	PA	WJ	40
6	网翼	210D/6×3	35	300	2 400	PES	WJ	80
7	网翼	210D/8×3	42	500	2 000	PA	WJ	18
8	网翼	210D/6×3	42	500	2 000	PA	WJ	21
9	网翼	210D/12×3	50	100	1 680	PA	WJ	14
10	网翼	210D/50×3	42	25	2 000	PA	WJ	2

序号	名称	网线结构 D/s×n	目大 (mm)	宽度/T	长度/N	网线材料	网片类型	数量 (片)
11	网翼	210D/40×3	42	25	2 000	PA	WJ	12
12	取鱼部	210D/16×3	35	300	2 400	PA	WJ	8
13	取鱼部	210D/14×3	35	300	2 400	PA	WJ	3
14	取鱼部	210D/12×3	35	300	2 400	PA	WJ	3
15	上网缘	380D/36×3	90	4	978	PE	SJ	12
16	上网缘	380D/70×3	90	4	978	PE	SJ	2
17	下网缘	380D/36×3	90	4	978	PE	SJ	12
18	下网缘	380D/70×3	90	4	978	PE	SJ	2
19	下网缘	380D/18×3	90	20	978	PE	SJ	14
20	侧网缘	210D/50×3	90	20	1 708	PA	SJ	2
21	网条	210D/16×3	42	14	5 144	PA	SJ	1
22	前网头	380D/40×3	100	220~550	50	PE	SJ	1
23	后网头	380D/40×3	150	150~650	30	PE	SJ	1

2. 纲索

纲索部分包括浮子纲、上纲、上缘纲、沉子纲、下纲、下缘纲、括纲、底环绳、网头绳、跑纲等。

（1）浮子纲：聚乙烯捻绳，直径 13.0 mm，净长 820.43 m，1 条。

（2）上纲：聚乙烯捻绳，直径 24.0 mm，净长 820.43 m，Z 捻、S 捻各 1 条，共 2 条。

（3）上缘纲：聚乙烯捻绳，直径 13.0 mm，净长 820.43 m，1 条。

（4）沉子纲：聚乙烯捻绳，直径 21.0 mm，净长 902.79 m，Z 捻，1 条。

（5）下纲：聚乙烯捻绳，直径 21.0 mm，净长 902.79 m，S 捻，1 条。

（6）下缘纲：聚乙烯捻绳，直径 13.0 mm，净长 902.79 m，1 条。

（7）前网头三角网纲：聚乙烯捻绳，直径 24.0 mm，净长 11.50 m，Z 捻，2 条。

（8）前网头三角网绳：聚乙烯捻绳，直径 13.0 mm，净长 23.50 m，S 捻，2 条。

（9）后网头三角网纲：聚乙烯捻绳，直径 24.0 mm，净长 71.50 m，Z 捻，1 条。

（10）后网头三角网绳：直径 13.0 mm，净长 71.50 m，S 捻，1 条。

（11）底环纲：聚乙烯捻绳，直径 24.0 mm，净长 4.00 m，97 条。

（12）底环绳：聚乙烯捻绳，直径 14.0 mm，净长 2.50 m，97 条。

（13）纽扣绳：聚乙烯捻绳，直径 12.0 mm，净长 0.60 m，97 条。

（14）括纲：钢丝绳，直径 18.5 mm，净长 950.00 m，1 条。

（15）副括纲：钢丝绳，直径 18.5 mm，净长 150.00 m，1 条。

（16）小腰括纲：钢丝绳，直径 18.5 mm，净长 3.00 m，1 条。

（17）括纲引索：钢丝绳，直径 15.5 mm，净长 50.00 m，1 条。

（18）副括纲引索：钢丝绳，直径 12.5 mm，净长 50.00 m，1 条。

（19）网头绳：聚乙烯捻绳，直径 42.0 mm，净长 50.00 m，1 条。

（20）跑纲：钢丝绳，直径 16.0 mm，净长 150.00 m，1 条。

3. 属具

（1）浮子：圆柱形泡沫塑料浮子，直径 130.0 mm，长 180.0 mm，孔径 27.0 mm，净浮力 17.8N/个，数量 3 904 个。

（2）沉子：铅质，腰鼓形，长 70.0 mm，最大直径 45.0 mm，孔径 24.0 mm，重 0.78 kg/个，数量 1 582 个。

（3）底环：铁环外包铸铅，外径 210.0 mm，环截面直径 22.0 mm，重 2.50 kg/个，共 97 个。

（二）渔具装配

1. 网衣缝合

将网翼、取鱼部、网条的各片网衣按次序等长绕缝连结，把前、后侧网缘网衣分别均匀绕缝于取鱼部前端和网翼后端，把上、下网缘网衣分别绕缝于主网衣的上、下边缘，最后把前、后网头分别均匀绕缝在前、后侧网缘上。各片网衣在绕缝缝合时，缝合边每隔 200 mm 打结固定。

2. 纲索装配

（1）将上缘纲穿入上网缘网衣的上边缘网目中，按各部主网衣上纲的缩结系数把上缘纲与上纲合并扎结，每 100 mm 长度扎结 1 道。

（2）将下缘纲穿入下网缘网衣的下边缘网目中，按各部主网衣下纲的缩结系数把下缘纲与下纲合并扎结，每 100 mm 长度扎结 1 道。

（3）将前网头三角网绳穿入前网头三角网斜边缘的网目中，网目均匀分布于网绳上，然后把前网头三角网绳与前网头三角网纲合并扎结，每 100 mm 长度扎结 1 道，前端作眼环。

（4）将后网头三角网绳穿入后网头三角网斜边缘的网目中，网目均匀分布于网绳上，然后把后网头三角网绳与后网头三角网纲合并扎结，每 100 mm 长度扎结 1 道，后端作眼环。

3. 浮子装配

将浮子纲穿入浮子，从前网头开始，每隔 0.21 m 装 1 个浮子，共装 550 个。其余部分每隔 0.24 m 装 1 个浮子，共装 3 354 个浮子。将浮子纲结扎于上纲上，两浮子之间扎结一次，扎结需牢固，不滑动。

4. 沉子装配

将沉子纲穿入沉子，每隔 0.57 m 装 1 个沉子，共装 1 582 个。将沉子纲扎结于下纲上，每 100 mm 长度扎结 1 道，扎结需牢固，不滑动。

5. 底环装配

将底环纲对折，呈"V"字形把两端分别结扎在下纲上，对折处连接底环绳，底环绳端处作环扣，通过纽扣绳连接底环。下纲上每 9.4 m 安装 1 个底环，共 97 个。

（三）渔船

1. 网船：钢质，机动船 1 艘。型深 5.70 m，型宽为 7.20 m，总长度为 41.00 m，总吨位 245.90 t，航速为 12 kn，平均吃水 3.00 m。主机功率 588 kW，辅机功率 44.1 kW，船上有 FC-5A 对讲机和 XB-CI 对讲机各 1 台。"78 型"双频道探鱼仪和"TCL-204 型"双频率探鱼仪各 1 台，"CS50 型"扫描声呐 1 台，"752 型"雷达 1 台，"CI30 型"潮流计 1 台，网位仪 1 台，"70 型"测向仪 1 台，"DSWI"定位仪 1 台。每舷各放置两盏 500 W 水上灯，共 4 盏。每舷各放 2 盏 1 000 W 水下灯，共 4 盏。前甲板设有 1 台 4 t 拉力、绞纲线速度 45 m/min 串联式液压括纲绞机，后甲板设有 1 台 4 t 拉力、绞纲线速度 18 m/min 液压动力滑车。配备船员 22～28 人。

2. 灯船：钢质，机动船 2 艘，型深 3.06 m，型宽为 5.35 m，总长为 26.50 m，总吨位 91 t，航速为 11.8 kn，平均吃水 2.15 m。主机功率为 330.75 kW，辅机功率 44.1 kW，灯船配备有"XB-CI"和"FC-5A"对讲机各 1 台，1 台"78 型"探鱼仪器，1 台"东方红-3 型"定位仪。每舷各有 4～5 盏 500W 水上灯，一共 8～10 盏，每舷各 3 盏 1 000 W 水下灯，一共 6 盏。配备船员 12 人。

（四）副渔具

抄网：使用抄网作为副渔具，网圈由 12 mm 的不锈钢筋制成，网圈的直径为

600 mm，网衣由乙纶捻线编结而成，结构号数为 36tex16×3。单死结，网目大小为 25 mm，纵向拉直长度为 800 mm，下部开口端直径 8 mm 的聚乙烯束绳。装有木柄，木柄直径为 36 mm，长度为 2.50 m。

无柄抄网：网圈直径为 1.50 m 的铁圈围成，用乙纶捻线编结而成，结构号数为 36tex10×3。高度为 50 目大小，网目尺寸为 60 mm，有 30 个小铁环系于底部网衣边缘，穿入细钢丝绳，拉紧钢丝绳用以捞取渔获物，捞上来后松开钢丝绳，渔获物从抄网末端漏出进入渔舱。

（五）渔法

1. 探鱼

用探鱼仪进行航测，选择鱼群较密集的海区进行作业。探鱼仪器测到鱼群后，打开集鱼灯开始诱鱼。

2. 诱鱼

船组进入渔场作业，通常是在下午 3~4 时和清晨 3~4 时进行灯诱作业。渔船灯诱作业时，网船和灯船一般排成三角形位置，有 3 种诱鱼方式，分别为漂流、抛锚或拖锚光诱。不同的诱鱼方式，渔船之间的间隔距离各不相同，抛锚诱鱼时渔船的间隔距离一般为 300~500 m；漂流诱鱼时渔船的间隔距离一般为 600~1 000 m；拖锚诱鱼时渔船的间隔距离则介于两者之间。

3. 送鱼

送鱼是渔船灯光围网作业当中的一个非常重要的环节。当鱼群被诱集到一定的数量且趋于稳定之后，诱集最多的灯船会被当作主灯船，网船和副灯船都以慢车或者漂流等方式把诱集的鱼群慢慢地送至主灯船，然后关闭集鱼灯，凭借风和流的作用飘离主灯艇的光照区，再开动主机驶离。

4. 集鱼

为了提高捕鱼的产量和效果，使诱集的鱼群范围缩的越小越好。常用集鱼方式是减弱光强或者改变灯色。当鱼群的密度增大并且趋于稳定之后，开始用提灯的方式进行提鱼，每次提灯 3~5 m，直至把鱼群提到不再上升或者达到围网的有效捕捞高度为止，然后开始进行放网。

5. 放网

当鱼群被主灯船诱集集群并处于稳定状态后，网船距离灯船 60~80 m，主灯船发出放网信号给网船，网船根据当时风流情况，确定在最佳的位置放网，之后船长下达命令，网台的工作人员将一网头交给副灯船，开始进行放网，先丢下大浮块灯标、网头绳，把网头绳松放，底环摆杆打开，网船加大航速进行放网，当放出大约

2/3 的网具时，网船降低航速或者停车，慢慢地接近带网船，放出全部网具后，带网船与网船若没有接近，把跑纲投放。网船和带网船靠近后，网头绳以及括纲引索被网船引过，准备起网。

6. 起网

网头灯标被迅速地提上，网头绳和括纲被解下，锚机迅速收绞从带网船接过的网头绳，然后在船首系缆柱上将网头固定住。同一时间跑纲被收绞至后网头处，在船尾系缆柱上固定住跑纲。括纲支架的滑车将括纲引向右船舷绞纲机钢丝绳滚筒。括纲支架的另一滑车将翼网侧括纲引向左船舷绞纲机钢丝绳滚筒，做好这些后，即可开始收绞括纲。

在括纲收绞过程中，灯船配合拖带，收绞完毕之后，括纲支架的两个滑车之间用于集中全部的底环，然后被转移到固定架上，在固定架上固定，同时解开连接滚轴转环的卡环，再抽出括纲，然后可以进行下一步，对网衣的收绞。先竖起置于船中部靠左船舷的滚筒，收绞网衣的方法为利用集束分段牵引较收的方法逐步绞收。网衣一边被绞收一边被理顺，在甲板左船舷一侧被整齐的叠放。当网衣取鱼部被绞收时，有一个网槽形成，鱼群在网槽内高度集中，产生很大的下压力，可能会产生压沉浮子纲使鱼群外逃的情况。灯船应适当地协助牵拉，当网槽缩小到一定的程度后，吊杆被打开，抄网被放下捞取渔获物。在捞取渔获物的过程中，1 人负责操作抄网底口的束绳，1 人负责绞吊，1 人负责操控抄网木柄进行捞取渔获物。

（六）结语

灯光围网作业具有生产规模大、产量高等特点，是捕捞中、上层集群鱼类的有效作业方式。但由于我国黄渤海区中上层鱼类资源逐渐减少，使近海围网渔船数量减少。为适应海洋渔业发展需要，今后应逐步发展外海和远洋围网渔业。根据中华人民共和国农业部通告〔2013〕1 号《农业部关于实施海洋捕捞准用渔具和过渡渔具最小网目尺寸制度的通告》之规定，无囊围网为准用渔具，黄渤海区作业最小网目（或网囊）尺寸为 35 mm，该渔具最小网目尺寸为 35 mm，符合准用标准。

98

灯光围网(辽宁 大连)

820.43 m×218.57 m

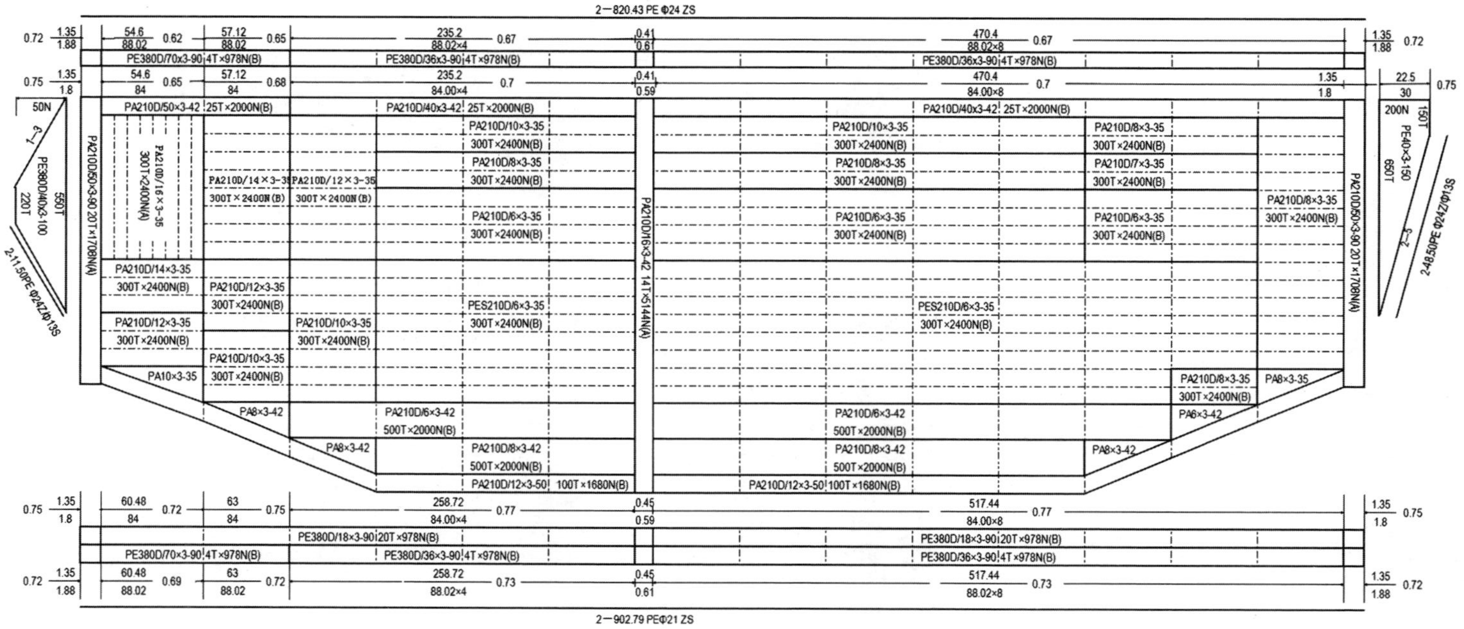

图2-1 灯光围网网衣展开图

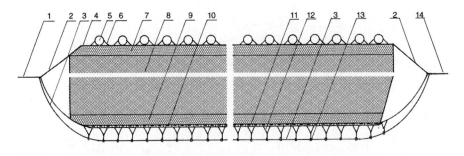

图 2-2　灯光围网装配示意图

1-带网纲；2-叉纲；3-括纲；4-上纲；5-浮子；6-浮子纲；7-上缘网；8-主网衣；9-下缘网；
10-沉子；11-下纲；12-底环绳；13-底环；14-跑纲

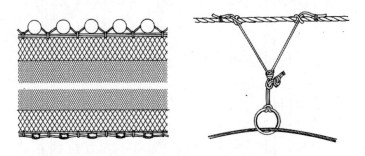

图 2-3　灯光围网局部装配示意图

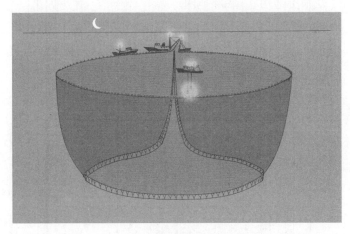

图 2-4　灯光围网作业示意图

第三章　拖网类渔具

拖网类渔具是一种移动的过滤性渔具，它是依靠渔船动力拖曳移动，具有一囊（或多囊）两翼或仅具囊袋形的拖网渔具。作业时，在水中或水底平稳前进，迫使其前方水域中的鱼、虾、蟹及软体动物等捕捞对象进入网袋中，但又不被刺挂缠绕在网目上，继而被集中到囊网，从而达到捕捞生产的目的。拖网作业具有机动灵活、适应性强、作业范围广、生产效率高、可作业于不同水层、渔获物种类多样等特点，但也存在能耗高、渔获选择性较差的弊端，尤其是近海底层拖网，渔获物个体大小不一、种类繁杂，对近海底层生态环境造成较大的破坏，给近海底层渔业资源及底栖生物带来巨大压力。

按照我国国家标准 GB/T 5147—2003《渔具分类、命名及代号》，拖网类渔具按其结构特征可分为单囊拖网、多囊拖网、桁杆拖网、框架拖网、有翼单囊拖网、有翼多囊拖网、双体拖网、双联拖网 8 个型，按作业方式可分为单船拖网、双船拖网、多船拖网 3 个式。拖网可在不同的水层进行生产作业，按作业水层又可分为表层拖网、中层拖网（变水层拖网）、底层拖网。

拖网渔业是海洋捕捞业的主要产业之一，作业范围以大陆架水域为主，各大洋均有分布，渔获量约占世界海洋总渔获量的 40%。我国的拖网渔业在海洋捕捞业中占主要地位，捕捞产量一直位居各类渔具捕捞产量的第一位。据《中国渔业统计年鉴》资料统计，2012 年拖网渔业捕捞总产量为 6 045 343 t，占当年海洋捕捞总产量的 47.7%。

拖网渔具是黄渤海区捕捞渔业中应用最广、生产效益较高的一种渔具。据《中国渔业统计年鉴》统计，2012 年环黄渤海"三省一市"的拖网渔船数量达 19 472 艘，总功率 1 855 350 kW，捕捞产量 1 925 855 t，占当年海洋捕捞总产量的 51.9%，在所有各类捕捞渔具的产量中，位居第一。据 2009—2012 年调查，黄渤海区的拖网渔具按作业方式主要为单船作业、双船作业 2 个式，按渔具结构特征主要为有翼单囊拖网、桁杆单囊拖网和框架单囊拖网 3 个型。主要的拖网渔具有：单船有翼单囊拖网、双船有翼单囊拖网、单船桁杆单囊拖网、单船框架拖网。单船有翼单囊拖网和双船有翼单囊拖网主要作业于黄海区域，单船桁杆单囊拖网和单船框架拖网主要作业于渤海区域。单船有翼单囊拖网、单船框架拖网和单船桁杆拖网主要是底层拖网作业，主要捕捞对象为小黄鱼、带鱼、鲆鲽类及其他底层小杂鱼、虾、蟹、贝、螺、头足类等。双船有翼单囊拖网主要是表层、中层拖网作业，主要捕捞鳀鱼、鲅鱼、鲐鱼、玉筋鱼、沙氏下鱵鱼。双船有翼单囊底层拖网作业方式自 20 世纪 80 年代以来已被中层拖网作业方式逐步取代，渔业规模日益萎缩。

第一节　单船有翼单囊拖网

单船有翼单囊拖网又称单拖网，由一艘渔船拖曳一顶具有一囊两翼的网具进行捕捞作业，拖曳时需要用一对网板来保持网口的水平扩张，靠浮子和沉子实现网口垂直扩张。单船有翼单囊拖网在浅海、近海、远洋均可作业，按作业水层可分为表层拖网、中层拖网和底层拖网；网具结构主要由网翼、网盖、网身、网囊构成；按构成网身的网衣数量又可分成两片式、四片式、六片式、多片式等几种类型。黄渤海区的单船有翼单囊拖网主要分布在山东省的日照市、青岛市、威海市和烟台市，以及辽宁省的大连市和丹东市，以底层拖网作业为主。网具为两片式结构，作业渔船功率 29.40~257.25 kW（40~350 马力），作业海区主要在黄海中北部水深 70 m以内的近海或浅海海区，渤海禁止作业。

一、小单拖网（辽宁　锦州）

小单拖网属于单船式有翼单囊型底拖网（00·ydn·T），主要分布于环渤海的大连、锦州、营口、烟台、莱州、潍坊等市县的沿海地区，俗称小底拖网。该渔具网口周长 19.44~27.20 m，网具长度 16.29~25.00 m，适宜于 29.4~44.1 kW（40~60 马力）的小型渔船作业。作业渔场为黄渤海沿岸海域，作业水深通常在 30 m 以内。渔期为 3—5 月、9—11 月。单船底层拖网作业，捕捞口虾蛄、小型虾类、贝类、底层小杂鱼及底栖鱼类等。通常白天作业，晚上回港，日投网次数 4~5 网，每网拖曳作业时间 1~3 h，拖速 1.5~3.0 kn，网产量 10~30 kg。

下面以辽宁省锦州市 29.4 kW（40 马力）渔船使用的小单拖网为例作介绍。

（一）渔具结构

渔具主尺度：19.44 m×17.14 m（21.28 m）。

1. 网衣

网衣部分主要由上燕尾、下燕尾、上网翼、下网翼、天井、网身、网囊构成。网身为网背、网腹两片式结构，各分 3 段网衣。全部网衣均用聚乙烯捻线编织，单线单死结，纵目使用。各部网衣结构如表 3-1 所示。

表 3-1　小单拖网网衣材料

名称		段号	材料	网线规格 tex×s×n	目大 (mm)	宽度 起目	宽度 终目	长度 (目)	长度 (m)	剪裁斜率
燕尾	上		PE	36tex×3×3	45	4	32	18.5	0.83	2-1, 7-8
	下		PE	36tex×6×3	45	5	31	18.5	0.83	2-1, 1-1
网翼	上	1	PE	36tex×3×3	45	32.5	96.5	169.5	7.58	4-3, 7-8
	下	1	PE	36tex×6×3	45	31.5	70.5	169.5	7.58	4-3, 1-1
		2	PE	36tex×6×3	45	71.5	80.5	40.5	1.82	4-3, 1-1
网盖		1	PE	36tex×3×3	45	276目	216	40.5	1.82	4-3
网身	网背	1	PE	36tex×3×3	45	216	176	61.5	2.77	3-1
		2	PE	36tex×2×3	34	196	165	46.5	1.58	3-1
		3	PE	36tex×2×3	30	175	133	85.5	2.56	4-1
	网腹	1	PE	36tex×6×3	45	216	176	61.5	2.77	3-1
		2	PE	36tex×6×3	34	196	165	46.5	1.58	3-1
		3	PE	36tex×6×3	30	175	133	85.5	2.56	4-1
网囊			PE	36tex×3×3	22	266	266	96	2.11	—

2. 纲索

（1）上纲：由 1 条浮子纲构成，无上缘纲。

浮子纲：PE 三股捻绳，直径 9.5 mm，总长 21.28 m，1 条；其中上边纲长 9.80 m×2，上中纲长 1.68 m。

（2）下纲：由 1 条沉子纲和 1 条下缘纲构成。

沉子纲：6 股钢丝绳，直径 11.0 mm，表面涂黄油后外缠直径 5.0 mm 麻绳，总长 21.56 m，1 条；其中下边纲 10.23 m，2 条，下中纲 1.10 m。

下缘纲：PE 三股捻绳，直径 5.0 mm，总长 21.56 m，1 条；其中下边纲 10.23 m，2 条，下中纲 1.10 m。

（3）燕尾纲：PE 三股捻绳，直径 5.0 mm，总长 1.56 m，2 条。

（4）空纲：由上空纲和下空纲构成。

上空纲：浮子纲边纲向前延伸，材料同浮子纲，长 2.30 m，2 条。

下空纲：沉子纲边纲向前延伸，材料同沉子纲，长 2.30 m，2 条。

（5）网板叉纲：PE 三股捻绳，直径 9.5 mm，长 1.50 m，每个网板上下叉纲各 1 条，共 4 条。

（6）手纲：PE 三股捻绳，直径 12.0 mm，长 8.00 m，共 2 条。

（7）曳纲：PE 三股捻绳，直径 15.0 mm，长 150.00 m，共 2 条。

3. 浮子、沉子及其他属具

（1）浮子：球形泡沫塑料浮子，直径 80.0 mm，孔径 17.0 mm，重 51.7 g，浮力 223.0 gf/个，浮率 4.31，共 24 个。

（2）沉子：100.0 mm×35.0 mm×4.0 mm，低碳软钢板（比重 7.8 g/cm^3）弯成的开口呈圆柱状，重 100.0 g/个，共 180 个。

（3）网板："V"形截面的钢制网板，长 1.28 m，宽 0.58 m，重 30.00 kg/个，共 1 对（2 个）。

（二）渔具装配

1. 网衣缝合

将上燕尾、上网袖、天井、网背各段网衣依次编缝连接；再将下燕尾、下网袖前段、下网袖后段、网腹各段网衣依次编缝连接。然后把连接好的 2 片网重叠，使上网袖和下网袖前段、天井和下网袖后段、网背和网腹各段网衣的长度分别对齐，用 1.5 目绕缝的方式把 2 片网边缘缝合到一起，每个网目绕 2 次，每 3 目打 2 个丁香结固定。最后把网囊绕缝连接到网身的最后端。

2. 纲索装配

（1）浮子纲装配：浮子纲净长 24.88 m，两端另外留出一定长度作眼环，将纲索穿入上网袖边缘和天井前边缘网目。在纲索中部量取长度 1.68 m 作中纲，把天井前缘穿入纲索的网目、均匀绕缝于纲索上，网衣缩结系数 0.45。从上中纲两端起分别量取长度 9.80 m 作为两边边纲，把上网袖边缘均匀绕缝于边纲上，翼网斜边配纲系数 1.17。两上边纲前端分别剩下 2.30 m 长度纲索，作为上空纲使用。

（2）沉子纲装配：沉子纲净长 25.16 m，另留出一定长度作眼环；下中纲长 1.10 m、两边下边纲长度分别为 10.23 m，边纲前端各留出 2.30 m 作下空纲。把下缘纲穿入下网袖边缘和网腹第一段网衣前边缘网目并绕缝，下中纲网衣缩结系数 0.45、下边纲翼网斜边配纲系数 1.00，每隔 200 mm 作水扣，扎结在沉子纲上。

（3）燕尾纲装配：燕尾纲每条长 1.56 m，两端另外留出一定长度作眼环。将纲索穿入上、下燕尾网边缘，各取 0.78 m 长度绕缝，翼网斜边配纲系数为 0.938。

3. 浮子、沉子装配

（1）浮子装配：浮子共配备 24 个。其中上中纲等距装配 4 个，2 条上边纲各等距装配 10 个浮子。

（2）沉子装配：自制，低碳软钢板（比重 7.8 g/cm^3）弯成的开口圆柱状沉子共 180 个，等距离通过开口套在沉子纲上后，用铁锤敲打封闭开口，使之固定，下空纲不装沉子。

104

（三）渔船

小型木质渔船，主机功率 29.4 kW（约为 40 马力）。船长 9.20 m，型宽 3.00 m，型深 1.20 m，自由航速 6~7 kn，总吨位 8 Gt，每船作业人员 2 人。

（四）渔法

渔船到达渔场后，根据海况、渔场底质、天气情况及其他船生产情况等确定放网具体位置和拖曳方向。

1. 放网

放网前连接好网具各部位的纲索和网板，并将网具按顺序理顺叠好。根据风向和流向选择放网位置和拖曳方向，通常选择逆流或顺流放网拖曳。渔船选定拖曳方向后慢速前进，停车后放网，利用余速先将网的后部推入水中，待网具全部下水后，观察网具张开是否正常，网具张开正常后，渔船慢速行进，同时松放曳纲和网板。网板下水后停放曳纲，让网板正常张开，然后放曳纲至所需长度。通常曳纲放出长度为作业水深的 2~5 倍。

2. 曳网

曳纲放完后将长度固定，开始拖曳，为了避免网具相互纠缠，通常直行拖曳，曳行过程中不宜作急转弯，拖速为 1.5~3.0 kn，拖曳 1~3 h 后开始起网。

3. 起网

起网时渔船减速，用稳车（绞纲机）慢速收绞曳纲，待把网板绞上甲板后，用绞纲机把网拖到船上，利用吊杆将网囊吊上船尾甲板，解开囊底纲倒出渔获物。若继续放网，将囊底再次封扎，把网囊推入水中，重新放网。

（五）结语

小单拖网是 29.4 kW（约为 40 马力）小型渔船普遍使用的拖网渔具，渔具成本低、作业灵活、操作简单，作业渔场主要在黄渤海近岸浅水区，渔获物比较混杂，没有主要的捕捞对象，大多数为沿岸小型种类。由于网囊网目尺寸小（22 mm），所以有相当一部分渔获物未达到性成熟或最小可捕规格，对沿岸渔业资源造成一定程度的破坏。根据中华人民共和国农业部通告〔2013〕1 号《农业部关于实施海洋捕捞准用渔具和过渡渔具最小网目尺寸制度的通告》之规定，单船有翼单囊拖网为过渡渔具，黄海作业最小网目（或网囊）尺寸为 54 mm，渤海禁止作业。该渔具的网囊网目尺寸为 22 mm，不符合过渡期的准用条件。

小单拖网（辽宁 锦州）

19.44 m×19.25 m(21.28 m)

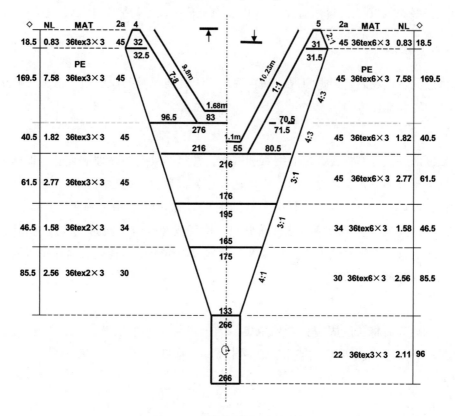

图 3-1 小单拖网网衣展开图

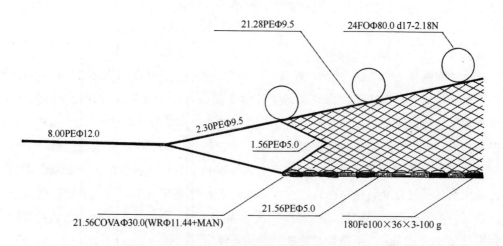

图 3-2 小单拖网纲索结构示意图

图 3-3　小单拖网沉子纲装配照片

图 3-4　小单拖网浮子装配照片

图 3-5　小单拖网网板照片

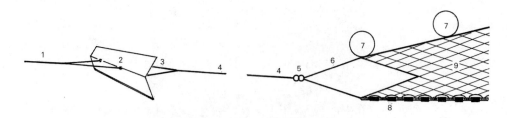

图 3-6　小单拖网网板与网翼纲索连接示意图

1-曳纲；2-网板；3-网板叉纲；4-手纲；5-转环；6-空纲；7-浮子；8-下纲；9-网翼

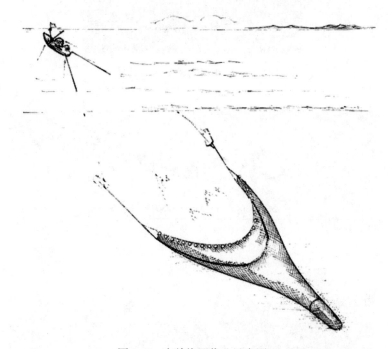

图 3-7　小单拖网作业示意图

二、板子网（山东　莱州）

板子网属于单船有翼单囊底层拖网（00·ydn·T），主要分布于莱州湾沿海海域。由于靠网板实现网口的水平扩张，当地称为板子网，又称底拖网。该渔具网口周长 28.80~45.00 m，网具长度 22.00~39.00 m，适宜于 58.80~135.97 kW（80~185 马力）的渔船作业。作业渔场主要为渤海莱州湾三山岛近海水域，作业水深25 m 以内。渔期为 9—11 月。单船底层拖网作业，捕捞鰕虎鱼、口虾蛄、头足类、梭子蟹、海螺等底层经济动物。日投网次数 4~6 网，每网拖曳时间 2~3 h，拖速1.5~4.0 kn，网产量 100~200 kg。

下面以山东省莱州市 135.97 kW（约为 185 马力）渔船的板子网为例作介绍。

108

（一）渔具结构

渔具主尺度：44.00 m×38.23 m（25.71 m）。

1. 网衣

网衣部分主要由上网翼、下网翼、天井、网身、网囊、网囊外套构成。网身为网背、网腹两片式结构，各分 3 段网衣。全部网衣均用聚乙烯捻线编织，单线单死结，纵目使用。各部网衣结构如表 3-2 所示。

表 3-2 板子网网衣材料

名称		段号	数量（片）	网线结构 tex×s×n	目大（mm）	宽度		长度		剪裁斜率	网线材料
						起目	终目	（目）	（m）		
网翼	上	1	2	36tex×5×3	50	64.5	180.5	201.5	10.06	4-3、3-4	PE
	下	1	2	36tex×7×3	50	73.5	123.5	201.5	10.06	4-3、1-1	PE
		2	2	36tex×7×3	50	124.5	141.5	69.5	3.48	4-3、1-1	PE
网盖		1	1	36tex×5×3	50	542	440	69.5	3.48	4-3	PE
网身	背	1	1	36tex×5×3	50	440	356	71.5	3.58	5-3	PE
		2	1	36tex×5×3	40	356	236	121.5	4.86	2-1	PE
		3	1	36tex×5×3	33	236	158	361.5	11.93	9-1	PE
	腹	1	1	36tex×7×3	50	440	356	71.5	3.58	5-3	PE
		2	1	36tex×7×3	40	356	236	121.5	4.86	2-1	PE
		3	1	36tex×7×3	33	236	158	361.5	11.93	9-1	PE
网囊		1	1	36tex×7×3	27	400	400	160	4.32	—	PE
网囊外套		1	1	36tex×27×3	27	400	400	60	1.62	—	PE

2. 纲索

（1）上纲：由 1 条浮子纲和 1 条上缘纲构成。

浮子纲：6 股夹芯钢丝绳，直径 8.0 mm，净长 25.71 m，两端另留出适当长度作眼环，数量 1 条；其中上网口中纲 4.07 m，两上网翼边纲各长 10.82 m。

上缘纲：PE 三股捻绳，直径 6.0 mm，净长 25.71 m，两端另留出适当长度作眼环，数量 1 条；其中上网口中纲 4.07 m，两上网翼边纲各长 10.82 m。

（2）沉子纲：6 股夹芯钢丝绳，直径 11.0 mm，外缠直径为 8.0 mm 的 PE 三股捻绳。净长 30.22 m，两端另留出适当长度作眼环，数量 1 条；其中下网口中纲 3.14 m，两下网翼边纲各长 13.54 m。

（3）袖端纲：PE 三股捻绳，直径 6.0 mm，净长 3.10 m，两端另留出适当长度作眼环，数量 2 条。

（4）囊底纲：PE 复合捻绳，直径 20.0 mm，净长 1.00 m，外缠直径为 5.0 mm 的 PE 三股捻绳，两端另留出适当长度作眼环，数量 2 条。

（5）空纲：

上空纲：6 股夹芯钢丝绳，直径 8.0 mm，长 20.00 m，2 条。

下空纲：6 股夹芯钢丝绳，直径 11.0 mm，外缠直径为 8 mm 的 PE 绳。长 20.00 m，2 条。

（6）手纲：6 股钢丝绳，直径 11.0 mm，长 21.56 m，2 条。

（7）网板叉纲：6 股钢丝绳，直径 8.0 mm，上叉纲长 2.00 m，下叉纲长 2.10 m，共 4 条。

（8）曳纲：6 股夹芯钢丝绳，直径 11.0mm，长 150.00 m，2 条。

3. 浮子、沉子及其他属具

（1）浮子：球形硬塑双耳浮子，直径 180.0 mm，净浮力 21.85N/个，耐压水深 150.00 m。数量 3 个；球形硬塑双耳浮子，直径 160.0 mm，静浮力 14.60 N／个，耐压水深 150.00 m。数量 12 个，共计 15 个浮子。

（2）沉子：厚 4.0 mm 的低碳软钢板（比重 7.8 g/cm³）弯成圆柱状，开口约为圆柱形卷筒的 1/3，直径 50.0 mm，长 60.0 mm，单个重 200 g，共 250 个。

（3）网板：V 形钢质网板，长度 1.70 m，宽度 0.80 m，质量 90.00 kg/块，共 2 块。

（二）渔具装配

1. 网衣缝合

将上网袖、天井、网背的各段网衣依次编缝连接；再将下网袖前段、下网袖后段、网腹的各段网衣依次编缝连接。然后把连接好的 2 片网衣重叠，使上网袖和下网袖前段、天井和下网袖后段、网背和网腹各段网衣的长度分别对齐，用 1.5 目绕缝的方式把 2 片网的边缘缝合到一起，每个网目绕 2 次，每 3 目打 2 个丁香结固定。最后把网囊绕缝连接到网身的最后端，把网囊外套套在网囊外面，底端对齐、前端绕缝于网囊上。

2. 纲索装配

（1）上纲装配

上缘纲装配：把长度 25.71 m 上缘纲分别穿入上网翼内侧边和网背前缘中部的网目内，纲索的中部取长度 4.07 mm 作为上中纲，两端各取长度 10.82 m 作为上边纲。把网背前缘中部的网目均匀绕缝在 4.07 m 的上中纲上，每目绕 2 次，每 3 目打 2 个丁香结固定，缩结系数 0.45。把两个上网翼内侧边网衣分别绕缝在 10.82 m 的上边纲上，每隔 100 mm 打 2 个丁香结固定，翼网斜边配纲系数 1.076。

浮子纲装配：把长度 25.71 m 浮子纲，按上中纲取长 4.07 m，两端上边纲各长 10.82 m，依次扎结在上缘纲上，每隔 100 mm 扎 2~3 个丁香结固定。

（2）下纲装配

把长度 30.22 m 沉子纲，用直径 6.0 mmPE 绳全部缠绕，并作水扣，水扣长 200 mm，每个水扣的绳长 350 mm。纲索中部取长度 3.14 m 作为下中纲，两端各取长度 13.54 m 作为下边纲。把网腹前缘中部的网目均匀绕缝在下中纲的水扣绳上，每目绕 2 次，每 3 目打 2 个丁香结固定，缩结系数 0.40；把两个下网翼内侧边网衣分别均匀绕缝在下边纲的水扣绳上，每隔 100 mm 打 2 个丁香结固定，翼网斜边配纲系数 1.00。把用厚 4.0 mm 的低碳软钢板弯成的圆柱状沉子均匀等距离地套在沉子纲上，用锤子敲打封闭沉子的开口，使沉子紧固。

（3）袖端纲装配

把 2 条袖端纲分别穿入两袖端前缘网目中，使网目均匀分布于纲索上绕缝；把纲索两端眼环分别与上、下纲两端眼环扎结在一起。

（4）囊底纲装配：囊底纲外缠直径 5.0 mmPE 绳、作水扣，将网囊和网囊外套末端网目均匀扎结在水扣上。

3. 浮子装配

浮子共 15 个，其中上中纲装配直径 180.0 mm 的浮子 3 个，两端各 1 个，中间 1 个；两侧上边纲各等距离装配直径 160.0 mm 的浮子 6 个。

（三）渔船

钢质渔船，主机功率 135.97 kW（约为 185 马力）。船长 27.00 m，型宽 5.00 m，型深 2.20 m，平均吃水 2.00 m，自由航速 10 kn，续航力 30 d，总吨位 30 Gt，渔舱容积 64.00 m³，每船作业人员 8 人。

（四）渔法

渔船到达渔场后，根据海况、渔场底质、天气情况及其他船生产情况等确定放网具体位置和拖曳方向。

1. 放网

放网前连接好网具各部位的纲索和网板，并将网具按顺序理顺叠好。根据风向和流向选择放网位置和拖曳方向，通常选择逆流或顺流放网拖曳。渔船选定拖曳方向后慢速前进，停车后将网囊放入水中，利用余速将网具全部带下水，观察网具张开是否正常，网具张开正常后，渔船慢速行进，同时依次松放空纲、手纲和网板，网板下水后停放曳纲,让网板正常张开,然后放曳纲至所需长度。一般曳纲放出长度为作业水深的4~6倍。

2. 曳网

曳纲放完后将长度固定,开始拖曳,为了避免网具相互纠缠,一般直行拖曳,曳行过程中不宜作急转向,若需转向应小舵角缓慢转向,拖曳过程中应注意网板扩张情况,拖速通常为1.5~3.0 kn,拖曳2~3 h后开始起网。

3. 起网

起网时渔船减速,用稳车慢速收绞曳纲,待把网板绞上甲板后,用绞机把空纲、网翼和网身依次拖到船上,再利用吊杆将网囊吊上船尾甲板,解开囊底纲倒出渔获物。若继续放网,将囊底再次封扎,把网囊推入水中,重新放网。

(五) 结语

板子网是山东省莱州市三山岛等沿海地区捕捞底层鱼类的主要渔具,渔具成本低、作业灵活、操作简单。该渔具没有网身力纲,最小网目尺寸27 mm,主捕对象不明显,渔获物比较混杂,大多数为沿岸小型种类和幼鱼。根据中华人民共和国农业部通告〔2013〕1号《农业部关于实施海洋捕捞准用渔具和过渡渔具最小网目尺寸制度的通告》之规定,单船有翼单囊拖网为过渡渔具,黄海作业最小网目(或网囊)尺寸为54 mm,渤海禁止作业。该渔具的网囊网目尺寸为27 mm,不符合过渡期的准用条件。

板子网（山东　莱州）

44.00 m×38.23 m(25.71 m)

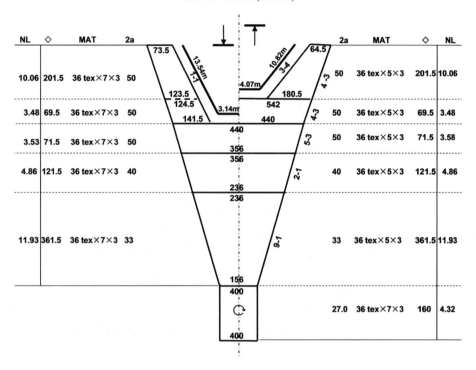

图 3-8　板子网网衣展开图

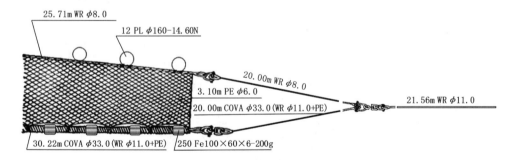

图 3-9　板子网纲索结构示意图

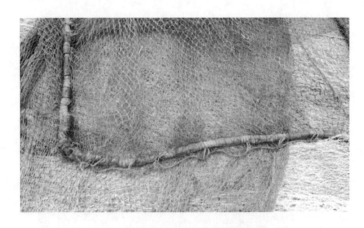

图 3-10　板子网沉子纲装配照片

图 3-11　板子网网板照片

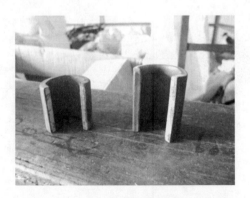

图 3-12　板子网沉子照片

图 3-13　板子网浮子照片

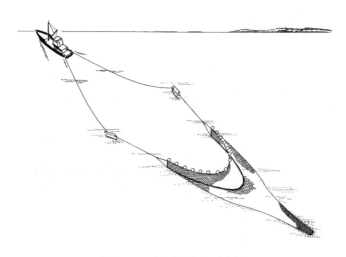

图 3-14　板子网作业示意图

三、单拖网（辽宁　大连）

单拖网属于单船式有翼单囊型底层拖网（00·ydn·T），主要分布于辽宁省大连市的沿海海域。该渔具网口周长 42.00~55.00 m，网具长度 40.00~48.00 m，适宜于 147.00~183.75 kW（200~250 马力）的渔船作业，作业海区为黄海北部水域，作业水深 70 m 以内。渔期全年。单船底层拖网作业，捕捞方氏云鳚、长绵鳚、鰕虎鱼等底层鱼类和虾类、蟹类、贝类。日投网次数 3~6 网，每网拖曳时间 3~4 h，拖速 2~3 kn，网次产量 200~1 000 kg。

下面以辽宁大连 176.40 kW（约为 235 马力）渔船的单拖网为例作介绍。

（一）渔具结构

渔具主尺度：42.64 m × 47.91 m（28.86 m）。

115

单拖网主要由网衣、纲索、属具组成。

1. 网衣

网衣部分主要由上网翼、下网翼、天井、网身、网囊、网囊外套、网身衬衣构成。网身为网背、网腹两片式结构，各分 5 段网衣；网身衬衣由 PE 经编网片缝制而成，衬托于网身和网囊内部。其他网衣均用聚乙烯捻线编织，单线单死结，纵目使用。各部网衣结构表 3-3。

表 3-3　单拖网网衣材料

名称		段号	数量（片）	网线结构 tex×s×n	目大（mm）	宽度		长度		剪裁斜率	网线材料
						起目	终目	（目）	（m）		
网翼	上	1	2	36tex×7×3	53.3	60.5	190.5	225.5	12.02	4-3、3-4	PE
	下	1	2	36tex×7×3（双）	53.3	65.5	121.5	225.5	12.02	4-3、1-1	PE
		2	2	36tex×7×3（双）	53.3	122.5	140.5	73.5	3.92	4-3、1-1	PE
网盖		1	1	36tex×7×3	53.3	508	400	73.5	3.92	4-3	PE
网身	背	1	1	36tex×7×3	53.3	400	262	15.5	6.16	5-3	PE
		2	1	36tex×7×3	50.0	280	184	144.5	7.23	3-1	PE
		3	1	36tex×7×3	46.7	198	134	128.5	6.11	4-1	PE
		4	1	36tex×7×3	43.3	145	107	115.5	5.00	6-1	PE
		5	1	36tex×7×3	40.0	116	92	109.5	4.38	9-1	PE
	腹	1	1	36tex×7×3（双）	53.3	400	262	115.5	6.16	5-3	PE
		2	1	36tex×7×3（双）	50.0	280	184	144.5	7.23	3-1	PE
		3	1	36tex×7×3（双）	46.7	198	134	128.5	6.00	4-1	PE
		4	1	36tex×7×3（双）	43.3	145	107	115.5	5.00	6-1	PE
		5	1	36tex×7×3（双）	40.0	116	92	109.5	4.38	9-1	PE
网囊		1	1	36tex×7×3（双）	40.0	200	200	80	3.20	—	PE
网囊外套		1		Ø2.4 mm 捻线（双）	180	45	45	18	3.24		PE
网身衬衣		—		经编网片	8.0	按网身 1 节至网囊规格缝制					PE

2. 纲索

（1）上纲：由 1 条浮子纲构成。

浮子纲：PE 捻绳，直径 18.00 mm，净长 28.86 m，两端另留出适当长度作眼环，数量 1 条；其中上网口中纲 3.00 m，两上网翼边纲各长 12.93 m。

（2）下纲：由 1 条沉子纲和 1 条下缘纲构成。

下缘纲：PE 三股捻绳，直径 10.0 mm，净长 34.38 m，两端另留出适当长度作眼环，数量 1 条；其中下网口中纲 2.50 m，两下网翼边纲各长 15.94 m。

沉子纲：滚轮式沉子纲，直径 10.0 mm 钢丝绳穿塑胶滚轮和铁滚轮，总重

250 kg。沉子纲净长 34.38 m，共分 7 段，其中下网口中纲 2.50 m，两下网翼边纲各分 3 段，从翼端开始第 1 段长 5.20 m、第 2 段长 5.34 m、第 3 段长 5.40 m，共15.94 m。各段钢索两端另留出适当长度作眼环，用卸扣连接。

（3）袖端纲：PE 三股捻绳，直径 8.0 mm，净长 2.50 m，两端另留出适当长度作眼环，数量 2 条。

（4）网身力纲：PE 三股捻绳，直径 17.0 mm，净长 31.00 m，两端留出适当长度作眼环，数量 2 条。

（5）网囊力纲：PE 三股捻绳，直径 25.0 mm，净长 1.67 m，两端留出适当长度作眼环，数量 4 条。

（6）束纲：6 股钢丝绳，直径 10.0 mm，净长 3.34 m，两端留出适当长度作眼环，数量 1 条。

（7）束纲引纲：3 股麻绳，直径 29.0 mm，净长 35.00 m，两端留出适当长度作眼环，数量 1 条。

（8）囊底纲：6 股钢丝绳，直径 9.0 mm，净长 1.67 m，两端另留出适当长度作眼环，数量 2 条。

（9）空纲：由上空纲和下空纲构成。

上空纲：6 股钢丝绳，直径 7.0 mm，长 47.40 m，两端另留出适当长度作眼环，数量 2 条。

下空纲：3 股夹棕钢丝绳，直径 35.0 mm，长 47.40 m，两端另留出适当长度作眼环，数量 2 条。

（10）手纲：6 股钢丝绳，直径 15.0 mm，长 30.00 m，2 条。

（11）曳纲：钢丝绳，直径 15.0 mm，长 150.00 m，两端另留出适当长度作眼环，数量 2 条。

3. 浮子、沉子及其他属具

（1）浮子：球形硬塑双耳浮子，直径 200.0 mm，每个净浮力 39N，重1.40 kg/个，耐压水深 150.00 m，数量 13 个。

（2）沉子：有两种。① 柱形塑胶滚轮：外径 60.0 mm、孔径 20.0 mm、长50.0 mm，每个重 180g，共 760 个。② 铁质柱形滚轮：外径 60.0 mm、孔径20.0 mm、长 50.0 mm，每个重 950 g，共 14 个。

（3）网板：V 形铁质网板，长度 1.80 m，宽度 1.10 m，重 105.00 kg/块，投影面积 1.98 m²，共 2 块。

（二）渔具装配

1. 网衣缝合

将上网袖、天井、网背各段网衣依次编缝连接；将下网袖前段、下网袖后段、网腹各段网衣依次编缝连接。然后把连接好的 2 片网重叠，使上网袖和下网袖前段、天井和下网袖后段、网背和网腹各段网衣的长度分别对齐，用 1.5 目绕缝的方式把 2 片网边缘缝合到一起，每个网目绕 2 次，每 3 目打 2 个丁香结固定。最后把网囊绕缝连接到网身的最后端。

把网身衬衣放到网身内部，前缘与网身第一节前缘网目均匀绕缝到一起、末端与网囊末端绕缝缝合。把网囊外套网衣套在网囊外面，前端与网囊前缘网目绕缝到一起、末端与网囊末端绕缝缝合。

2. 纲索装配

（1）浮子纲装配：把长度 28.86 m 浮子纲穿入上网翼内边缘和天井前缘中部的网目中，上中纲取长 3.00 m，把天井前缘中部的网目均匀绕缝在上中纲上，每目绕 2 次，每 3 目打 2 个丁香结固定，缩结系数 0.45。两端上边纲各取长 12.93 m。把两个上网翼内侧边网衣分别绕缝在上边纲上，每隔 100 mm 打 2 个丁香结固定，翼网斜边配纲系数 1.076。

（2）下纲装配：

下缘纲装配：把长度 34.38 m 下缘纲穿入下网翼内侧边和网腹前缘中部的网目内，纲索的中部取长度 2.50 m 作为下中纲，两端各取长度 15.94 m 作为下边纲。把网腹前缘中部的网目均匀绕缝在下中纲上，每目绕 2 次，每 3 目打 2 个丁香结固定，缩结系数 0.40。把两个下网翼内侧边网衣分别绕缝在下边纲上，每隔 100 mm 打 2 个丁香结固定，翼网斜边配纲系数 1.00。

沉子纲装配：按沉子纲各段长度量取钢丝绳共 7 段，各段两端另留出适当长度作眼环。在钢丝绳一端先作一个眼环，在另一端穿滚轮，每段钢丝绳两端各放 1 个铁质滚轮，中间全部穿塑胶滚轮。下中纲每隔 3 个滚轮穿 1 个铁环；下边纲每隔 4 个滚轮穿 1 个铁环。全部穿完滚轮后，在钢丝绳另一端作眼环，用卸扣把各段沉子纲连在一起。用 PE 捻绳分别把沉子纲上的各铁环与下缘纲固结一起。

（3）袖端纲装配：把袖端纲穿入网翼前端的网目中，在纲索两端作眼环，并分别与浮子纲、下缘纲两端扎结在一起。

（4）网身力纲装配：2 条力纲分别连接在下中纲两端的卸扣上，沿网腹纵向直目绕缝于网腹的网衣上直到网囊外套末端结在囊底纲上。

（5）囊底纲装配：囊底纲外缠直径 10.0 mm PE 绳作水扣，然后将网囊及外套末端网目均匀扎结在水扣上。

（6）网囊力纲装配：将 4 条网囊力纲等距离分布于网囊外套两侧身网力纲之间，分别扎结在囊底纲上，沿网囊纵向直目绕缝于网衣上。

（7）束纲装配：将束纲穿入 4 条网囊力纲前端的眼环中，在束纲的两端作眼环，用卸扣把两个眼环连接到一起，并连结束纲引纲。

（8）束纲引纲装配：把束纲引纲两端作眼环，前端连接在上中纲上，后端连接在束纲上。

3. 浮子装配

将 13 个浮子，分别在上中纲装配 3 个，上中纲两端各 1 个，中间 1 个；两侧上边纲，各等距离装配 5 个。

（三）渔船

木质渔船，主机功率 176.4 kW（约为 240 马力）。船长 25.00 m，型宽 5.00 m，平均吃水 1.50 m，自由航速 8~10 kn，续航力 2~3 d，每船作业人员 5~6 人。

（四）渔法

渔船到达渔场后，根据海况、渔场底质、天气情况及其他船生产情况等确定放网具体位置和拖曳方向。

1. 放网

放网前连接好网具各部位的纲索和网板，并将网具按顺序理顺叠好。根据风向和流向选择放网位置和拖曳方向，通常选择逆流或顺流放网拖曳。渔船选定拖曳方向后慢速前进，停车后将网囊放入水中，利用余速将网具全部带下水，观察网具张开是否正常，网具张开正常后，渔船慢速行进，同时依次松放空纲、手纲和网板，网板下水后停放曳纲，让网板正常张开，然后放曳纲至所需长度。通常曳纲放出长度为作业水深的 4~6 倍。

2. 曳网

曳纲放完后将长度固定，开始拖曳，为了避免网具相互纠缠，通常直行拖曳，曳行过程中不宜作急转向，若需转向应小舵角缓慢转向，拖曳过程中应注意网板扩张情况，拖速 1.5~3.0 kn，拖曳 2~3 h 后开始起网。

3. 起网

起网时渔船减速，用稳车慢速收绞曳纲，待把网板绞上甲板后，用绞机把空纲、网翼和网身依次拖到船上，再利用吊杆将网囊吊上船尾甲板，解开囊底纲倒出渔获物。若继续放网，将囊底再次封扎，把网囊推入水中，重新放网。

（五）结语

单拖网是辽宁省大连市沿海地区渔民捕捞底层鱼类的主要渔具。该渔具的网腹和网囊全部采用双线编织，底纲运用滚轮式沉子纲，适宜于砂石底质的海区作业。网囊网目尺寸较小，为 40 mm，主捕对象不明显，渔获物比较混杂。根据中华人民共和国农业部通告〔2013〕1 号《农业部关于实施海洋捕捞准用渔具和过渡渔具最小网目尺寸制度的通告》之规定，单船有翼单囊拖网为过渡渔具，黄海作业最小网目（或网囊）尺寸为 54 mm，渤海禁止作业。该渔具的网囊网目尺寸为 40 mm，并加有网衬，不符合过渡期的准用条件。

单拖网（辽宁　大连）

42.64 m×47.91 m (28.86 m)

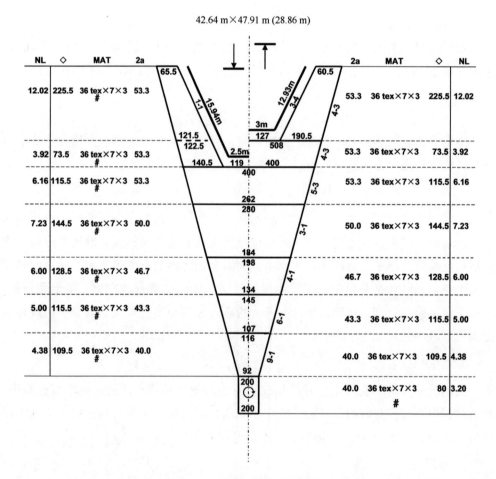

图 3-15　单拖网网衣展开图

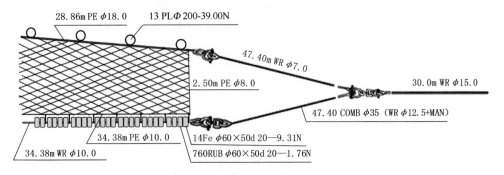

28.86m PE φ18.0 13 PL Φ 200-39.00N

47.40m WR φ7.0

2.50m PE φ8.0

30.0m WR φ15.0

47.40 COMB φ35 (WR φ12.5+MAN)

34.38m PE φ10.0

14Fe φ60×50d 20—9.31N

34.38m WR φ10.0

760RUB φ60×50d 20—1.76N

图 3-16　单拖网纲索结构示意图

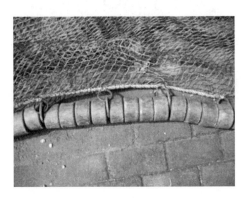

图 3-17　单拖网沉子纲装配照片

图 3-18　单拖网囊底纲装配照片

图 3-19　单拖网下中纲、边纲、网身力纲连接照片

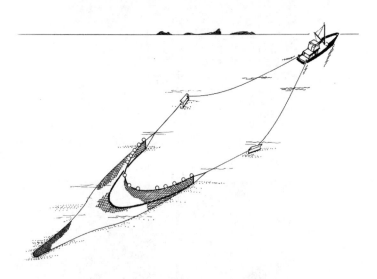

图 3-20　单拖网作业示意图

四、中型单船底拖网（辽宁　丹东）

中型单船底拖网属于单船式有翼单囊型拖网（00·ydn·T），俗称单拖网或底拖网，主要分布于辽宁省和山东省的黄海北部沿海海域。该渔具网口周长 50.00～68.00 m，网具长度 44.00～55.00 m，适宜于 220.5～257.25 kW（300～350 马力）的渔船作业。作业海区为黄海北部水域，作业水深 70 m 以内。单船底层拖网作业，捕捞底层鱼类、虾类、蟹类和贝类。日投网次数 8 网，每网作业时间 2～3 h，拖速 1.5～3.0 kn，网产量 200～500 kg。

下面以辽宁省丹东市东港区 220.5 kW（约为 300 马力）渔船的单船底拖网为例

作介绍。

(一) 渔具结构

渔具主尺度：50.00 m×52.14 m（36.78 m）。
主要由网衣、纲索、属具组成。

1. 网衣

网衣部分主要由上燕尾、下燕尾、上网翼、下网翼、天井、网身、网囊构成。网身为网背、网腹两片式结构，各分 5 段网衣。全部网衣均用聚乙烯捻线编织，单线单死结，纵目使用。各部网衣结构如表 3-4 所示。

表 3-4　中型单船底层拖网网衣材料

名称		段号	数量（片）	网线结构 tex×s×n	目大（mm）	宽度		长度		剪裁斜率	网线材料
						起目	终目	（目）	（m）		
燕尾	上	1	2	36tex×15×3	100	8	51	31.5	3.15	4-5、5-1	PE
	下	1	2	36tex×30×3	100	4	40	31.5	3.15	1-1、5-1	PE
网翼	上	1	2	36tex×15×3	100	51.5	111.5	121.5	12.15	4-3、4-5	PE
	下	1	2	36tex×30×3	100	40.4	70.5	121.5	12.15	4-3、1-1	PE
		2	2	36tex×30×3	100	71.5	83.5	49.5	4.95	4-3、1-1	PE
网盖		1	1	36tex×15×3	100	322	250	49.5	4.95	4-3	PE
网身	背	1	1	36tex×15×3	100	250	178	61.5	6.15	5-3	PE
		2	1	36tex×10×3	83.3	226	154	85.5	7.12	7-3	PE
		3	1	36tex×10×3	66.7	192	120	97.5	6.5	8-3	PE
		4	1	36tex×10×3	50	166	106	121.5	6.08	4-1	PE
		5	1	36tex×9×3	33.3	146	106	181.5	6.04	9-1	PE
	腹	1	1	36tex×30×3	100	250	178	61.5	6.15	5-3	PE
		2	1	36tex×20×3	83.3	226	154	85.5	7.12	7-3	PE
		3	1	36tex×15×3	66.7	192	120	97.5	6.5	8-3	PE
		4	1	36tex×12×3	50	166	106	121.5	6.08	4-1	PE
		5	1	36tex×10×3	33.3	146	106	181.5	6.04	9-1	PE
网囊		1	1	36tex×11×3（双）	26.7	266	266	220	5.87	—	PE

2. 纲索

（1）上纲：由 1 条浮子纲构成。

浮子纲：6 股夹芯钢丝绳，直径 16.0 mm，净长 36.78 m，两端另留出适当长度作眼环，数量 1 条；其中上网口中纲 4.50 m，两上网翼边纲各长 16.14 m。

（2）下纲：由 1 条沉子纲和 1 条下缘纲构成。

下缘纲：PE 三股捻绳，直径 20.0 mm ，净长 43.86 m，两端另留出适当长度作眼环，数量 1 条；其中下网口中纲 3.36 m，两下网翼边纲各长 20.25 m。

沉子纲：铁链外缠旧网衣后直径 200.0 mm，重 650.00 kg，净长 43.86 m，数量 1 条；其中下网口中纲 3.36 m，两下网翼边纲各长 20.25 m。

（3）燕尾纲：PE 三股捻绳，直径 10.0 mm，净长 6.00 m，两端作眼环，数量 2 条。

（4）网身力纲：PE 三股捻绳，直径 24.0 mm，净长 57.00 m，两端作眼环，数量 2 条。

（5）网囊力纲：PE 三股捻绳，直径 16.0 mm，净长 3.00 m，两端作眼环，数量 4 条。

（6）网囊束纲：6 股钢丝绳，直径 12.0 mm，净长 4.00 m，两端留出适当长度作眼环，数量 1 条。

（7）网囊束纲引纲：PE 复合捻绳，直径 30.0 mm，净长 59.00 m，两端留出适当长度作眼环，数量 1 条。

（8）囊底纲：6 股钢丝绳，直径 9.0 mm，净长 1.80 m，两端另留出适当长度作眼环，数量 2 条。

（9）空纲：由上空纲和下空纲构成。

上空纲：6 股夹芯绳，直径 15.0 mm，长 40.00~50.00 m，2 条。

下空纲：3 股夹芯绳，直径 20.0 mm，长 40.00~50.00 m，2 条。

（10）手纲：6 股钢丝绳，直径 18.0 mm，长 33.00 m，2 条。

（11）曳纲：钢丝绳，直径 18.0 mm，长 200.00 m，两端另留出适当长度作眼环，数量 2 条。

3. 浮子、沉子及其他属具

（1）浮子：球形硬塑双耳浮子，直径 220.0 mm，净浮力 42.60 N/个，重 1.47 kg/个，耐压水深 150.00 m，数量 17 个。

（2）沉子：以沉子纲代替，作业时可另备铁链 40.00~60.00 kg，用于调节沉子纲轻重。

（3）网板：V 形铁质网板，长度 2.00 m，高度 1.20 m，重 120.00 kg/块，共 2 块。

（二）渔具装配

1. 网衣缝合

将上燕尾、上网袖、天井、网背各段网衣依次编缝连接；再将下燕尾、下网袖前段、下网袖后段、网腹各段网衣依次编缝连接。然后把连接好的2片网衣重叠，使上网袖和下网袖前段、天井和下网袖后段、网背和网腹各段网衣的长度分别对齐，用1.5目绕缝的方式把2片网边缘缝合到一起，每个网目绕2次，每3目打2个丁香结固定。最后把网囊绕缝连接到网身的最后端。

2. 纲索装配

（1）浮子纲装配：长度36.78 m浮子纲，中部上中纲取长4.50 m，两端上边纲各取长16.14 m。把天井前缘中部的100目均匀绕缝在4.50 m的上中纲上，每目绕2次，每3目打2个丁香结固定，缩结系数0.45。把两个上网翼内侧边网衣分别绕缝在16.14 m的上边纲上，每隔100 mm打结固定，翼网斜边配纲系数1.055。

（2）下缘纲装配：把长度43.86 m下缘纲穿入下网翼内侧边和网腹前缘中部的网目内，纲索的中部取长度3.36 m作为下中纲，两端各取长度20.25 m作为下边纲。把网腹前缘中部的84目均匀绕缝在3.36 m的下中纲上，每目绕2次，每3目打2个丁香结固定，缩结系数0.40。把两个下网翼内侧边网衣分别绕缝在20.25 m的下边纲上，每隔100 mm打2个丁香结固定，翼网斜边配纲系数1.00。

（3）沉子纲装配：铁链沉子纲重650.00 kg，长度43.86 m，每隔300 mm用直径15.0 mm PE绳作水扣，每个水扣绳长250 mm；在铁链上缠旧网衣，并留出水扣绳，按下中纲、下边纲长度分别把水扣绳扎结在下缘纲上。

（4）网身力纲装配：2条力纲连接下中纲两端，沿网腹纵向直目绕缝于网腹的网衣上直到网囊末端，扎结于囊底纲上。

（5）囊底纲装配：囊底纲外缠直径10.5 mm PE绳作水扣，水扣长130 mm、高60 mm，然后将网囊末端网目均匀扎结在水扣上。

（6）网囊力纲装配：将4条网囊力纲等距离分布于网囊两侧身网力纲之间，分别扎结在囊底纲上，沿网囊纵向直目绕缝于网衣上，末端扎结于囊底纲上。

（7）束纲装配：将束纲穿入4条网囊力纲前端的眼环中，用卸扣把束纲两端眼环连接到一起，并连结束纲引纲。

（8）束纲引纲装配：把束纲引纲两端作眼环，前端连接在上中纲上，后端连接在束纲上。

3. 浮子装配

浮子共17个，其中上中纲两端各装配1个，中间装配1个，共装配3个浮子；两侧的上边纲各等距离装配7个浮子。

（三）渔船

木质渔船，主机功率220.50 kW（约为300马力）。船长24.00 m，型宽

6.00 m，型深2.50 m，平均吃水1.50 m，自由航速9~10 kn，续航力15 d，每船作业人员7人。

（四）渔法

渔船到达渔场后，根据海况、渔场底质、天气情况及其他船生产情况等确定放网具体位置和拖曳方向。

1. 放网

放网前连接好网具各部位的纲索和网板，并将网具按顺序理顺叠好。根据风向和流向选择放网位置和拖曳方向，通常选择逆流或顺流放网拖曳。渔船选定拖曳方向后慢速前进，停车后将网囊放入水中，利用余速将网具全部带下水，观察网具张开是否正常，网具张开正常后，渔船慢速行进，同时依次松放空纲、手纲和网板，网板下水后停放曳纲，让网板正常张开，然后放曳纲至所需长度。通常曳纲放出长度为作业水深的4~6倍。

2. 曳网

曳纲放完后将长度固定，开始拖曳，为了避免网具相互纠缠，通常直行拖曳，曳行过程中不宜作急转向，若需转向应小舵角缓慢转向，拖曳过程中应注意网板扩张情况，拖速1.5~3.0 kn，拖曳2~3 h后开始起网。

3. 起网

起网时渔船减速，用绞机慢速收绞曳纲，待把网板绞上甲板后，用绞机把空纲、网翼和网身依次拖到船上，再利用吊杆将网囊吊上船尾甲板，解开囊底纲倒出渔获物。若继续放网，将囊底再次封扎，把网囊推入水中，重新放网。

（五）结语

中型单船底拖网是黄海北部近海作业普遍使用的渔具，渔具成本低、作业灵活、操作简单，是捕获底层鱼类的有效工具。该渔具的网目尺寸较小，网囊的网目尺寸只有26.7 mm，主要以捕捞虾类为主，但捕捞对象不明显，副渔获物比较混杂，对近海的幼鱼资源损害较大。根据中华人民共和国农业部通告〔2013〕1号《农业部关于实施海洋捕捞准用渔具和过渡渔具最小网目尺寸制度的通告》之规定，单船有翼单囊拖网为过渡渔具，黄海作业最小网目（或网囊）尺寸为54 mm，渤海禁止作业。该渔具的网囊网目尺寸为26.7 mm，不符合过渡期的准用条件。

中型单船底拖网（辽宁　丹东）

50.00 m×52.14 m(36.78 m)

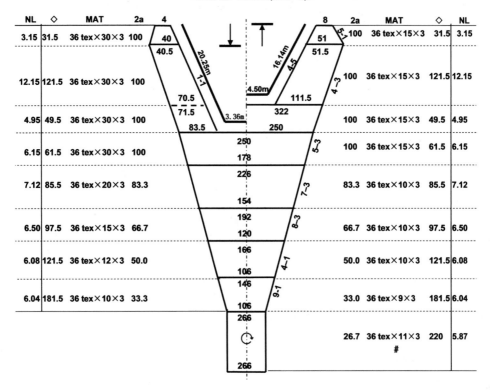

图 3-21　中型单船底拖网网衣展开图

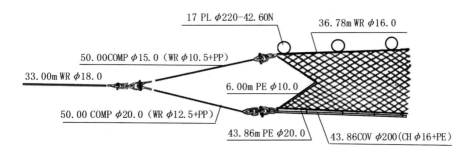

图 3-22　中型单船底拖网纲索结构示意图

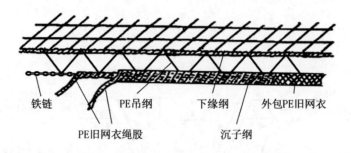

铁链　　　PE吊纲　　　下缘纲　　　外包PE旧网衣

PE旧网衣绳股　　　　　沉子纲

图 3-23　中型单船底拖网沉子纲结构示意图

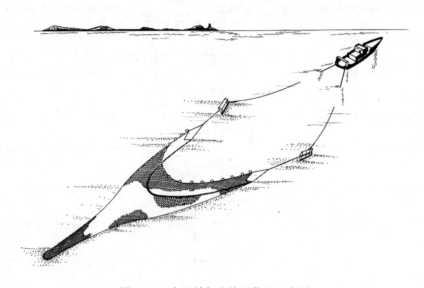

图 3-24　中型单船底拖网作业示意图

五、单船底拖网（辽宁　大连）

单船底拖网属单船式有翼单囊型拖网（OO·ydn·T），俗称单拖网，主要分布于辽宁省大连市和丹东市沿海海域。该渔具网口周长 66.00～78.00 m，网具长度 51.00～70.00 m，适宜于 257.25～294.00 kW（350～400 马力）的渔船作业。作业海区主要为黄海北部水域，作业水深约 70 m 以内。单船底层拖网作业，主捕底层鱼类。日投网次数 8 网，每网作业时间 2～3 h，拖速 1.5～3.0 kn，网产量 200～1 000 kg。

下面以辽宁省大连市 257.25 kW（约为 340 马力）渔船的单船底层拖网为例作介绍。

（一）渔具结构

渔具主尺度：66.80 m×53.65 m（35.40 m）。

128

主要由网衣、纲索、属具组成。

1. 网衣

网衣部分主要由上燕尾、下燕尾、上网翼、下网翼、天井、网身、网囊构成。网身为网背、网腹两片式结构，各分 6 段网衣。全部网衣均用聚乙烯捻线编织，单线单死结，纵目使用。各部网衣结构如表 3-5 所示。

表 3-5　单船底拖网网衣材料

名称		段号	数量（片）	网线结构 tex×s×n	目大（mm）	宽度 起目	宽度 终目	长度（目）	长度（m）	剪裁斜率	网线材料
燕尾	上	1	2	36tex×15×3	100	9	74	30.5	3.05	4-5、5-1	PE
燕尾	下	1	2	36tex×30×3	100	4	72	30.5	3.05	1-1、1-1	PE
网翼	上	1	2	36tex×15×3	100	74.5	132.5	120.5	12.05	4-3、4-5	PE
网翼	下	1	2	36tex×30×3	100	72.5	101.5	120.5	12.05	4-3、1-1	PE
网翼	下	2	2	36tex×30×3	100	102.5	111.5	40.5	4.05	4-3、1-1	PE
网盖		1	1	36tex×15×3	100	394	334	40.5	4.05	4-3	PE
网身	背	1	1	36tex×15×3	100	334	262	60.5	6.05	5-3	PE
网身	背	2	1	36tex×10×3	86.7	302	224	65.5	5.68	5-3	PE
网身	背	3	1	36tex×10×3	73.3	266	192	97.5	6.50	2-1	PE
网身	背	4	1	36tex×10×3	60	235	175	90.5	5.43	3-1	PE
网身	背	5	1	36tex×9×3	50.0	210	136	110.5	5.50	3-1	PE
网身	背	6	1	36tex×9×3	40.0	171	105	133.5	5.34	4-1	PE
网身	腹	1	1	36tex×30×3	100	334	262	60.5	6.05	5-3	PE
网身	腹	2	1	36tex×20×3	86.7	302	224	65.5	5.68	5-3	PE
网身	腹	3	1	36tex×15×3	73.3	266	192	97.5	6.50	2-1	PE
网身	腹	4	1	36tex×12×3	60	235	175	90.5	5.43	3-1	PE
网身	腹	5	1	36tex×10×3	50.0	210	136	110.5	5.50	3-1	PE
网身	腹	6	1	36tex×10×3	40.0	171	105	133.5	5.34	4-1	PE
网囊		1	1	36tex×11×3（双）	30.0	280	280	200	6.00	—	PE

2. 纲索

（1）上纲：由 1 条浮子纲构成。

浮子纲：6 股夹芯钢丝绳，直径 16.0 mm，外缠 3.0 mm PE 绳，净长 35.40 m，两端另留出适当长度作眼环，数量 1 条；其中上网口中纲 5.20 m，两上网翼边纲各长 15.10 m。

（2）下纲：由 1 条沉子纲和 1 条下缘纲构成。

下缘纲：PE 三股捻绳，直径 22.0 mm，净长 40.77 m，两端另留出适当长度作眼环，数量1条；其中下网口中纲4.03 m，两下网翼边纲各长18.37 m。

沉子纲：6股钢丝绳穿铁滚轮、橡胶片。钢丝绳直径15.0 mm，净长40.77 m，共分7段，其中中纲1段净长4.03 m，两侧边纲各分3段，下燕尾段净长2.99 m、下网翼前段净长11.57 m、下网翼后段净长3.81 m。各段纲索两端留出适当长度作眼环，用卸扣连接。铁滚轮：外径82.0 mm、厚度30.0 mm、中孔直径20.0 mm，共83个。橡胶片：外径85.0 mm、厚18.0 mm、中孔直径20.0 mm，共计2 050片。每50个橡胶片穿1个铁滚轮。

（3）燕尾纲：PE三股捻绳，直径12.0 mm，净长6.04 m，两端留适当长度作眼环，数量2条。

（4）网身力纲：PE三股捻绳，直径20.0 mm，净长39.00 m，两端留适当长度作眼环，数量2条。

（5）网囊力纲：PE三股捻绳，直径25.0 mm，净长3.20 m，两端留适当长度作眼环，数量4条。

（6）网囊束纲：6股钢丝绳，直径10.0 mm，净长3.34 m，两端留出适当长度作眼环，数量1条。

（7）束纲引纲：3股麻绳，直径29.0 mm，净长35.00 m，两端留出适当长度作眼环，数量1条。

（8）囊底纲：6股钢丝绳，直径9.00 mm，净长1.67 m，两端另留出适当长度作眼环，数量2条。

（9）空纲：由上空纲和下空纲构成。

上空纲：6股钢丝绳，直径7.0 mm，长50.00 m，两端另留出适当长度作眼环，数量2条。

下空纲：3股夹芯绳，直径35.0 mm，长50.00 m，两端另留出适当长度作眼环，数量2条。

（10）手纲：6股钢丝绳，直径16.0 mm，长35.00 m，两端另留出适当长度作眼环，数量2条。

（11）曳纲：钢丝绳，直径16.00 mm，长320.00 m，共2条。

3. 浮子、沉子及其他属具

（1）浮子：球形硬塑双耳浮子，直径200.0 mm，净浮力38 N/个，耐压水深150.00 m，数量18个。

（2）沉子：铁滚轮，外径82.0 mm、厚度30.0 mm、中孔直径20.0 mm，共83个。橡胶片，用废旧轮胎制作，外径85.0 mm、厚18.0 mm、中孔直径20.0 mm，共计2 050片。每25个橡胶片穿1个铁滚轮。作业时可另备铁链50~100 kg，用于调节沉子纲轻重。

（3）网板：∨形铁质网板，长度1.96 m，宽度1.10 m，重105.00 kg/块，投影面积2.16 m²，共2块。

（二）渔具装配

1. 网衣缝合

将上燕尾、上网袖、天井、网背各段网衣依次编缝连接；再将下燕尾、下网袖前段、下网袖后段、网腹各段网衣依次编缝连接。然后把连接好的2片网衣重叠，使上网袖和下网袖前段、天井和下网袖后段、网背和网腹各段网衣的长度分别对齐，用1.5目绕缝的方式把2片网边缘缝合到一起，每个网目绕2次，每3目打结固定。最后把网囊绕缝连接到网身的最后端。

2. 纲索装配

（1）浮子纲装配：长度35.40 m浮子纲，中部上中纲取长5.20 m，两端上边纲各长15.10 m。把天井前缘中部的网目均匀绕缝在5.20 m的上中纲上，每目绕2次，每3目打2个丁香结固定，缩结系数0.40。把两个上网翼内侧边网衣分别绕缝在15.10 m的上边纲上，每隔100 mm打2个丁香结固定，网片斜边配纲系数1.00。

（2）下纲装配：

下缘纲装配：把长度40.77 m的下缘纲穿入下网翼内侧边和网腹前缘中部的网目内，纲索的中部取长度4.03 m作为下中纲，两端各取长度18.37 m作为下边纲。把网腹前缘中部的网目均匀绕缝在下中纲上，每目绕2次，每3目打2个丁香结固定，缩结系数0.36。把两个下网翼内侧边网衣分别绕缝在下边纲上，其中下燕尾段2.99 m、网片斜边配纲系数0.98、下网翼前段净长11.57 m，网片斜边配纲系数0.96、下网翼后段净长3.81 m，网片斜边配纲系数0.94。每隔100 mm打2个丁香结固定。

沉子纲装配：按沉子纲各段长度量取钢丝绳共7段，两端另留出适当长度作眼环。在钢丝绳一端先作一个眼环，在另一端穿铁滚轮、橡胶片和吊环，每25个橡胶片穿1个铁滚轮、每隔350 mm穿1个100 mm长的吊链，穿满后，作眼环。按各段长度分别把沉子纲上的各吊环扎结在下缘纲上，用卸扣把各段沉子纲连在一起。

（3）网身力纲装配：2条力纲连接下中纲两端，沿网腹纵向直目绕缝于网腹的网衣上直到网囊末端，扎结于囊底纲上。

（4）囊底纲装配：囊底纲外缠直径10.0 mm PE绳作水扣，水扣长100 mm、高50 mm，然后将网囊末端网目均匀扎结在水扣上。

（5）网囊力纲装配：将4条网囊力纲等距离分布于网囊两侧身网力纲之间，沿网囊纵向直目绕缝于网衣上，末端扎结于囊底纲上。

（6）束纲装配：将束纲穿入4条网囊力纲前端的眼环中，用卸扣把束纲两端眼环连接到一起，并连结束纲引纲。

（7）束纲引纲装配：把束纲引纲两端作眼环，前端连接在上中纲的一端上，后端用卸扣连接在束纲的上。

3. 浮子装配

共 18 个浮子。其中上中纲两端各装配 1 个，中间等距离装配 2 个，共装配 4 个浮子；两侧上边纲各等距离装配 7 个浮子。

（三）渔船

钢质或木质渔船，主机功率 257.25 kW（约为 350 马力）。船长 25.00 m，型宽 6.00 m，型深 2.70 m，平均吃水 1.50 m，自由航速 9~10 kn，每船作业人员 7 人。

（四）渔法

渔船到达渔场后，根据海况、渔场底质、天气情况及其他船生产情况等确定放网具体位置和拖曳方向。

1. 放网

放网前连接好网具各部位的纲索和网板，并将网具按顺序理顺叠好。根据风向和流向选择放网位置和拖曳方向，通常选择逆流或顺流放网拖曳。渔船选定拖曳方向后慢速前进，停车后将网囊放入水中，利用余速将网具全部带下水，观察网具张开是否正常，网具张开正常后，渔船慢速行进，同时依次松放空纲、手纲和网板，网板下水后停放曳纲，让网板正常张开，然后放曳纲至所需长度。通常曳纲放出长度为作业水深的 4~6 倍。

2. 曳网

曳纲放完后将长度固定，开始拖曳，为了避免网具相互纠缠，通常直行拖曳，曳行过程中不宜作急转向，若需转向应小舵角缓慢转向，拖曳过程中应注意网板扩张情况，拖速为 1.5~3.0 kn，拖曳 2~3 h 后开始起网。

3. 起网

起网时渔船减速，用绞机慢速收绞曳纲，待把网板绞上甲板后，用绞机把空纲、网翼和网身依次拖到船上，再利用吊杆将网囊吊上船尾甲板，解开囊底纲倒出渔获物。若继续放网，将囊底再次封扎，把网囊推入水中，重新放网。

（五）结语

该渔具是黄海北部近海捕捞底层鱼类的有效渔具，渔具成本低、作业灵活、操作简单。其最小网目尺寸 30 mm，主要捕捞底层虾类、蟹类、螺类、底层杂鱼等。

渔获物种类较多，主要捕捞对象不明显，对近海幼鱼资源有一定影响，最小网目尺寸应适当放大。根据中华人民共和国农业部通告〔2013〕1 号《农业部关于实施海洋捕捞准用渔具和过渡渔具最小网目尺寸制度的通告》之规定，单船有翼单囊拖网为过渡渔具，黄海作业最小网目（或网囊）尺寸为 54 mm，渤海禁止作业。该渔具的网囊网目尺寸为 30 mm，不符合过渡期的准用条件。

单船底拖网（辽宁　大连）

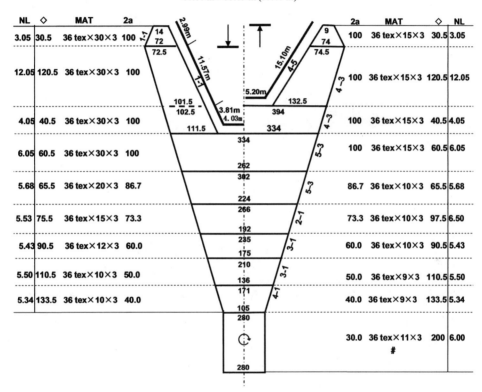

图 3-25　单船底拖网网衣展开图

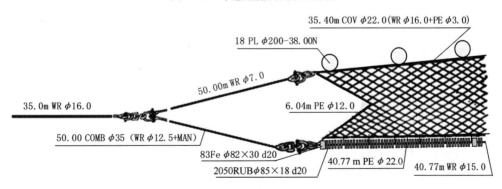

图 3-26　单船底拖网纲索结构示意图

133

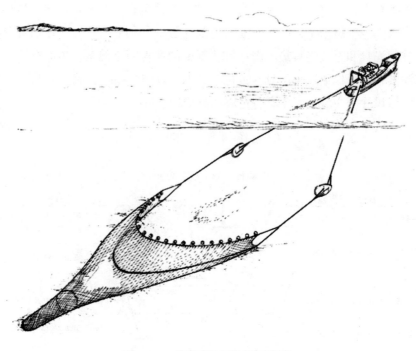

图 3-27　单船底拖网作业示意图

第二节　双船有翼单囊拖网

　　双船有翼单囊拖网俗称双拖网，通常由两艘渔船拖曳一顶具有一囊两翼的网具进行捕捞生产作业。作业时，两艘渔船保持一定的距离和拖速，使网口水平扩张，靠浮子和沉子实现网口垂直扩张。双船有翼单囊拖网在浅海、近海、远洋均可作业，按作业水层可分为表层拖网、中层拖网和底层拖网，网具结构主要由网翼、网盖、网身、网囊构成。黄渤海区的双船有翼单囊拖网主要分布在日照、青岛、威海、烟台、莱州、大连和丹东东港等沿海海域，以表层拖网和中层拖网作业方式为主，底层拖网作业方式自 20 世纪 90 年代以后被逐步淘汰。网具结构形式主要有两种：一种是网身为 4 片式结构，用机织网片按预定的剪裁斜率剪裁、缝合而成；另一种是网身为圆锥状结构，按预定的增减目形式以手工编织而成。作业海区主要在黄海海域，渤海禁止作业。

一、底拖网（山东　莱州）

　　底拖网属于双船式有翼单囊型拖网（01·ydn·T），俗称双拖网，主要分布于山东省莱州市和烟台市。该渔具网口周长 100.00 ~ 120.00 m，网具长度 70.00 ~

134

80.00 m，适宜于 135.98~147.00 kW（185~200 马力）的渔船作业。作业海区主要是黄海北部的山东近海水域，作业水深 50 m 以内。双船底层拖网作业，捕捞鲆鲽类、口虾蛄、头足类、梭子蟹、海螺及其他底层鱼类。可常年作业，日投网次数 4~6 网，每网作业时间 2~3 h，拖速 1.5~3.0 kn，网产量 200~600 kg。

下面以山东省莱州市 135.98 kW（约为 185 马力）渔船的底拖网为例作介绍。

（一）渔具结构

渔具主尺度：109.62 m×74.51 m（54.64 m）。

底拖网主要由网衣、纲索、属具组成。

1. 网衣

网衣部分主要由上燕尾、下燕尾、上网翼、下网翼、天井、网身、网囊构成。网身为网背、网腹两片式结构，各分 6 段网衣。全部网衣均用聚乙烯捻线编织，单线单死结，纵目使用。各部网衣结构如表 3-6 所示。

表 3-6　底拖网网衣材料

名称		段号	数量（片）	网线结构 tex×s×n	目大（mm）	宽度		长度		剪裁 斜率	网线 材料
						起目	终目	（目）	（m）		
燕尾	上	1	2	36tex×9×3	63	52	190	52.5	3.31	1-1、4-7	PE
	下	1	2	36tex×9×3	63	48	154	52.5	3.31	1-1、10-11	PE
网翼	上	1	2	36tex×9×3	63	190.5	425.5	250.5	15.85	5-4、4-7	PE
	下	1	2	36tex×9×3	63	154.5	229.5	250.5	15.85	5-4、10-11	PE
		2	2	36tex×9×3	63	230.5	286.5	160.5	10.15	5-4、10-11	PE
网盖		1	1	36tex×9×3	63	1170	930	160.5	10.15	4-3	PE
网身	网背	1	1	36tex×9×3	63	930	720	140.5	8.89	4-3	PE
		2	1	36tex×8×3	60	720	528	160.5	9.62	5-3	PE
		3	1	36tex×8×3	57	528	388	140.5	7.96	2-1	PE
		4	1	36tex×7×3	50	388	292	144.5	7.21	3-1	PE
		5	1	36tex×7×3	37	310	210	150.5	5.51	3-1	PE
		6	1	36tex×7×3	33	230	140	180.5	6.01	4-1	PE
	网腹	1	1	36tex×9×3	63	810	600	140.5	8.89	4-3	PE
		2	1	36tex×8×3	60	600	408	160.5	9.62	5-3	PE
		3	1	36tex×8×3	57	408	268	140.5	7.96	2-1	PE
		4	1	36tex×7×3	50	310	238	144.5	7.21	3-1	PE
		5	1	36tex×7×3	37	270	195	150.5	5.51	3-1	PE
		6	1	36tex×7×3	33	212	140	180.5	6.01	4-1	PE
网囊		1	1	36tex×7×3（双）	20	480	480	250	5.00	—	PE

2. 纲索

（1）上纲：由 1 条浮子纲构成。

浮子纲：6 股夹芯钢丝绳，直径 11.0 mm，净长 54.64 m，其中上网口中纲 9.00 m，两上网翼边纲各长 22.82 m。先涂黄油，再缠绕直径为 2.0 mm 的 PP 绳。两端另留出适当长度作眼环，数量 1 条。

（2）下纲：由 1 条下缘纲和 1 条沉子纲构成。

下缘纲：PE 复合捻绳，直径 10.0 mm，净长 65.60 m，其中下网口中纲 6.00 m，两下网翼边纲各长 29.80 m。两端另留出适当长度作眼环，数量 1 条；

沉子纲：6 股夹芯钢丝绳，直径 15.5 mm，先涂黄油，再缠绕塑料布条，然后缠绕旧网衣，净长 65.60 m，重 550.00 kg。分 3 段，其中下网口中纲 6.00 m，两下网翼边纲各长 29.80 m，各段纲索两端另留出适当长度作眼环。

（3）燕尾纲：PE 三股捻绳，直径 10.0 mm，净长 6.62 m，两端另留出适当长度作眼环，数量 2 条。

（4）网身力纲：6 股钢丝绳，直径 12.5 mm，外缠直径为 2.0 mmPE 绳，净长 49.84 m，两端留出适当长度作眼环，数量 2 条。

（5）网囊力纲：6 股钢丝绳，直径 12.5 mm，外缠直径为 2.0 mmPE 绳，净长 2.50 m，两端留出适当长度作眼环，数量 4 条。

（6）囊底纲：6 股钢丝绳，直径 12.5 mm，外缠直径 5.0 mmPE 三股捻绳，净长 2.00 m，两端另留出适当长度作眼环，数量 2 条。

（7）网囊束纲：6 股钢丝绳，直径 12.5 mm，净长 4.20 m，两端留出适当长度作眼环，数量 1 条。

（8）束纲引纲：PE 复合捻绳，直径 30.0 mm，净长 60.00 m，两端留出适当长度作眼环，数量 1 条。

（9）空纲：由上空纲和下空纲构成。

上空纲：夹芯钢丝绳，直径 11.0 mm，长 75.00 m，两端另留出适当长度作眼环，数量 2 条。

下空纲：3 股夹棕钢丝绳，直径 30.0 mm，长 75.00 m，两端另留出适当长度作眼环，数量 2 条。

（10）曳纲：钢丝绳，直径 16.0 mm，长 250.00 m，每对船 3 条。

3. 浮子、沉子及其他属具

（1）浮子：球形硬塑双耳浮子，直径 250.0 mm，每个净浮力 65 N，重 1.45 kg/个，耐压水深 150.00 m，数量 37 个。

（2）沉子：以沉子纲代替，作业时需带附加铁链 100.00～150.00 kg，调节沉子纲沉降力。

(二) 渔具装配

1. 网衣缝合

将上燕尾、上网袖、天井、网背各段网衣依次编缝连接；将下燕尾、下网袖前段、下网袖后段、网腹各段网衣依次编缝连接。然后把连接好的 2 片网衣重叠，使上网袖和下网袖前段、天井和下网袖后段、网背和网腹各段网衣的长度分别对齐，用 1.5 目绕缝的方式把 2 片网边缘缝合到一起，每个网目绕 2 次，每 3 目打 2 个丁香结固定。最后把网囊绕缝连接到网身的最末端。

2. 纲索装配

(1) 浮子纲装配：在长度 54.64 m 的浮子纲中部量取 9.00 m 作为上中纲，两端各取长度 22.82 m 作为上边纲。把天井前缘中部的网目均匀绕缝在上中纲上，每目绕 2 次，每 3 目打结固定，缩结系数 0.45。把两个上网翼内侧边分别均匀绕缝在上边纲上，每隔 100 mm 打 2 个丁香结固定，翼网斜边配纲系数 1.191。

(2) 下纲装配：

下缘纲装配：把长度 65.60 m 的下缘纲穿入下网翼内侧边和网腹前缘中部的网目内，纲索的中部取长度 6.00 m 作为下中纲，两端各取长度 29.80 m 作为下边纲。把网腹前缘中部的网目均匀绕缝在下中纲上，每目绕 2 次，每 3 目打结固定，缩结系数 0.40。把两个下网翼内侧边分别均匀绕缝在下边纲上，每隔 100 mm 打结固定，翼网斜边配纲系数 1.017。

沉子纲装配：按沉子纲各段长度量取钢丝绳共 3 段，下中纲 1 段、下边纲 2 段。各段两端另留出适当长度作眼环，涂黄油，缠绕塑料布条，然后缠绕旧网衣，每隔 300 mm 装吊环。按各段长度用 PE 捻绳分别把沉子纲上的各吊环扎结在下缘纲上，用卸扣把各段沉子纲连在一起。

(3) 燕尾纲装配：把燕尾纲穿入上、下燕尾外侧边缘的网目中，用网线均匀绕缝。在纲索两端作眼环，并分别与浮子纲、下纲两端扎结在一起。

(4) 网身力纲装配：2 条力纲分别连接在下中纲两端的卸扣上，沿网腹纵向直目绕缝于网腹的网衣上直到网囊末端结在囊底纲上。

(5) 囊底纲装配：囊底纲外缠直径 5.0 mm PE 绳，用 10.0 mm PE 绳作水扣，然后将网囊末端网目均匀绕缝在水扣上。

(6) 网囊力纲装配：将 4 条网囊力纲等距离分布于网囊两侧身网力纲之间，分别扎结在囊底纲上，沿网囊纵向直目绕缝于网囊网衣上。

(7) 网囊束纲装配：将束纲穿入 4 条网囊力纲前端的眼环中，在束纲的两端作眼环，用卸扣把两个眼环连接到一起，并连结束纲引纲。

（8）束纲引纲装配：把束纲引纲两端作眼环，前端连接在上中纲上，后端连接在网囊束纲的卸扣上。

3. 浮子装配

浮子共计 37 个，其中上中纲两端各装配 1 个，中间等距装配 3 个。计装配装 5 个浮子；两侧上边纲各等距离装配 16 个浮子。

（三）渔船

同型号钢质渔船 2 艘，主机功率 135.98 kW（约为 185 马力）。船长 30.60 m，型宽 5.40 m，型深 2.50 m，自由航速 7~10 kn，续航力 2~3 d，每船作业人员 5~10 人。

（四）渔法

渔船到达渔场后，根据海况、渔场底质、天气情况及其他船生产情况等确定放网具体位置和拖曳方向。

1. 放网准备

将网具的网身、网囊按下水先后次序折叠堆放于甲板后部，网囊置放于船尾滚筒附近，以便投入水中；连接与网具有关的纲索，拉直中沉纲并横于船尾滚筒边；理清空纲，上、下空纲的连接处锁入固定在舷柱上的弹钩内。

2. 放网

网船慢车前进，当船舶有一定的速度后停车。投网囊入水，借船舶的惯性将网具拖入水中，直至空纲下水、尾柱上的弹钩受力。此时所有的浮子浮出水面。带网船从右后方向网船靠拢，两船首对齐时，带网船将连接公用曳纲的撇缆抛给网船，并慢慢松放夹棕曳纲。网船接过公用曳纲后，将其端部与右空纲前端连接。驾驶人员发出放网命令后，后甲板人员打开左、右尾柱上的弹钩，放网船和带网船同时松放曳纲。

两船各向外偏转 45°，快车行驶松放曳纲。待最后一个曳纲连接卸克下水后，将船尾钢丝绳端的卸克套入正松放中的曳纲钢丝绳。当曳纲松放剩余 60.00~100.00 m 时，渔船恢复船首向至拖向并停车，依靠船的惯性松放剩余的曳纲。当船尾钢丝绳受力后，调节主机转入拖网转速，放网过程结束。

3. 拖曳

两船保持平行拖曳，两船间距 400.00~600.00 m，具体根据渔场中船数的多寡、捕捞对象和天气情况而定；拖曳时间 2~3 h；拖速 1.5~3.0 kn。

4. 起网

起网前 10 min 时，两船开始采用小舵角向内靠拢。当两船间距减至 20.00～25.00 m 时，平行拖曳几分钟，将网身中的渔获物冲入网囊。带网船将公用曳纲的引缆抛递给网船，网船将引缆收进，并将公用曳纲接入右绞纲机绳索滚筒，停车和绞收曳纲。此时带网船打开船尾钢丝绳弹钩，驶离起网船漂流等待。当曳纲绞收完毕，空纲前端到达甲板后部时，可慢车拖曳 1 min 左右，以冲刷空纲和沉子纲上的泥浆，然后停车继续绞收空纲。当网袖端到尾甲板时，采用设于船首两侧的导向滑轮和钢丝绳将网袖拉至两舷侧通道。随后抽出沉子纲中段的起吊钢丝绳引索，将沉子纲中段和网身第一段前部吊上甲板。并依次分段吊进网身。当网身末节和网囊出水后，采用吊桅高吊网身，开车和用舵使船首右转，将网囊从右舷吊进，并倒出渔获物。当渔获物过多时，可通过网囊束纲和网囊引纲分隔起吊。

（五）结语

双船底拖网是黄海北部捕捞底层鱼类的传统渔具，现在使用数量较少，20 世纪 80 年代以后，逐渐被单船有翼单囊底层拖网所代替。该渔具的底纲较重，网囊的网目尺寸 20 mm，主捕对象不明显，渔获物比较混杂，对近海的底栖生物和渔业资源有一定程度的损害。根据中华人民共和国农业部通告〔2013〕1 号《农业部关于实施海洋捕捞准用渔具和过渡渔具最小网目尺寸制度的通告》之规定，双船有翼单囊拖网为过渡渔具，黄海作业最小网目（或网囊）尺寸为 54 mm，渤海禁止作业。该渔具的网囊网目尺寸为 20 mm，不符合过渡期的准用条件。

底拖网（山东　莱州）

109.62 m×74.51 m (54.64 m)

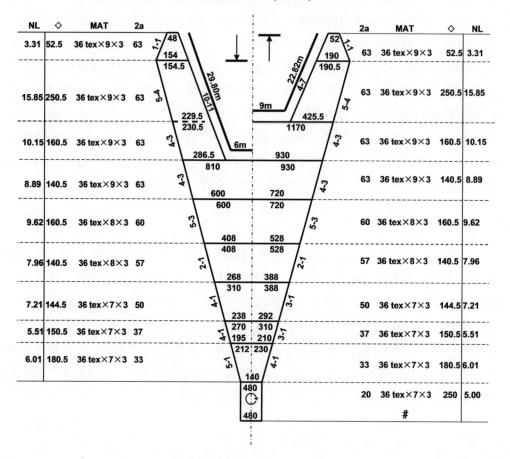

图 3-28　底拖网网衣展开图

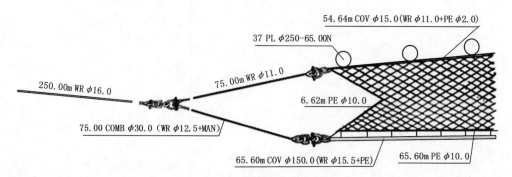

图 3-29　底拖网纲索结构示意图

140

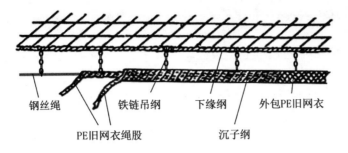

钢丝绳　　　　铁链吊纲　　　下缘纲　　　外包PE旧网衣

PE旧网衣绳股　　　　沉子纲

图 3-30　底拖网沉子纲结构示意图

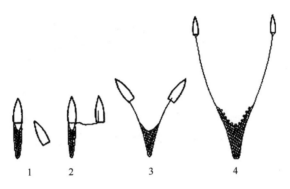

1　　　2　　　　3　　　　4

图 3-31　底拖网放网作业示意图

1-两船靠傍；2-带网船曳纲引至放网船；3-两船各
自向外行驶并放曳纲；4-曳纲松放完毕开始拖曳

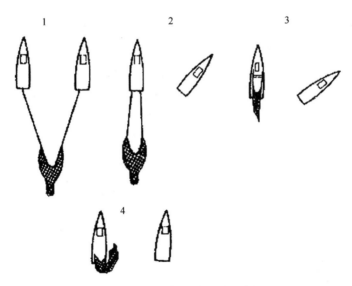

1　　　　　　2　　　　　　3

4

图 3-32　底拖网起网作业示意图

1-两船靠拢准备起网；2-绞收曳纲；3-拉进网袖；4.起吊网囊

141

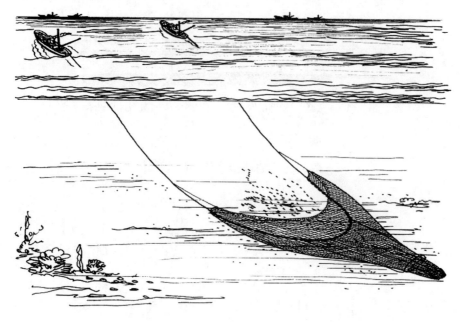

图 3-33　底拖网作业示意图

二、6 m 大目底拖网（山东　石岛）

6 m 大目底拖网属于双船式有翼单囊型拖网（01·ydn·T），俗称双拖网或双船底拖网，主要分布于山东省荣成市沿海水域。该渔具网口周长 468.00 m，网具长度 159.75 m，适宜于 441.0 kW（约为 600 马力）的渔船作业。作业海区主要为黄海中北部水域，作业水深 70 m 以内。双船底层拖网作业，主捕底层或近底层鱼类。可常年作业，日投网次数 4~6 网，每网作业时间 2~4 h，拖速 1.5~4.0 kn，网产量 1 000~5 000 kg。

下面以山东省荣成市石岛区主机功率 441.00 kW（约为 600 马力）渔船的 6 m 大目底拖网为例作介绍。

（一）渔具结构

渔具主尺度：468.00 m×159.75 m（105.90 m）。

主要由网衣、纲索、属具组成。

1. 网衣

网衣部分主要由上网翼、下网翼、网盖、网身、网囊、网包构成。上下网翼、网盖由手工一体编织而成，网身部分按其网目尺寸和网衣规格分为 8 节，每节网衣分若干段，共分 61 段。整个网衣均用聚乙烯捻线编织，单线死结，纵目使用。各部网衣结构如表 3-7 所示。

142

表 3-7 6 m 大目底拖网网衣材料

名称		段号	数量（片）	网线结构 tex×s×n	目大（mm）	宽度 起目	宽度 终目	长度（目）	长度（m）	网线材料
网翼	上	1	2	36tex×200×3	6 000	1	16	7.0	42.0	PE
	下	1	2	36tex×200×3	6000	1	17	9.0	54.0	PE
网盖		1	1	36tex×200×3	6 000	42	42	2.0	12.0	PE
网身 1 节		1	1	36tex×200×3	6 000	78	78	0.5	3.00	PE
		2	1	36tex×200×3	6 000	78	78	0.5	3.00	PE
		3	1	36tex×190×3	5 700	78	78	0.5	2.85	PE
		4	1	36tex×170×3	4 940	87	87	0.5	2.47	PE
		5	1	36tex×170×3	4 860	87	87	0.5	2.43	PE
		6	1	36tex×160×3	4 700	87	87	0.5	2.35	PE
		7	1	36tex×150×3	4 140	96	96	1.0	4.14	PE
		8	1	36tex×140×3	3 960	96	96	0.5	1.98	PE
		9	1	36tex×140×3	3 560	105	105	0.5	1.78	PE
网身 2 节		10	1	36tex×140×3	3 440	105	105	1.0	3.44	PE
		11	1	36tex×130×3	3 340	105	105	0.5	1.67	PE
		12	1	36tex×120×3	2 860	119	119	1.0	2.86	PE
		13	1	36tex×110×3	2 760	119	119	0.5	1.38	PE
		14	1	36tex×100×3	2 400	133	133	1.0	2.40	PE
		15	1	36tex×90×3	2 320	133	133	0.5	1.16	PE
		16	1	36tex×90×3	2 060	148	148	1.0	2.06	PE
		17	1	36tex×80×3	1 980	148	148	0.5	0.99	PE
		18	1	36tex×80×3	1 760	163	163	0.5	0.88	PE
		19	1	36tex×80×3	1 720	163	163	0.5	0.85	PE
网身 3 节		20	1	36tex×80×3	1 660	163	163	0.5	0.83	PE
		21	1	36tex×70×3	1 600	163	163	1.0	1.60	PE
		22	1	36tex×60×3	1 160	215	215	2.0	2.32	PE
		23	1	36tex×50×3	1 100	215	215	1.5	1.65	PE
		24	1	36tex×50×3	860	267	267	2.0	1.72	PE
		25	1	36tex×45×3	830	267	267	1.5	1.25	PE
		26	1	36tex×45×3	660	319	319	2.0	1.32	PE
		27	1	36tex×40×3	630	319	319	1.5	0.95	PE
		28	1	36tex×35×3	530	371	371	1.0	0.53	PE
		29	1	36tex×30×3	500	371	371	1.5	0.75	PE
		30	1	36tex×28×3	420	423	423	4.5	1.89	PE
		31	1	36tex×25×3	330	475	475	4.5	1.49	PE
		32	1	36tex×25×3	283	527	527	4.5	1.27	PE

名称	段号	数量（片）	网线结构 tex×s×n	目大（mm）	宽度 起目	宽度 终目	长度（目）	长度（m）	网线材料
网身4节	33	1	36tex×22×3	283	527	527	7.5	2.12	PE
	34	1	36tex×22×3	240	579	579	7.5	1.80	PE
	35	1	36tex×20×3	203	631	631	9.5	1.93	PE
	36	1	36tex×20×3	173	683	683	9.5	1.64	PE
	37	1	36tex×20×3	150	735	735	11.5	1.73	PE
	38	1	36tex×18×3	126	787	787	11.5	1.45	PE
	39	1	36tex×18×3	106	839	839	15.5	1.64	PE
	40	1	36tex×18×3	90	891	891	15.5	1.40	PE
网身5节	41	1	36tex×18×3	85	891	891	24.5	2.08	PE
	42	1	36tex×18×3	80	853	853	24.5	1.96	PE
	43	1	36tex×18×3	73	815	815	24.5	1.79	PE
	44	1	36tex×18×3	67	777	777	24.5	1.64	PE
网身6节	45	1	36tex×18×3	63	777	777	26.5	1.67	PE
	46	1	36tex×18×3	60	742	742	26.5	1.59	PE
	47	1	36tex×18×3	57	707	707	26.5	1.51	PE
	48	1	36tex×18×3	57	672	672	26.5	1.51	PE
	49	1	36tex×18×3	55	637	637	26.5	1.46	PE
网身7节	50	1	36tex×20×3	53	637	637	32.5	1.72	PE
	51	1	36tex×20×3	50	602	602	32.5	1.63	PE
	52	1	36tex×20×3	47	567	567	32.5	1.53	PE
	53	1	36tex×20×3	47	532	532	32.5	1.53	PE
	54	1	36tex×20×3	47	497	497	32.5	1.53	PE
网身8节	55	1	36tex×20×3	43	497	497	40.5	1.74	PE
	56	1	36tex×20×3	43	469	469	40.5	1.74	PE
	57	1	36tex×20×3	40	441	441	40.5	1.62	PE
	58	1	36tex×20×3	40	413	413	40.5	1.62	PE
	59	1	36tex×20×3	40	385	385	40.5	1.62	PE
	60	1	36tex×20×3	40	357	357	40.5	1.62	PE
	61	1	36tex×20×3	40	329	329	40.5	1.62	PE
网囊	1	1	36tex×18×3#	40	329	329	625	25.0	PE
网包	1	1	Ø6.0~Ø8.0	250	60	60	14	3.50	PE

2. 纲索

（1）上纲：由 1 条浮子纲和 1 条辅纲构成。

浮子纲：6 股聚丙烯裂膜夹芯钢丝绳，直径 28.0 mm，净长 105.90 m，两端另留出适当长度作眼环，数量 1 条；其中上网口中纲 18.36 m，两上网翼边纲各长 43.77 m。

辅纲：材料、规格、长度与浮子纲相同。

（2）下纲：由 1 条下缘纲和 1 条沉子纲构成。

下缘纲：PE 三股捻绳，直径 25.0 mm，净长 127.20 m，两端另留出适当长度作眼环，数量 1 条；其中下网口中纲 17.28 m，两下网翼边纲各长 54.96 m。

沉子纲：直径 22.0 mm 铁链，作沉子使用。总长度 127.20 m，重 1 274.6 kg，各段长度与下缘纲相同。

（3）燕尾纲：3 股 PE 绳，直径 20.0 mm，净长 43.80 m，对折使用，两端另留出适当长度作眼环，数量 2 条。

（4）网身力纲：PE 三股捻绳，直径 26.0 mm，净长 130.75 m，两端留适当长度作眼环，数量 2 条。

（5）网囊力纲：PE 三股捻绳，直径 30.0 mm，净长 3.50 m，两端留适当长度作眼环，数量 4 条。

（6）网囊束纲：6 股钢丝绳，直径 20.0 mm，净长 4.50 m，两端留出适当长度作眼环，数量 1 条。

（7）束纲引纲：PE 三股捻绳，直径 50.0 mm，净长 70.00 m，两端留出适当长度作眼环，数量 1 条。（至 4 节前）

（8）囊底纲：6 股钢丝绳，直径 15.0 mm，净长 2.00 m，两端另留出适当长度作眼环，数量 2 条。

（9）空纲：由上空纲和下空纲构成。

上空纲：6 股聚丙烯裂膜包芯钢丝绳，直径 30.0 mm，长 100.00~120.00 m，两端另留出适当长度作眼环，数量 2 条。

下空纲：3 股聚丙烯裂膜夹芯钢丝绳，直径 40.0 mm，长 100.00~120.00 m，两端另留出适当长度作眼环，数量 2 条。

（10）曳纲：钢丝绳，直径 20.0 mm，长 350.00~400.00 m，每对船 3 条。

3. 浮子、沉子及其他属具

（1）浮子：球形硬塑四耳浮子，直径 280.0 mm，每个净浮力 98 N，耐压水深 150.00 m，数量 70 个。

（2）沉子：以沉子纲代替，另备 100 kg 铁链调整网具使用。

（二）渔具装配

1. 网衣编织与缝合

（1）网头：网头包括燕尾、上下网袖、网盖和网身第 1 节网衣，4 部分一起用手工编织。按各段网衣长、宽目数和网目尺寸要求，从网身第 1 节第 9 段开始起编，至第 1 段。接网身第 1 段网衣前缘编织网盖、上、下网袖和燕尾。上网袖侧边以 3（1B1T）（2B1T9B）形式减目编结至上燕尾前端，下网袖侧边以 3（1B1T）（2B1T13B）形式减目编结至下燕尾前端，燕尾侧边以（1T7B）形式减目编结至前端。再将网身第 1 节网衣两侧纵向编缝缝合成筒状，网头即形成。

（2）网身：网身第 2 节至第 8 节网衣，依次按各节每段网衣的规格要求分别编织，纵向编缝缝合成筒状。然后，用不同颜色网线把第 1 节至第 8 节网衣按顺序编缝缝合连接。

（3）网囊：侧边以编缝形式缝合成筒状。将网囊与网身第 8 节末端绕缝连结。

（4）网包：侧边以编缝形式缝合成筒状。将网囊套入网包内、纵向拉直，网囊和网包末端对齐均匀绕缝到一起，网包的前端绕缝到网囊网衣上。

2. 纲索装配

（1）上纲装配

浮子纲：浮子纲净长 105.90 m 。每侧上边纲长度 43.77 m ，分 3 段装配，第 1 段从燕尾前端至第 1 宕，长度 26.73 m，翼网斜边配纲系数 0.99；第 2 段从第 1 宕至第 2 宕，长度 6.24 m，翼网斜边配纲系数 1.04；第 3 段从第 2 宕至上口门网角，长度 10.80 m，翼网斜边配纲系数 1.20；将各段上边纲均匀装配于上网袖侧边。上中纲长度 18.36 m，网衣缩结系数 0.34，将上口门的 10 个宕均匀装配于上中纲上。

辅纲：各段长度与浮子纲相同。用卸克把辅纲两端分别与浮子纲两端连接，其他部分用于结缚浮子。

（2）下纲装配

下缘纲：下缘纲净长 127.20 m。每侧下边纲长度 54.96 m，分 3 段装配，第 1 段从燕尾前端至第 1 宕，长度 38.22 m，翼网斜边配纲系数 0.98；第 2 段从第 1 宕至第 2 宕，长度 6.12 m，翼网斜边配纲系数 1.02；第 3 段从第 2 宕至下口门网角，长度 10.62 m，翼网斜边配纲系数 1.18。将各段下缘纲均匀装配于下网袖侧边。下中纲长度 17.28 m，网衣缩结系数 0.32，将下口门的 10 个宕均匀装配于下中纲上。

沉子纲：沉子纲材料为铁链，作为沉子使用。总长度及各段长度与下缘纲相同。按各段长度用网线直接把沉子纲装配在下缘纲上，用卸克把沉子纲和下缘纲两端分别连接一起。

（3）燕尾纲：净长 43.80 m，对折使用。上、下燕尾纲长度均为 21.90 m，分 1 段装配。从燕尾最前端至最后 1 宕，翼网斜边配纲系数 1.04；将纲索均匀装配于燕尾两侧边缘。用卸克把两端眼环分别连接到上、下纲两端的眼环上。

（4）网身力纲：2 条力纲的一端分别用卸克连接到下中纲两端的铁链上，沿网腹纵向绕缝于网腹的网衣上直到网囊末端，扎结于囊底纲上。

（5）囊底纲：囊底纲 2 条，外缠直径 15.0 mm PE 绳，用直径 25.0 mm PE 绳在囊底纲上作水扣，然后将网囊背、腹末端网目分别均匀扎结在 2 条纲的水扣上。用卸克把囊底纲两端眼环分别连接。

（6）网囊力纲：将 4 条网囊力纲等距离分布于网囊两侧身网力纲之间，沿网囊纵向直目绕缝于网衣上，末端扎结于囊底纲上。

（7）束纲：将束纲穿入 4 条网囊力纲前端的眼环中，用卸扣把束纲两端眼环连接到一起，并连结束纲引纲。

（8）束纲引纲：把束纲引纲两端作眼环，前端连接在网身第 4 节网衣前端的力纲上，后端用卸扣连接在束纲两端的眼环上。

3. 浮子装配

直径 280.0 mm 球形硬塑四耳浮子，共 70 个。上中纲装配 18 个，两端各装 1 个，其余等距离装配；每侧边纲装配 26 个，网袖前端装配 1 个，其余等距离装配。浮子装配时，每个浮子其中两耳结缚在浮子纲上，另两耳结缚于辅纲上。

（三）渔船

同型号钢质渔船 2 艘，主机功率 441.00 kW（约为 600 马力）。船长 36.00 m，型宽 7.10 m，型深 3.20 m，平均吃水 2.50 m，自由航速 10~12 kn。每船作业人员 7~10 人。

（四）渔法

渔法分放网准备、放网、拖曳、起网 4 个过程。

1. 放网准备

渔船到达渔场后，根据海况、渔场底质、天气情况及其他船生产情况等确定放网具体位置和拖曳方向。将网具按下水先后次序折叠堆放于甲板后部，网囊置放于船尾滚筒附近，以便投入水中；连接与网具有关的纲索，理清空纲，把上、下空纲的连接处锁入固定在舷柱上的弹钩内。

2. 放网

网船慢车前进，当船舶有一定的速度后停车。投网囊入水，借船舶的惯性将网具拖入水中，直至空纲下水尾柱上的弹钩受力。此时所有的浮子浮出水面。带网船从右后方向网船靠拢，两船首对齐时，带网船将连接公用曳纲的撇缆抛给网船，并慢慢松放夹棕曳纲。网船接过公用曳纲后，将其端部与右空纲前端连接。驾驶人员发出放网命令后，后甲板人员打开左、右尾柱上的弹钩，放网船和带网船同时松放曳纲。两船各向外偏转45°，快车行驶松放曳纲。待最后一个曳纲连接卸克下水后，将船尾钢丝绳端的卸克套入正松放中的曳纲钢丝绳。当曳纲松放剩余 60.00 ~ 100.00 m 时，渔船船首恢复至拖网方向并停车，依靠船的惯性松放剩余的曳纲。当船尾钢丝绳受力后，调节主机转入拖网转速，放网过程结束。

3. 拖曳

两船保持平行拖曳，两船间距 400.00~600.00 m，具体根据渔场中船数的多寡、捕捞对象和天气情况而定；拖曳时间 3~4 h；拖速 3.0~5.0 kn。

4. 起网

起网前 10 min 两船开始采用小舵角向内靠拢。当两船间距减至 20~25 m 时，平行拖曳几分钟，将网身中的渔获物冲入网囊。带网船将公用曳纲的引缆抛递给网船，网船将引缆收进，并将公用曳纲接入右绞纲机绳索滚筒，停车和绞收曳纲。此时带网船打开船尾钢丝绳弹钩，驶离起网船漂流等待。当曳纲绞收完毕，空纲前端到达甲板后部时，可慢车拖曳 1 min 左右，以冲刷空纲和沉子纲上的泥浆，然后停车继续绞收空纲。当网袖端到尾甲板时，采用设于船首两侧的导向滑轮和钢丝绳将网袖拉至两舷侧通道。随后将浮、沉子纲中段和网身第 1 段前部吊上甲板，依次分段吊进网身并折叠放好，当网身末节和网囊出水后，将网囊吊进甲板，倒出渔获物。当渔获物过多时，可通过网囊束纲和网囊引纲分隔起吊。

（五）结语

该渔具是在过去的双船底拖网渔具基础上进行改进的新型渔具，网具主尺度大、前部网目尺寸达 6.00 m，作业时网口高度大、滤水性好、阻力小，是黄海中北部捕捞底层鱼类和近底层鱼类的有效渔具。根据中华人民共和国农业部通告〔2013〕1 号《农业部关于实施海洋捕捞准用渔具和过渡渔具最小网目尺寸制度的通告》之规定，双船有翼单囊拖网为过渡渔具，黄海作业最小网目（或网囊）尺寸为 54 mm，渤海禁止作业。该渔具的网囊网目尺寸为 40 mm，是目前黄海拖网类渔具中网囊网目尺寸较大的一种渔具，但仍不符合过渡期的准用条件。

6 m 大目底拖网（山东　石岛）

468.00 m×159.75 m (105.90 m)

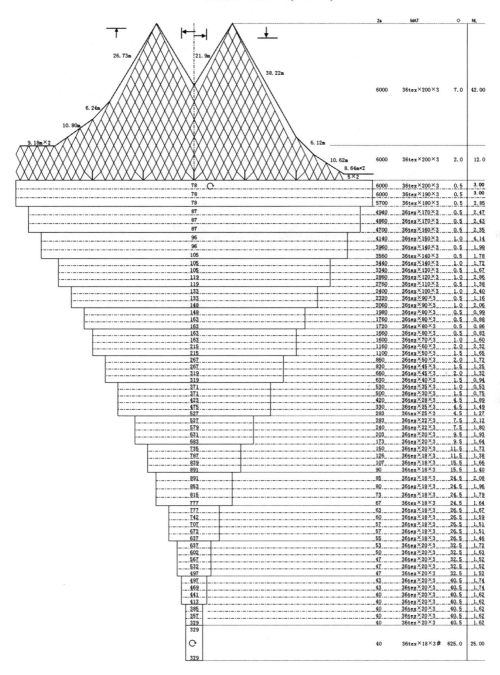

图 3-34　6 m 大目底拖网网衣展开图

149

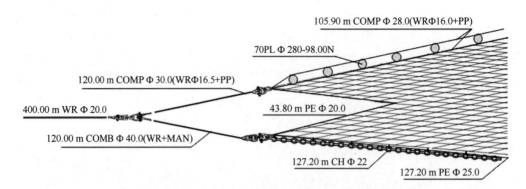

105.90 m COMP Φ 28.0(WRΦ16.0+PP)

70PL Φ 280-98.00N

120.00 m COMP Φ 30.0(WRΦ16.5+PP)

400.00 m WR Φ 20.0

43.80 m PE Φ 20.0

120.00 m COMB Φ 40.0(WR+MAN)

127.20 m CH Φ 22

127.20 m PE Φ 25.0

图 3-35　6 m 大目底拖网纲索结构示意图

图 3-36　6 m 大目底拖网浮子装配照片

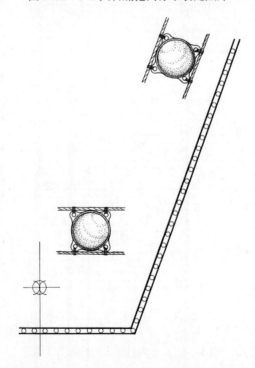

图 3-37　6 m 大目底拖网浮子装配示意图

150

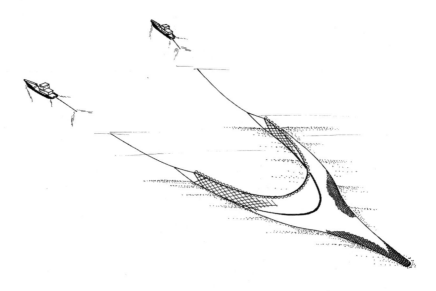

图 3-38　6 m 大目双船底拖网作业示意图

三、马布鱼浮拖网（山东　石岛）

马布鱼浮拖网属于双船式有翼单囊型表层拖网（01·ydn·T），俗称浮拖网或漂网，分布于山东省的威海市、烟台市、青岛市，以及辽宁省的丹东市和大连市沿海海域。该渔具网口周长 468.00~510.00 m，网具长度 159.75~180.50 m，适宜于330.75~396.90 kW（450~540 马力）的渔船作业。作业渔场主要在黄海，双船表层拖网作业，主捕马布鱼（沙氏下鱵鱼 *Hyporhamphus sajori* Temminck et Schlegle）。作业时浮子纲浮于水面，也可根据捕捞对象所处水层，调整浮沉比和曳纲长度，使网具作业于不同水层。渔期 9—11 月。日投网次数 5~8 网，每网拖曳时间 3~4 h，拖速 3.0~5.0 kn，网产量 1000~1 500 kg，最高网产达 4 500 kg。

下面以山东省荣成市石岛区主机功率 330.75 kW（约为 450 马力）渔船的马布鱼浮拖网为例作介绍。

（一）渔具结构

渔具主尺度：106.60 m×86.80 m（81.02 m）。

主要由网衣、纲索、属具组成。

1. 网衣

网衣部分主要由燕尾、上网翼、下网翼、网盖、网身、网囊、网包构成。网身为网背、网腹 2 片式结构，各分 6 段网衣。网盖位于网口下方、网腹第 1 节网衣前端。整个网衣均用聚乙烯捻线编织，单线死结，纵目使用。各部网衣结构如表 3-8

所示。

表3-8 马布鱼浮拖网网衣材料

名称		段号	数量	材料	网线规格 tex×s×n	目大 (mm)	宽度 起目	宽度 终目	长度 (目)	长度 (m)	剪裁 斜率
燕尾	上	1	2	PE	36tex×6×3	53.3	1	147	85.5	4.56	1-1, 6-5
	下	1	2	PE	36tex×6×3	53.3	1	187	85.5	4.56	7-9, 1-1
网翼	上	1	2	PE	36tex×6×3	53.3	147	252	420.5	22.41	4-3, 1-1
		2	2	PE	36tex×6×3	53.3	252	292	160.5	8.55	4-3, 1-1
	下	1	2	PE	36tex×6×3	53.5	187	412	420.5	22.41	4-3, 7-9
网盖		1	1	PE	36tex×6×3	53.3	1240	1000	160.5	8.55	4-3
网身	网背	1	1	PE	36tex×7×3	53.3	1000	720	180.5	9.62	9-7
		2	1	PE	36tex×7×3	46	720	560	120.5	5.54	3-2
		3	1	PE	36tex×7×3	40	560	440	150.5	6.02	5-2
		4	1	PE	36tex×7×3	36	440	360	160.5	5.78	4-1
		5	1	PE	36tex×7×3	32	360	260	200.5	6.42	4-1
		6	1	PE	36tex×7×3	28	260	260	210.5	5.90	—
	网腹	1	1	PE	36tex×7×3	53.3	1000	720	180.5	9.62	9-7
		2	1	PE	36tex×7×3	46	720	560	120.5	5.54	3-2
		3	1	PE	36tex×7×3	40	560	440	150.5	6.02	5-2
		4	1	PE	36tex×7×3	36	440	360	160.5	5.78	4-1
		5	1	PE	36tex×7×3	32	360	260	200.5	6.42	4-1
		6	1	PE	36tex×7×3	28	260	260	210.5	5.90	—
网囊		1	1	PE	36tex×6×3#	24	700	700	500.0	12.00	—
网包		1	1	PE	36tex×180×3	200	140	140	40	8.00	

2. 纲索

（1）上纲：由1条浮子纲和1条上缘纲构成。

浮子纲：3股PE绳，直径15.0~18.0 mm，净长90.00 m，两端另留出适当长度作眼环，数量1条，穿结浮子使用。

上缘纲：3股PE绳，直径25.0~30.0 mm，净长81.02 m，两端另留出适当长度作眼环，数量1条；其中上网口中纲9.98 m，两上网翼边纲各长35.52 m。

（2）下纲：由1条下缘纲和1条沉子纲构成。

下缘纲：PE三股捻绳，直径25.0 mm，净长66.56 m，两端另留出适当长度作眼环，数量1条；其中下网口中纲9.98 m，两下网翼边纲各长28.29 m。

沉子纲：铁链，作沉子使用。总长度66.56 m，重500.00~550.00 kg。各段长度与下缘纲相同。

（3）燕尾纲：3 股 PE 绳，直径 15.0 mm，净长 9.60 m，对折使用，两端另留出适当长度作眼环，数量 2 条。

（4）网身力纲：PE 三股捻绳，直径 26.0 mm，净长 59.83 m，两端留适当长度作眼环，数量 2 条。

（5）网囊力纲：PE 三股捻绳，直径 30.0 mm，净长 3.00 m，两端留适当长度作眼环，数量 4 条。

（6）网囊束纲：6 股钢丝绳，直径 15.0 mm，净长 5.80 m，两端留出适当长度作眼环，数量 1 条。

（7）束纲引纲：PE 三股捻绳，直径 40.0 mm，净长 22.00 m，两端留出适当长度作眼环，数量 1 条。

（8）囊底纲：6 股钢丝绳，直径 9.0 mm，长 15.00 m，两端另留出适当长度作眼环，数量 2 条。

（9）空纲：由上空纲和下空纲构成。

上空纲：钢丝绳，直径 15.0 mm，长 50.00 m，两端另留出适当长度作眼环，数量 2 条。

下空纲：钢丝绳，直径 15.0 mm，长 50.00 m，两端另留出适当长度作眼环，数量 2 条。

（10）曳纲：钢丝绳，直径 18.0 mm，长 200.00 m，每对船 3 条。

3. 浮子、沉子及其他属具

（1）浮子：圆柱形泡沫浮子，直径 100.0 mm，内径 40.0 mm，长 200.0 mm，每个净浮力 26.5 N，数量 210 个。

（2）沉子：铁链，总长度 66.56 m，重 500.00～550.00 kg。每船另备 40.00～50.00 kg 铁链，供调节浮沉比时使用。

（二）渔具装配

1. 网衣缝合

将上燕尾、上网袖前段、上网袖后段、网背各段网衣依次编缝连接；再将下燕尾、下网袖、网盖、网腹各段网衣依次编缝连接。然后把连接好的 2 片网衣重叠，使上网袖和下网袖前段、天井和下网袖后段、网背和网腹各段网衣的长度分别对齐，用 1.5 目绕缝的方式把 2 片网边缘缝合到一起，每个网目绕 2 次，每 3 目打 2 个丁香结固定。最后把网囊绕缝连接到网身的最末端。将网囊套入网包内，纵向拉直，网囊和网包末端对齐均匀绕缝到一起，将网包纵向拉直、前端绕缝到网囊网衣上。

2. 纲索装配

（1）上纲装配

上缘纲：将上缘纲穿入上网袖内缘和上网口前缘的网目中。两端上边纲各取长度 35.52 m，翼网斜边配纲系数 1.00。中部上中纲取长 9.98 m，网衣缩结系数 0.45。把两个上网翼内侧边网衣分别绕缝在上边纲上，每隔 100 mm 打 2 个丁香结固定。把上网口前缘中部的网目均匀绕缝在上中纲上，每目绕 2 次，每 3 目打 2 个丁香结固定。

浮子纲：将浮子穿入浮子纲，一起装配到上缘纲上。

（2）下纲装配

下缘纲：将下缘纲穿入下网袖内缘和网盖前缘的网目中。两端下边纲各取长度 28.29 m，翼网斜边配纲系数 1.05。

中部下中纲取长 9.98 m，网衣缩结系数 0.45。把两个下网翼内侧边网衣分别绕缝在上边纲上，每隔 100 mm 打 2 个丁香结固定。把网盖前缘中部的网目均匀绕缝在上中纲上，每目绕 2 次，每 3 目打 2 个丁香结固定。

沉子纲：沉子纲的下边纲和下中纲分别与下缘纲的各段长度等长。按各段长度用网线把下缘纲和沉子纲扎结到一起，每隔 200 mm 扎结一道。用卸克把沉子纲和下缘纲两端分别连接一起。

（3）燕尾纲：将燕尾纲对折，穿入燕尾两侧边缘网目，把网目均匀绕缝装配于纲索上。用卸克把两端眼环分别连接到上、下纲两端的眼环上。

（4）网身力纲：2 条力纲分别用卸克连接到下中纲两端的铁链上，沿网腹纵向直目绕缝于网腹的网衣上直到网囊末端，扎结于囊底纲上。

（5）囊底纲：囊底纲 2 条，外缠直径 10.0 mm PE 绳，用 25.0 mm PE 绳在纲上作水扣，然后将网囊背、腹末端网目分别均匀扎结在 2 条纲的水扣上。用卸克把囊底纲两端眼环分别连接。

（6）网囊力纲：将 4 条网囊力纲等距离分布于网囊两侧身网力纲之间，沿网囊纵向直目绕缝于网衣上，末端扎结于囊底纲上。

（7）束纲：将束纲穿入 4 条网囊力纲前端的眼环中，用卸扣把束纲两端眼环连接到一起，并连结束纲引纲。

（8）束纲引纲：把束纲引纲两端作眼环，前端连接在网身第 3 节网衣前端的力纲上，后端用卸扣连接在束纲两端的眼环上。

3. 浮子装配

把 210 个浮子穿入浮子纲，并均匀分布，浮子纲的上边纲和上中纲分别与上缘纲的各段长度等长。按各段长度用网线把上缘纲和浮子纲扎结到一起，每两个浮子之间扎结一道。用卸克把浮子纲和上缘纲两端分别连接一起。

（三）渔船

同型号钢质渔船2艘，主机功率330.75 kW（约为450马力）。船长31.00 m，型宽6.50 m，型深2.70 m，平均吃水1.80 m，自由航速9~10 kn，每船作业人员7~10人。

（四）渔法

渔法分放网准备、放网、拖曳、起网4个过程。

1. 放网准备

渔船到达渔场后，根据海况、渔场底质、天气情况及其他船生产情况等确定放网具体位置和拖曳方向。将网具按下水先后次序折叠堆放于甲板后部，网囊置放于船尾滚筒附近，以便投入水中；连接与网具有关的纲索，理清空纲，把上、下空纲的连接处锁入固定在舷柱上的弹钩内。

2. 放网

网船慢车前进，当船舶有一定的速度后停车。投网囊入水，借船舶的惯性将网具拖入水中，直至空纲下水尾柱上的弹钩受力。此时所有的浮子浮出水面。带网船从右后方向网船靠拢，两船首对齐时，带网船将连接公用曳纲的撇缆抛给网船，并慢慢松放夹棕曳纲。网船接过公用曳纲后，将其端部与右空纲前端连接。驾驶人员发出放网命令后，后甲板人员打开左、右尾柱上的弹钩，放网船和带网船同时松放曳纲。两船各向外偏转45°，快车行驶松放曳纲。待最后一个曳纲连接卸克下水后，将船尾钢丝绳端的卸克套入正松放中的曳纲钢丝绳。当曳纲松放剩余60~100 m时，渔船船首恢复至拖网方向并停车，依靠船的惯性松放剩余的曳纲。当船尾钢丝绳受力后，调节主机转入拖网转速，放网过程结束。

3. 拖曳

两船保持平行拖曳，两船间距400~600 m，具体根据渔场中船数的多寡、捕捞对象和天气情况而定；拖曳时间3~4 h；拖速3.0~5.0 kn。

4. 起网

起网前10 min时，两船开始采用小舵角向内靠拢。当两船间距减至20~25 m时，平行拖曳几分钟，将网身中的渔获物冲入网囊。带网船将公用曳纲的引缆抛递给网船，网船将引缆收进，并将公用曳纲接入右绞纲机绳索滚筒，停车和绞收曳纲。此时带网船打开船尾钢丝绳弹钩，驶离起网船漂流等待。当曳纲绞收完毕，空纲前端到达甲板后部时，可慢车拖曳1 min左右，以冲刷空纲和沉子纲上的泥浆，然后停车继续绞收空纲。当网袖端到尾甲板时，采用设于船首两侧的导向滑轮和钢丝绳将网袖拉至两舷侧通道。随后将浮、沉子纲中段和网身第1段前部吊上甲板，依次分段吊进网身并折叠放好，当网身末节和网囊出水后，将网囊吊进甲板，倒出渔获物。当渔获物过多时，可通过网囊束纲和网囊引纲分隔起吊。

（五）结语

马布鱼浮拖网是黄海水域中上层捕捞作业的渔具，主要捕捞颚针鱼、小鳞鱵等小型上层鱼类。其将网盖装配于网口下方，以防止渔获物从网口前部下潜逃逸。作业时采取调整曳纲长度、网档大小和拖速控制网位。根据中华人民共和国农业部通告〔2013〕1号《农业部关于实施海洋捕捞准用渔具和过渡渔具最小网目尺寸制度的通告》之规定，双船有翼单囊拖网为过渡渔具，黄海作业最小网目（或网囊）尺寸为54 mm，渤海禁止作业。该渔具的网囊网目尺寸为24 mm，不符合过渡期的准用条件。

马布鱼浮拖网（山东　石岛）

106.6 m×86.80 m (81.02 m)

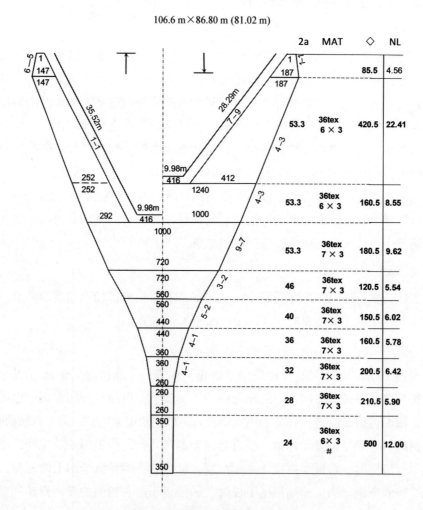

图 3-39　马布鱼浮拖网网衣展开图

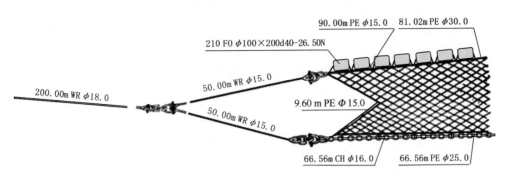

图 3-40   马布鱼浮拖网纲索结构示意图

图 3-41   马布鱼浮拖网作业示意图

四、10 m大目鲅鱼拖网（辽宁 丹东）

10 m大目鲅鱼拖网属双船式有翼单囊型中层拖网（01·ydn·T），俗称鲅鱼拖网、双拖网、大目拖网、浮拖网等，主要分布于山东省的威海、辽宁省的丹东和大连等沿海水域。该渔具网口周长 540.00~620.00 m，网具长度 168.14~193.50 m，适宜于 257.25~294.00 kW（350~400 马力）的渔船作业，作业海区主要为黄海中南部水域（38°N以南）。双船变水层拖网作业，可通过调整浮沉比和曳纲长度，使网具拖曳于不同水层，也可表层拖曳，捕捞鲅鱼、鲐鱼、鱿鱼等中上层鱼类。渔期 9—10 月。日投网次数 5~8 网，每网作业时间 3~4 h，拖速 3~5 kn，网产量 4 000~5 000 kg。

下面以辽宁省丹东市东港区 257.25 kW（350 马力）渔船的 10 m大目鲅鱼拖网为例作介绍。

（一）渔具结构

渔具主尺度：540.00 m×168.14 m（125.40 m）。
主要由网衣、纲索、属具组成。

1. 网衣

网衣部分主要由上网翼、下网翼、网身、网囊、网包构成，无网盖。网身部分按其网目尺寸和网衣规格分为 9 节，每节网衣又分为若干段，全部网身共分 46 段。整个网衣均用聚乙烯捻线编织，单线死结，纵目使用。各部网衣结构如表 3-9 所示。

表 3-9　10 m 大目鲅鱼拖网网衣材料

名称		段号	数量（片）	网线结构 tex×s×n	目大（mm）	宽度 起目	宽度 终目	长度（目）	长度（m）	网线材料
网翼	上	1	2	36tex×140×3	10 000	1	10	5	50.00	PE
	下	1	2	36tex×140×3	10 000	1	9	5	50.00	PE
网身 1 节		1	1	36tex×140×3	10 000	54	54	1	10.00	PE
		2	1	36tex×120×3	7 900	62	62	1.5	11.85	PE
		3	1	36tex×100×3	6 400	71	71	1.5	9.60	PE
		4	1	36tex×90×3	5 300	80	80	1	5.30	PE
网身 2 节		5	1	36tex×70×3	4 000	98	98	1.5	6.00	PE
		6	1	36tex×70×3	3 100	116	116	1.5	4.65	PE
		7	1	36tex×60×3	2 467	134	134	1.5	3.70	PE
		8	1	36tex×50×3	2 000	152	152	1	2.00	PE
网身 3 节		9	1	36tex×40×3	1 960	152	152	0.5	0.98	PE
		10	1	36tex×40×3	1 520	182	182	1.5	2.28	PE
		11	1	36tex×35×3	1 200	212	212	1.5	1.80	PE
		12	1	36tex×30×3	970	242	242	1.5	1.46	PE
		13	1	36tex×25×3	790	272	272	1.5	1.19	PE
		14	1	36tex×25×3	650	302	302	2.5	1.63	PE
		15	1	36tex×20×3	510	352	352	3.5	1.79	PE
		16	1	36tex×20×3	405	402	402	5	2.03	PE
		17	1	36tex×17×3	330	452	452	5	1.65	PE

名称	段号	数量（片）	网线结构 tex×s×n	目大（mm）	宽度 起目	宽度 终目	长度（目）	长度（m）	网线材料
网身4节	18	1	36tex×17×3	300	452	452	5	1.50	PE
	19	1	36tex×15×3	234	527	527	5	1.17	PE
	20	1	36tex×13×3	190	602	602	7	1.33	PE
	21	1	36tex×11×3	158	677	677	7	1.11	PE
	22	1	36tex×11×3	133	752	752	10	1.33	PE
	23	1	36tex×10×3	113	827	827	10	1.13	PE
	24	1	36tex×10×3	97	902	902	10	0.97	PE
网身5节	25	1	36tex×11×3	87	902	902	10	0.87	PE
	26	1	36tex×11×3	83	852	852	20	1.66	PE
	27	1	36tex×11×3	80	802	802	20	1.60	PE
网身6节	28	1	36tex×10×3	73	802	802	20	1.46	PE
	29	1	36tex×10×3	70	762	762	20	1.40	PE
	30	1	36tex×10×3	66	722	722	20	1.32	PE
	31	1	36tex×10×3	63	682	682	20	1.26	PE
	32	1	36tex×10×3	60	642	642	20	1.20	PE
网身7节	33	1	36tex×10×3	54	642	642	40	2.16	PE
	34	1	36tex×10×3	52	596	596	40	2.08	PE
	35	1	36tex×10×3	51	550	550	40	2.04	PE
	36	1	36tex×10×3	50	504	504	40	2.00	PE
网身8节	37	1	36tex×11×3	47	504	504	40	1.88	PE
	38	1	36tex×11×3	47	471	471	40	1.88	PE
	39	1	36tex×11×3	47	438	438	40	1.88	PE
	40	1	36tex×11×3	47	405	405	40	1.88	PE
网身9节	41	1	36tex×12×3	43	405	405	40	1.72	PE
	42	1	36tex×12×3	43	388	388	40	1.72	PE
	43	1	36tex×13×3	40	371	371	40	1.60	PE
	44	1	36tex×13×3	40	354	354	40	1.60	PE
	45	1	36tex×13×3	40	337	337	40	1.60	PE
	46	1	36tex×13×3	40	320	320	40	1.60	PE
网囊	47	1	36tex×6×3（#）	40	320	320	900	36	PE
网包	48	1	Ø6.0—8.0	250	42	42	10	2.5	PE

2. 纲索

（1）上纲：由1条浮子纲和1条辅纲构成。

浮子纲：6股包芯绳，直径26.0~28.0 mm，净长125.40m，两端另留出适当长度作眼环，数量1条；其中上网口中纲19.20 m，两上网翼边纲各长53.10 m。

辅纲：辅纲材料、规格、长度与浮子纲相同。

（2）下纲：由1条下缘纲和1条沉子纲构成。

下缘纲：PE三股捻绳，直径22.0 mm，净长120.50 m，两端另留出适当长度作眼环，数量1条；其中下网口中纲18.00 m，两下网翼边纲各长51.25 m。

沉子纲：直径22.0~25.0 mm铁链，作沉子使用。总长度120.60 m，重1 250~1 300 kg。各段长度与下缘纲相同。

（3）燕尾纲：PE三股捻，直径26.0~28.0 mm，净长46.60 m，对折使用，两端另留出适当长度作眼环，数量2条。

（4）网身力纲：PE三股捻绳，直径24.0~26.0 mm，净长154.14 m，两端留适当长度作眼环，数量2条。

（5）网囊力纲：PE三股捻绳，直径30.0 mm，净长2.50 m，两端留适当长度作眼环，数量4条。

（6）网囊束纲：6股钢丝绳，直径18.0 mm，净长5.50 m，两端留出适当长度作眼环，数量1条。

（7）束纲引纲：PE三股捻绳，直径40.0~50.0 mm，净长81.00 m，两端留出适当长度作眼环，数量1条。

（8）囊底纲：6股钢丝绳，直径9.00 mm，净长2.00 m，两端另留出适当长度作眼环，数量2条。

（9）空纲：由上空纲和下空纲构成。

上空纲：6股包芯绳，直径25.0 mm，长100.00~150.00 m，两端另留出适当长度作眼环，数量2条。

下空纲：3股夹芯绳，直径30.0 mm，长100.00~150.00m，两端另留出适当长度作眼环，数量2条。

（10）曳纲：钢丝绳，直径20.00 mm，长350.00 m，每对船3条。

3. 浮子、沉子及其他属具

（1）浮子：球形硬塑四耳浮子，直径280.0 mm，每个净浮力98N，耐压水深150 m，数量75个。

（2）沉子：无档铁链，直径22.0 ~ 25.0 mm，总长度120.50 m，重1 250~1 300 kg。

160

（二）渔具装配

1. 网衣编织与缝合

（1）网头：网头包括上、下网袖，燕尾和网身第1节网衣，4部分一起用手工编织。网身第1节网衣分4段，第1段目大10.00 m、宽54目、长1目，第2段目大7.90 m、宽62目、长1.5目，第3段目大6.40 m、宽71目、长1.5目，第4段目大5.30 m、宽80目、长2目。按各段网衣长、宽目数和网目尺寸要求，从第4段开始起编，起编宽度目数为79.5目，并目编织至第1段宽度为53.5目。接第1段网衣前缘编织上、下网袖，上、下口门横向宽度目数分别为8目。上、下网袖一起编织，后段宽度19目、长5目、前端呈燕尾状，上、下燕尾前端分别为1目，网衣中部分2道以4（r+1）形式增目编结，上网袖侧边以3（1T1B）（1B1T5B）形式减目编结，下网袖侧边以2（1T1B）（1B1T6B）形式减目编结，燕尾侧边以2（1B1T）（2B）形式减目编结。再将网身第1节网衣两侧纵向编缝缝合成筒状，网头即形成。

（2）网身：网身第1节至第9节网衣，依次按各节每段网衣的规格要求分别编织，纵向编缝缝合成筒状。用不同颜色网线把第1节至第9节网衣按顺序编缝缝合连接。

（3）网囊：网囊宽320目、长900目、网目尺寸40.0 mm，用36tex×6×3网线双线编织成网片，侧边以编缝形式缝合成筒状。将网囊与网身第9节末端绕缝连结。

（4）网包：网包宽42目、长10目、网目尺寸250.0 mm，用φ6.0~8.0 mm的三股PE绳编织，侧边以编缝形式缝合成筒状。将网囊套入网包内、纵向拉直，网囊和网包末端对齐均匀绕缝到一起，网包的前端绕缝到网囊网衣上。

2. 纲索装配

（1）上纲装配

浮子纲：浮子纲净长125.40 m。每侧边纲长度53.10 m，分5段装配，第1段从上袖前端至第1档，长度24.50 m，翼网斜边配纲系数0.98；第2段从第1档至第2档，长度10.60 m，翼网斜边配纲系数1.06；第3段从第2档至第3档，长度5.95 m，翼网斜边配纲系数1.19；第4段从第3档至第4档，长度6.00 m，翼网斜边配纲系数1.20；第5段从第4档至上口门网角，长度6.05 m，翼网斜边配纲系数1.21。将各段浮子纲均匀装配于上网袖侧边。上中纲长度19.20 m，网片缩结系数0.32，将上口门的6个档均匀装配于上中纲上。

辅纲：各段长度与浮子纲相同。用卸克把辅纲两端分别与浮子纲两端连接，其他部分用于结缚浮子。

（2）下纲装配

下缘纲：下缘纲净长 120.50 m。每侧边纲长度 51.25 m，分 4 段装配，第 1 段从下袖前端至第 1 档，长度 29.10 m，翼网斜边配纲系数 0.97；第 2 段从第 1 档至第 2 档，长度 10.40 m，翼网斜边配纲系数 1.04；第 3 段从第 2 档至第 3 档，长度 5.85 m，翼网斜边配纲系数 1.17；第 4 段从第 3 档至下口门网角，长度 5.90 m，翼网斜边配纲系数 1.18。将各段下缘纲均匀装配于下网袖侧边。下中纲长度 18.00 m，网片缩结系数 0.30，将下口门的 6 个档均匀装配于下中纲上。

沉子纲：沉子纲材料为直径 22.0~25.0 mm 铁链，作为沉子使用。总长度及各段长度与下缘纲相同。按各段长度用网线直接把沉子纲装配在下缘纲上，用卸克把沉子纲和下缘纲两端分别连接一起。

（3）燕尾纲：净长 46.60 m，对折使用。上、下燕尾纲长度均为 23.30 m，分 3 段装配，第 1 段从下袖前端至第 1 档，长度 10.85 m，翼网斜边配纲系数 1.085；第 2 段从第 1 档至第 2 档，长度 6.10 m，翼网斜边配纲系数 1.22；第 3 段从第 2 档至第 3 档，长度 6.35 m，翼网斜边配纲系数 1.27；将各段纲索均匀装配于燕尾两侧边缘。用卸克把两端眼环分别连接到上、下纲两端的眼环上。

（4）网身力纲：2 条力纲分别用卸克连接到下中纲两端的铁链上，沿网腹纵向直目绕缝于网腹的网衣上直到网囊末端，扎结于囊底纲上。

（5）囊底纲：囊底纲 2 条，外缠直径 10.0 mm PE 绳，用 25.0 mm PE 绳在纲上作水扣，然后将网囊背、腹末端网目分别均匀扎结在 2 条纲的水扣上。用卸克把囊底纲两端眼环分别连接。

（6）网囊力纲：将 4 条网囊力纲等距离分布于网囊两侧身网力纲之间，沿网囊纵向直目绕缝于网衣上，末端扎结于囊底纲上。

（7）束纲：将束纲穿入 4 条网囊力纲前端的眼环中，用卸扣把束纲两端眼环连接到一起，并连结束纲引纲。

（8）束纲引纲：把束纲引纲两端作眼环，前端连接在网身第 5 节网衣前端的力纲上，后端用卸扣连接在束纲两端的眼环上。

3. 浮子装配

直径 280 mm 球形硬塑四耳浮子，共计 75 个。上中纲装配 15 个浮子，两端各 1 个，中间等距离装配 13 个；两侧边纲各 30 个浮子，网袖前段装 1 个，其余等距离装配。

（三）渔船

同型钢质渔船 2 艘，主机功率 257.25 kW（约为 350 马力）。船长 25.00 m，型宽 6.00 m，型深 2.70 m，平均吃水 1.50 m，自由航速 9~10 kn，每船作业人员 7~

10 人。

（四）渔法

渔法分放网准备、放网、拖曳、起网 4 个过程。

1. 放网准备

渔船到达渔场后，根据海况、渔场底质、天气情况及其他船生产情况等确定放网具体位置和拖曳方向。将网具按下水先后次序折叠堆放于甲板后部，网囊置放于船尾滚筒附近，以便投入水中；连接与网具有关的纲索，理清空纲，把上、下空纲的连接处锁入固定在舷柱上的弹钩内。

2. 放网

网船慢车前进，当船舶有一定的速度后停车。投网囊入水，借船舶的惯性将网具拖入水中，直至空纲下水尾柱上的弹钩受力。此时所有的浮子浮出水面。带网船从右后方向网船靠拢，两船首对齐时，带网船将连接公用曳纲的撇缆抛给网船，并慢慢松放夹棕曳纲。网船接过公用曳纲后，将其端部与右空纲前端连接。驾驶人员发出放网命令后，后甲板人员打开左、右尾柱上的弹钩，放网船和带网船同时松放曳纲。两船各向外偏转 45°，快车行驶松放曳纲。待最后一个曳纲连接卸克下水后，将船尾钢丝绳端的卸克套入正松放中的曳纲钢丝绳。当曳纲松放剩余 60~100 m 时，渔船船首恢复至拖网方向并停车，依靠船的惯性松放剩余的曳纲。当船尾钢丝绳受力后，调节主机转入拖网转速，放网过程结束。

3. 拖曳

两船保持平行拖曳，两船间距 400~600 m，具体根据渔场中船数的多寡、捕捞对象和天气情况而定；拖曳时间 3~4 h；拖速 3.0~5.0 kn。

4. 起网

起网前 10 min，两船开始采用小舵角向内靠拢。当两船间距减至 20~25 m 时，平行拖曳几分钟，将网身中的渔获物冲入网囊。带网船将公用曳纲的引缆抛递给网船，网船将引缆收进，并将公用曳纲接入右绞纲机绳索滚筒，停车和绞收曳纲。此时带网船打开船尾钢丝绳弹钩，驶离起网船漂流等待。当曳纲绞收完毕，空纲前端到达甲板后部时，可慢车拖曳 1 min 左右，以冲刷空纲和沉子纲上的泥浆，然后停车继续绞收空纲。当网袖端到尾甲板时，采用设于船首两侧的导向滑轮和钢丝绳将网袖拉至两舷侧通道。随后将浮、沉子纲中段和网身第 1 段前部吊上甲板，依次分段吊进网身并折叠放好，当网身末节和网囊出水后，将网囊吊进甲板，倒出渔获物。当渔获物过多时，可通过网囊束纲和网囊引纲分隔起吊。

（五）结语

10 m大目鲅鱼拖网是黄海区域捕捞中上层鱼类的主要渔具，被257.25 kW（约为350马力）双拖网船普遍应用。该渔具网具主尺度大，网口拉直周长达500.00 m以上、网具长度150.00 m以上；渔具前部网目尺度大，网身第1节及网袖的网目长度10.00 m，网具阻力小、拖速快、产量高；但网囊网目尺寸小，对鲅鱼等经济鱼类的幼鱼资源有较大影响。根据中华人民共和国农业部通告〔2013〕1号《关于实施海洋捕捞准用渔具和过渡渔具最小网目尺寸制度的通告》之规定，双船有翼单囊拖网为过渡渔具，黄海作业最小网目（或网囊）尺寸为54 mm，渤海禁止作业。该渔具的网囊网目尺寸为40 mm，不符合过渡期的准用条件。

10 m 大目鲅鱼拖网（辽宁　丹东）

540.00 m×168.14 m (125.40 m)

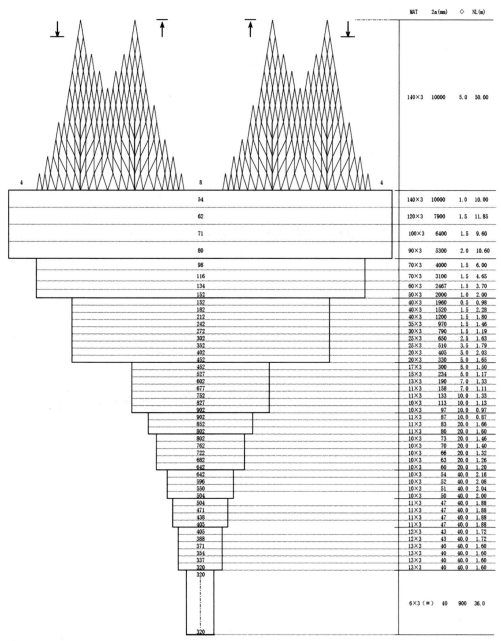

图 3-42　10 m 大目鲅鱼拖网网衣展开图

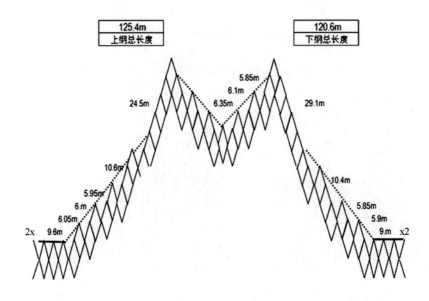

图 3-43　10 m 大目鲅鱼拖网上、下纲各部配纲长度示意图

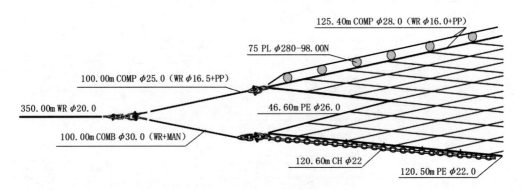

图 3-44　10 m 大目鲅鱼拖网纲索结构示意图

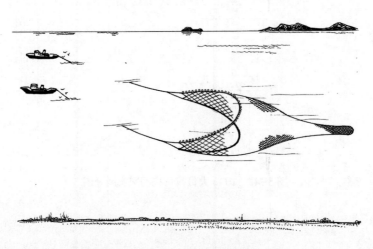

图 3-45　10 m 大目鲅鱼拖网作业示意图

五、10 m 大目鳀鱼中层拖网（山东　荣成）

10 m 大目鳀鱼中层拖网属双船式有翼单囊型拖网（01·ydn·T），俗称鳀鱼拖网、双拖网、大目拖网、浮拖网等。主要分布于威海、荣成、东港、大连等沿海水域。该渔具网口周长 540.00～620.00 m，网具长度 168.14～223.16 m，适宜于 257.25～294.00 kW（350~400 马力）的渔船作业，作业海区主要为黄海水域。双船变水层拖网作业，可通过调整浮沉比和曳纲长度，使网具拖曳于不同水层，也可表层拖曳，主捕鳀鱼，兼捕鲅鱼、鲐鱼、鲳鱼、鱿鱼等中上层鱼类，以及小黄鱼、带鱼等近底层鱼类。可常年作业。日投网次数 5~8 网，每网作业时间 3~4 h，拖速 3~5 kn，网产量 3 000～10 000 kg。

下面以山东省荣成市 299.90 kW（408 马力）渔船的 10 m 大目鳀鱼中层拖网为例作介绍。

（一）渔具结构

渔具主尺度：620.00 m×223.16 m（139.40 m）。

主要由网衣、纲索、属具组成。

1. 网衣

网衣部分主要由上网翼、下网翼、网身、网囊、网包构成，无网盖。网身部分按其网目尺寸和网衣规格分为 11 节，第 1 节至第 4 节网衣为筒状，每节网衣分为若干段，共分 35 段。第 5 节至第 11 节网衣由矩形网片剪裁而成，每节网衣由 4 片剪裁网片缝合而成。整个网衣均用聚乙烯捻线编织，单线死结，纵目使用。各部网衣结构如表 3-10 所示。

表 3-10　10 m 大目鳀鱼中层拖网网衣材料

名称		段号	数量（片）	网线结构 tex×s×n	目大（mm）	宽度		长度		剪裁斜率	网线材料
						起目	终目	（目）	（m）		
网翼	上	1	2	36tex×150×3	10 000	1	12	5.5	55.0	—	PE
	下	1	2	36tex×150×3	10 000	1	11	5.5	55.0	—	PE
网身 1 节		1	1	36tex×150×3	10 000	62	62	1	10.0	—	PE
		2	1	36tex×130×3	8 100	69	69	1.5	12.2	—	PE
		3	1	36tex×120×3	6 700	77	77	1.5	10.1	—	PE
		4	1	36tex×100×3	5 600	85	85	1.5	8.40	—	PE

名称	段号	数量（片）	网线结构 tex×s×n	目大（mm）	宽度 起目	宽度 终目	长度（目）	长度（m）	剪裁斜率	网线材料
网身 2节	5	1	36tex×90×3	5 200	85	85	1.5	7.80	—	PE
	6	1	36tex×80×3	4 000	102	102	1.5	6.00	—	PE
	7	1	36tex×80×3	3 100	119	119	1.5	4.65	—	PE
	8	1	36tex×70×3	2 467	136	136	1.5	3.70	—	PE
	9	1	36tex×60×3	1 967	153	153	1.5	2.96	—	PE
	10	1	36tex×60×3	1 600	171	171	1.0	1.60	—	PE
网身 3节	11	1	36tex×60×3	1 480	171	171	1.0	1.48	—	PE
	12	1	36tex×60×3	1 280	200	200	1.5	1.92	—	PE
	13	1	36tex×50×3	1 040	229	229	1.5	1.56	—	PE
	14	1	36tex×50×3	940	256	256	1.5	1.41	—	PE
	15	1	36tex×40×3	840	287	287	1.5	1.26	—	PE
	16	1	36tex×40×3	700	316	316	1.5	1.05	—	PE
	17	1	36tex×40×3	600	345	345	2.0	1.20	—	PE
	18	1	36tex×35×3	557	374	374	2.5	1.39	—	PE
	19	1	36tex×30×3	483	403	403	2.5	1.21	—	PE
	20	1	36tex×25×3	423	432	432	3.5	1.49	—	PE
	21	1	36tex×25×3	373	461	461	3.5	1.31	—	PE
	22	1	36tex×20×3	300	519	519	2.0	0.60	—	PE
网身 4节	23	1	36tex×17×3	300	519	519	9.5	2.85	—	PE
	24	1	36tex×17×3	250	575	575	9.5	2.36	—	PE
	25	1	36tex×17×3	200	631	631	9.5	1.90	—	PE
	26	1	36tex×17×3	172	687	687	9.5	1.63	—	PE
	27	1	36tex×15×3	150	743	743	9.5	1.43	—	PE
	28	1	36tex×15×3	130	799	799	9.5	1.24	—	PE
	29	1	36tex×15×3	100	855	855	9.5	0.95	—	PE
	30	1	36tex×13×3	100	855	855	9.5	0.95	—	PE
	31	1	36tex×13×3	80	1 070	1 070	9.5	0.76	—	PE
	32	1	36tex×12×3	66	1 296	1 296	9.5	0.63	—	PE
	33	1	36tex×9×3	48	1 974	1 974	9.5	0.46	—	PE
	34	1	36tex×8×3	43	2 200	2 200	9.5	0.41	—	PE
网身 5节	35	4	36tex×6×3	23	1 000	900	300.5	6.90	3-2	PE
网身 6节	36	4	36tex×6×3	23	900	700	300.5	6.90	3-1	PE

名称	段号	数量（片）	网线结构 tex×s×n	目大（mm）	宽度 起目	宽度 终目	长度（目）	长度（m）	剪裁斜率	网线材料
网身 7节	37	4	36tex×6×3	23	700	550	300.5	6.90	4-1	PE
网身 8节	38	4	36tex×6×3	23	550	430	300.5	6.90	5-1	PE
网身 9节	39	4	36tex×6×3	23	430	344	300.5	6.90	7-1	PE
网身 10节	40	4	36tex×6×3	23	344	278	300.5	6.90	9-1	PE
网身 11节	41	4	36tex×6×3	23	278	238	300.5	6.90	15-1	PE
网囊	42	1	36tex×6×3#	18	1 220	1 220	1 200	21.0	—	PE
网包	43	1	Ø6.0	250	88	88	10	2.50	—	PE

2. 纲索

（1）上纲：由1条浮子纲和1条辅纲构成。

浮子纲：6股包芯绳，直径 26.0~28.0 mm，净长 139.40 m，两端另留出适当长度作眼环，数量1条；其中上网口中纲 23.80 m，两上网翼边纲各长 57.80 m。

辅纲：材料、规格、长度与浮子纲相同。

（2）下纲：由1条下缘纲和1条沉子纲构成。

下缘纲：PE 三股捻绳，直径 22.0 mm，净长 134.20 m，两端另留出适当长度作眼环，数量1条；其中下网口中纲 22.40 m，两下网翼边纲各长 55.90 m。

沉子纲：直径 22.0 mm 铁链，作沉子使用。总长度 134.20 m，重 1 344.00 kg。各段长度与下缘纲相同。

（3）燕尾纲：3股 PE 绳，直径 22.0 mm，净长 53.00 m，对折使用，两端另留出适当长度作眼环，数量2条。

（4）网身力纲：PE 三股捻绳，直径 24.0~26.0 mm，净长 168.16 m，两端留适当长度作眼环，数量2条。

（5）网囊力纲：PE 三股捻绳，直径 30.0 mm，净长 2.50 m，两端留适当长度作眼环，数量4条。

（6）网囊束纲：6股钢丝绳，直径 20.0 mm，净长 5.00 m，两端留出适当长度作眼环，数量1条。

（7）束纲引纲：PE三股捻绳，直径40.0~50.0 mm，净长66.00 m，两端留出适当长度作眼环，数量1条。

（8）囊底纲：6股钢丝绳，直径12.0 mm，净长2.20 m，两端另留出适当长度作眼环，数量2条。

（9）空纲：由上空纲和下空纲构成。

上空纲：6股包芯绳，直径25.0 mm，长100.00~150.00 m，两端另留出适当长度作眼环，数量2条。

下空纲：3股夹芯绳，直径30.0 mm，长100.00~150.00 m，两端另留出适当长度作眼环，数量2条。

（10）曳纲：钢丝绳，直径20.0 mm，长350.00 m，每对船3条。

3. 浮子、沉子及其他属具

（1）浮子：球形硬塑四耳浮子，直径280.0 mm，每个净浮力98 N，耐压水深150 m，数量94个。

（2）沉子：以沉子纲代替。

（二）渔具装配

1. 网衣编织与缝合

（1）网头：网头包括上、下网袖，燕尾和网身第1节网衣，4部分一起用手工编织。按各段网衣长、宽目数和网目尺寸要求，从第4段开始起编，至第1段。接网身第1段网衣前缘编织上、下网袖，上、下口门横向宽度目数分别为8目，上、下网袖一起编织，后段宽度23目、长5.5目、前端呈燕尾状，上、下燕尾前端分别为1目，网衣中部有3次并目，上网袖侧边以3（1T1B）（1B1T6B）形式减目编结，下网袖侧边以2（1T1B）（1B1T7B）形式减目编结，燕尾侧边以（1T5B）形式减目编结。再将网身第1节网衣两侧纵向编缝缝合成筒状，网头即形成。

（2）网身：网身第2节至第4节网衣，依次按各节每段网衣的规格要求分别编织，纵向编缝缝合成筒状。第5节至第11节网衣分别按规格要求和剪裁比剪裁成所需要的网片，每节4片同样网片，将4片网片绕缝一起，形成筒状。然后，用不同颜色网线把第1节至第11节网衣按顺序编缝缝合连接。

（3）网囊：侧边以编缝形式缝合成筒状。将网囊与网身第11节末端绕缝连结。

（4）网包：侧边以编缝形式缝合成筒状。将网囊套入网包内、纵向拉直，网囊和网包末端对齐均匀绕缝到一起，网包的前端绕缝到网囊网衣上。

2. 纲索装配

（1）上纲装配

浮子纲：浮子纲净长 139.40 m。每侧上边纲长度 57.80 m，分 5 段装配，第 1 段从上袖前端至第 1 档，长度 29.40 m，翼网斜边配纲系数 0.98；第 2 段从第 1 档至第 2 档，长度 10.40 m，翼网斜边配纲系数 1.04；第 3 段从第 2 档至第 3 档，长度 5.90 m，翼网斜边配纲系数 1.18；第 4 段从第 3 档至第 4 档，长度 6.00 m，翼网斜边配纲系数 1.20；第 5 段从第 4 档至上口门网角，长度 6.10 m，翼网斜边配纲系数 1.22。将各段上边纲均匀装配于上网袖侧边。上中纲长度 23.80 m，网衣缩结系数 0.34，将上口门的 7 个档均匀装配于上中纲上。

辅纲：各段长度与浮子纲相同。用卸克把辅纲两端分别与浮子纲两端连接，其他部分用于结缚浮子。

（2）下纲装配

下缘纲：下缘纲净长 134.20 m。每侧下边纲长度 55.90 m，分 4 段装配，第 1 段从下袖前端至第 1 档，长度 33.95 m，翼网斜边配纲系数 0.97；第 2 段从第 1 档至第 2 档，长度 10.20 m，翼网斜边配纲系数 1.02；第 3 段从第 2 档至第 3 档，长度 5.85 m，翼网斜边配纲系数 1.17；第 4 段从第 3 档至下口门网角，长度 5.96 m，翼网斜边配纲系数 1.19。将各段下缘纲均匀装配于下网袖侧边。下中纲长度 22.40 m，网衣缩结系数 0.32，将下口门的 7 个档均匀装配于下中纲上。

沉子纲：沉子纲材料为直径 22.0 mm 铁链，作为沉子使用。总长度及各段长度与下缘纲相同。按各段长度用网线直接把沉子纲装配在下缘纲上，用卸克把沉子纲和下缘纲两端分别连接一起。

（3）燕尾纲：净长 53.00 m，对折使用。上、下燕尾纲长度均为 26.50 m，翼网斜边配纲系数 1.06；将各段纲索均匀装配于燕尾两侧边缘。用卸克把两端眼环分别连接到上、下纲两端的眼环上。

（4）网身力纲：2 条力纲的一端分别用卸克连接到下中纲两端的铁链上，沿网腹纵向绕缝于网腹的网衣上直到网囊末端，扎结于囊底纲上。

（5）囊底纲：囊底纲 2 条，外缠直径 10.0 mm PE 绳，用直径 25.0 mm PE 绳在囊底纲上作水扣，然后将网囊背、腹末端网目分别均匀扎结在 2 条纲的水扣上。用卸克把囊底纲两端眼环分别连接。

（6）网囊力纲：将 4 条网囊力纲等距离分布于网囊两侧身网力纲之间，沿网囊纵向直目绕缝于网衣上，末端扎结于囊底纲上。

（7）束纲：将束纲穿入 4 条网囊力纲前端的眼环中，用卸扣把束纲两端眼环连接到一起，并连结束纲引纲。

（8）束纲引纲：把束纲引纲两端作眼环，前端连接在网身第 5 节网衣前端的力纲上，后端用卸扣连接在束纲两端的眼环上。

3. 浮子装配

直径 280.0 mm 球形硬塑四耳浮子，共计 94 个。每侧从网袖前端边纲开始至中纲，间距 1.60 m 装配 15 个，间距 1.50 m 装配 15 个，间距 1.40 m 装配 16 个，两网袖前端处各装配 1 个。

（三）渔船

同型钢质渔船 2 艘，主机功率 299.9 kW（约为 408 马力）。船长 25.00 m，型宽 6.00 m，型深 2.70 m，平均吃水 1.50 m，自由航速 9～10 kn，每船作业人员 7～10 人。

（四）渔法

渔法分放网准备、放网、拖曳、起网 4 个过程。

1. 放网准备

渔船到达渔场后，根据海况、渔场底质、天气情况及其他船生产情况等确定放网具体位置和拖曳方向。将网具按下水先后次序折叠堆放于甲板后部，网囊置放于船尾滚筒附近，以便投入水中；连接与网具有关的纲索，理清空纲，把上、下空纲的连接处锁入固定在舷柱上的弹钩内。

2. 放网

网船慢车前进，当船舶有一定的速度后停车。投网囊入水，借船舶的惯性将网具拖入水中，直至空纲下水、尾柱上的弹钩受力。此时所有的浮子浮出水面。带网船从右后方向网船靠拢，两船首对齐时，带网船将连接公用曳纲的撒缆抛给网船，并慢慢松放夹棕曳纲。网船接过公用曳纲后。将其端部与右空纲前端连接。驾驶人员发出放网命令后，后甲板人员打开左、右尾柱上的弹钩，放网船和带网船同时松放曳纲。两船各向外偏转 45°，快车行驶松放曳纲。待最后一个曳纲连接卸克下水后，将船尾钢丝绳端的卸克套入正松放中的曳纲钢丝绳。当曳纲松放剩余 60～100 m 时，渔船船首恢复至拖网方向并停车，依靠船的惯性松放剩余的曳纲。当船尾钢丝绳受力后，调节主机转入拖网转速，放网过程结束。

3. 拖曳

两船保持平行拖曳，两船间距 400～600 m，具体根据渔场中船数的多寡、捕捞对象和天气情况而定；拖曳时间 3～4 h；拖速 3.0～5.0 kn。

4. 起网

起网前 10 min，两船开始采用小舵角向内靠拢。当两船间距减至 20～25 m 时，平行拖曳几分钟，将网身中的渔获物冲入网囊。带网船将公用曳纲的引缆抛递给网船，网船将引缆收进，并将公用曳纲接入右绞纲机绳索滚筒，停车和绞收曳纲。此时带网船打开船尾钢丝绳弹钩，驶离起网船漂流等待。当曳纲绞收完毕，空纲前端到达甲板后部时，可慢车拖曳 1 min 左右，以冲刷空纲和沉子纲上的泥浆，然后停车继续绞收空纲。当网袖端到尾甲板时，采用设于船首两侧的导向滑轮和钢丝绳将网袖拉至两舷侧通道。随后将浮、沉子纲中段和网身第 1 段前部吊上甲板，依次分段吊进网身并折叠放好，当网身末节和网囊出水后，将网囊吊进甲板，倒出渔获物。当渔获物过多时，可通过网囊束纲和网囊引纲分隔起吊。

（五）结语

10 m 大目鳀鱼中层拖网是黄海区域捕捞鳀鱼等小型中上层鳀的主要渔具，为 257.25~441.0 kW（350~600 马力）双拖网船普遍应用。该渔具网具主尺度大，网具阻力小、拖速快、产量高，主要捕捞对象较明显；但网囊尺寸小，网口伸张高度大，兼捕种类多，对鲅鱼、银鲳、小黄鱼等经济鱼类幼鱼资源损害大。根据中华人民共和国农业部通告〔2013〕1 号《农业部关于实施海洋捕捞准用渔具和过渡渔具最小网目尺寸制度的通告》之规定，双船有翼单囊拖网为过渡渔具，黄海作业最小网目（或网囊）尺寸为 54 mm，渤海禁止作业。主捕鳀鱼的拖网由地方特许作业。该渔具属主捕鳀鱼的拖网，应持有地方政府渔业主管部门的签发特许作业证入渔。

10 m 大目鳀鱼中层拖网（山东　荣成）

620.00 m×223.16 m (139.40 m)

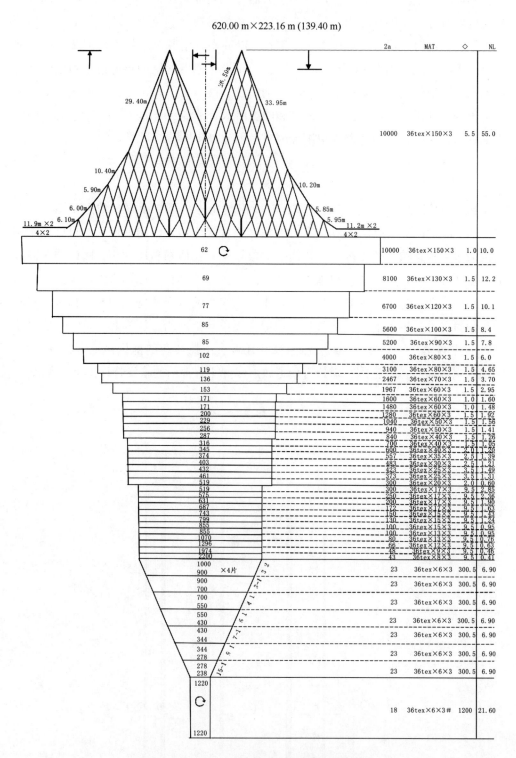

	2a	MAT	◇	NL
	10000	36tex×150×3	5.5	55.0
62	10000	36tex×150×3	1.0	10.0
69	8100	36tex×130×3	1.5	12.2
77	6700	36tex×120×3	1.5	10.1
85	5600	36tex×100×3	1.5	8.4
85	5200	36tex×90×3	1.5	7.8
102	4000	36tex×80×3	1.5	6.0
119	3100	36tex×80×3	1.5	4.65
136	2467	36tex×70×3	1.5	3.70
153	1967	36tex×60×3	1.5	2.95
171	1600	36tex×60×3	1.0	1.60
171	1480	36tex×60×3	1.0	1.48
200	1280	36tex×60×3	1.5	1.92
229	1040	36tex×50×3	1.5	1.56
256	940	36tex×50×3	1.5	1.41
287	840	36tex×40×3	1.5	1.26
316	700	36tex×40×3	1.5	1.05
345	600	36tex×40×3	2.0	1.20
374	557	36tex×35×3	2.5	1.39
403	483	36tex×30×3	2.5	1.21
432	423	36tex×25×3	3.5	1.49
461	373	36tex×25×3	3.5	1.31
519	300	36tex×20×3	2.0	0.60
519	300	36tex×17×3	9.5	2.85
575	250	36tex×17×3	9.5	2.36
631	200	36tex×17×3	9.5	1.90
687	172	36tex×15×3	9.5	1.63
743	150	36tex×15×3	9.5	1.42
799	130	36tex×15×3	9.5	1.24
855	100	36tex×15×3	9.5	0.95
855	100	36tex×13×3	9.5	0.95
1070	80	36tex×13×3	9.5	0.76
1296	66	36tex×12×3	9.5	0.63
1974	48	36tex×9×3	9.5	0.46
2200	43	36tex×8×3	9.5	0.41
1000 / 900	23	36tex×6×3	300.5	6.90
900 / 700	23	36tex×6×3	300.5	6.90
700 / 550	23	36tex×6×3	300.5	6.90
550 / 430	23	36tex×6×3	300.5	6.90
430 / 344	23	36tex×6×3	300.5	6.90
344 / 278	23	36tex×6×3	300.5	6.90
278 / 238	23	36tex×6×3	300.5	6.90
1220	18	36tex×6×3#	1200	21.60
1220				

图 3-46　10 m 大目鳀鱼中层拖网网衣展开图

174

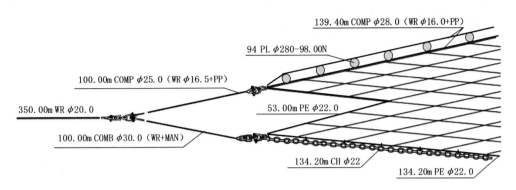

图 3-47　10 m 大目鳀鱼中层拖网纲索结构示意图

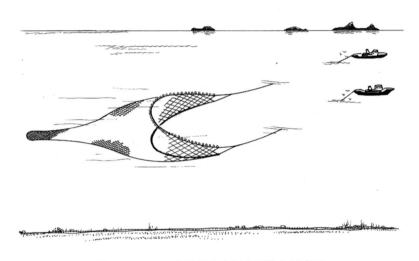

图 3-48　10 m 大目鳀鱼中层拖网作业示意图

六、14 m 大目浮拖网（山东　石岛）

14 m 大目浮拖网属双船式有翼单囊型拖网（01·ydn·T），俗称鳀鱼拖网、双拖网、浮拖网、大目拖网，主要分布于威海、荣成、丹东东港、大连等沿海水域。该渔具网口周长度 896.00 m，网具长度 248.49 m，适宜于 735.0 kW（约为 1 000 马力）的渔船作业，作业海区主要为黄海水域。双船变水层拖网作业，通过调整浮沉比和曳纲长度，使网具拖曳于不同水层，也可表层拖曳，主捕鲅鱼、鲐鱼、鱿鱼等中上层鱼类。可常年作业。日投网次数 5~8 网，每网作业时间 3~4 h，拖速 3~5 kn，网产量一般 3 000~50 000 kg。

下面以山东省荣成市石岛区主机功率 735.0 kW（约为 1 000 马力）渔船的 14 m 大目浮拖网为例作介绍。

（一）渔具结构

渔具主尺度：896.00 m×248.49 m（186.90 m）。

主要由网衣、纲索、属具组成。

1. 网衣

网衣部分主要由上网翼、下网翼、网盖、网身、网囊、网包构成。网盖在网口下方，前缘接下网袖。网身部分按其网目尺寸和网衣规格分为9节，每节网衣分为若干段，共分75段。整个网衣均用聚乙烯捻线编织，单线死结，纵目使用。各部网衣结构如表3-11所示。

表3-11　14 m 大目浮拖网网衣材料

名称		段号	数量（片）	网线结构 tex×s×n	目大（mm）	宽度		长度		网线材料
						起目	终目	（目）	（m）	
网翼	上	1	2	36tex×220×3	14 000	1	12	6.0	84.0	PE
	下	1	2	36tex×220×3	14 000	1	13	4.5	63.0	PE
网盖		1	1	36tex×220×3	14 000	20	20	1.5	21.0	PE
网身 1 节		1	1	36tex×220×3	14 000	64	64	0.5	7.0	PE
		2	1	36tex×200×3	13 500	64	64	0.5	6.75	PE
		3	1	36tex×180×3	11 660	72	72	0.5	5.83	PE
		4	1	36tex×170×3	11 380	72	72	0.5	5.69	PE
		5	1	36tex×160×3	10 960	72	72	0.5	5.48	PE
		6	1	36tex×160×3	9 600	80	80	0.5	4.80	PE
		7	1	36tex×150×3	9 340	80	80	0.5	4.67	PE
		8	1	36tex×150×3	9 100	80	80	0.5	4.55	PE
网身 2 节		9	1	36tex×140×3	8 780	80	80	0.5	4.39	PE
		10	1	36tex×130×3	8 500	80	80	0.5	4.25	PE
		11	1	36tex×130×3	7 180	92	92	0.5	3.59	PE
		12	1	36tex×130×3	6 980	92	92	0.5	3.49	PE
		13	1	36tex×120×3	6 700	92	92	0.5	3.35	PE
		14	1	36tex×120×3	5 720	104	104	0.5	2.86	PE
		15	1	36tex×120×3	5 540	104	104	0.5	2.77	PE
		16	1	36tex×110×3	5 300	104	104	0.5	2.65	PE
		17	1	36tex×110×3	4 580	116	116	0.5	2.29	PE
		18	1	36tex×110×3	4 440	116	116	0.5	2.22	PE

名称	段号	数量（片）	网线结构 tex×s×n	目大（mm）	宽度		长度		网线材料
					起目	终目	（目）	（m）	
网身3节	19	1	36tex×110×3	4 280	116	116	1.0	4.28	PE
	20	1	36tex×100×3	4 120	116	116	0.5	2.06	PE
	21	1	36tex×100×3	3 560	130	130	0.5	1.78	PE
	22	1	36tex×100×3	3 460	130	130	0.5	1.73	PE
	23	1	36tex×90×3	3 320	130	130	0.5	1.66	PE
	24	1	36tex×90×3	2 880	144	144	1.0	2.88	PE
	25	1	36tex×90×3	2 780	144	144	1.0	2.78	PE
	26	1	36tex×90×3	2 660	144	144	0.5	1.33	PE
	27	1	36tex×80×3	2 320	159	159	0.5	1.16	PE
	28	1	36tex×80×3	2 240	159	159	0.5	1.12	PE
	29	1	36tex×80×3	2 140	159	159	0.5	1.07	PE
	30	1	36tex×80×3	1 900	174	174	0.5	0.95	PE
	31	1	36tex×80×3	1 840	174	174	0.5	0.92	PE
网身4节	32	1	36tex×80×3	1 780	174	174	1.0	1.78	PE
	33	1	36tex×70×3	1 720	174	174	0.5	0.86	PE
	34	1	36tex×70×3	1 270	226	226	1.0	1.27	PE
	35	1	36tex×60×3	1 220	226	226	1.5	1.83	PE
	36	1	36tex×50×3	950	278	278	1.0	0.95	PE
	37	1	36tex×50×3	913	278	278	1.5	1.37	PE
	38	1	36tex×45×3	733	330	330	1.0	0.73	PE
	39	1	36tex×45×3	700	330	330	1.5	1.05	PE
	40	1	36tex×40×3	570	382	382	2.0	1.14	PE
	41	1	36tex×40×3	543	382	382	1.5	0.87	PE
	42	1	36tex×40×3	450	434	434	2.0	0.90	PE
	43	1	36tex×35×3	430	434	434	1.5	0.65	PE
	44	1	36tex×30×3	366	486	486	2.0	0.73	PE
	45	1	36tex×28×3	350	486	486	1.5	0.53	PE
	46	1	36tex×25×3	293	538	538	3.5	1.03	PE

名称	段号	数量 （片）	网线结构 tex×s×n	目大 （mm）	宽度		长度		网线 材料
					起目	终目	（目）	（m）	
网身 5节	47	1	36tex×22×3	283	538	538	8.5	2.41	PE
	48	1	36tex×22×3	240	594	594	8.5	2.04	PE
	49	1	36tex×20×3	203	650	650	9.5	1.93	PE
	50	1	36tex×20×3	173	706	706	9.5	1.64	PE
	51	1	36tex×20×3	150	762	762	10.5	1.58	PE
	52	1	36tex×18×3	127	818	818	10.5	1.33	PE
	53	1	36tex×18×3	107	874	874	11.5	1.23	PE
	54	1	36tex×18×3	90	930	930	18.5	1.67	PE
网身 6节	55	1	36tex×18×3	85	930	930	24.5	2.08	PE
	56	1	36tex×18×3	80	888	888	24.5	1.96	PE
	57	1	36tex×18×3	73	846	846	24.5	1.79	PE
	58	1	36tex×18×3	67	804	804	24.5	1.64	PE
网身 7节	59	1	36tex×18×3	63	804	804	26.5	1.67	PE
	60	1	36tex×18×3	60	762	762	26.5	1.59	PE
	61	1	36tex×18×3	57	720	720	26.5	1.51	PE
	62	1	36tex×18×3	57	678	678	26.5	1.51	PE
	63	1	36tex×18×3	55	636	636	26.5	1.46	PE
网身 8节	64	1	36tex×20×3	53	637	637	32.5	1.72	PE
	65	1	36tex×20×3	50	602	602	32.5	1.63	PE
	66	1	36tex×20×3	47	567	567	32.5	1.53	PE
	67	1	36tex×20×3	47	532	532	32.5	1.53	PE
	68	1	36tex×20×3	47	497	497	32.5	1.53	PE
网身 9节	69	1	36tex×18×3	43	497	497	40.5	1.74	PE
	70	1	36tex×20×3	43	469	469	40.5	1.74	PE
	71	1	36tex×20×3	40	441	441	40.5	1.62	PE
	72	1	36tex×20×3	40	413	413	40.5	1.62	PE
	73	1	36tex×20×3	40	385	385	40.5	1.62	PE
	74	1	36tex×20×3	40	357	357	40.5	1.62	PE
	75	1	36tex×20×3	40	329	329	40.5	1.62	PE
网囊	1	1	36tex×18×3#	40	340	340	875	35.0	PE
网包	1	1	Ø6.0~ Ø8.0	250	60	60	14	3.50	PE

2. 纲索

(1) 上纲：由1条浮子纲和1条辅纲构成。

浮子纲：6股包芯绳，直径28.0~30.0 mm，净长186.90 m，两端另留出适当长度作眼环，数量1条；其中上网口中纲26.88 m，两上网翼边纲各长80.01 m。

辅纲：材料、规格、长度与浮子纲相同。

(2) 下纲：由1条下缘纲和1条沉子纲构成。

下缘纲：PE三股捻绳，直径25.0 mm，净长155.68 m，两端另留出适当长度作眼环，数量1条；其中下网口中纲25.20 m，两下网翼边纲各长65.24 m。

沉子纲：直径22.0 mm铁链，作沉子使用。总长度155.68 m，重1 560.0 kg。各段长度与下缘纲相同。

(3) 燕尾纲：3股PE绳，直径25.0 mm，净长82.60 m，对折使用，两端另留出适当长度作眼环，数量2条。

(4) 网身力纲：PE三股捻绳，直径26.0 mm，净长220.94 m，两端留适当长度作眼环，数量2条。

(5) 网囊力纲：PE三股捻绳，直径30.0 mm，净长3.50 m，两端留适当长度作眼环，数量4条。

(6) 网囊束纲：6股钢丝绳，直径20.0 mm，净长5.50 m，两端留出适当长度作眼环，数量1条。

(7) 束纲引纲：PE三股捻绳，直径50.0 mm，净长65.00 m，两端留出适当长度作眼环，数量1条。（至第4节前）

(8) 囊底纲：6股钢丝绳，直径12.0 mm，净长2.50 m，两端另留出适当长度作眼环，数量2条。

(9) 空纲：由上空纲和下空纲构成。

上空纲：6股包芯绳，直径30.0 mm，长150.00 m，两端另留出适当长度作眼环，数量2条。

下空纲：3股夹芯绳，直径35.0 mm，长150.00 m，两端另留出适当长度作眼环，数量2条。

(10) 曳纲：钢丝绳，直径20.0 mm，长350.00~400.00 m，每对船3条。

3. 浮子、沉子及其他属具

(1) 浮子：球形硬塑四耳浮子，直径280.0 mm，每个净浮力98 N，耐压水深150 m，数量126个。

(2) 沉子：以沉子纲代替，另备150 kg铁链调整网具使用。

（二）渔具装配

1. 网衣编织与缝合

（1）网头：网头包括燕尾、上下网袖、网盖和网身第 1 节网衣，4 部分一起用手工编织。按各段网衣长、宽目数和网目尺寸要求，从网身第 1 节第 8 段开始起编，至第 1 段。接网身第 1 段网衣前缘编织网盖，上、下网袖和燕尾。上网袖侧边以 2（1B1T）（2B1T7B）形式减目编结，下网袖侧边以 2（1B1T）（2B1T5B）形式减目编结，燕尾侧边以（1B1T1B1T3B）形式减目编结。再将网身第 1 节网衣两侧纵向编缝缝合成筒状，网头即形成。

（2）网身：网身第 2 节至第 9 节网衣，依次按各节每段网衣的规格要求分别编织，纵向编缝缝合成筒状。然后，用不同颜色网线把第 1 节至第 9 节网衣按顺序编缝缝合连接。

（3）网囊：侧边以编缝形式缝合成筒状。将网囊与网身第 9 节末端绕缝连结。

（4）网包：侧边以编缝形式缝合成筒状。将网囊套入网包内、纵向拉直，网囊和网包末端对齐均匀绕缝到一起，网包的前端绕缝到网囊网衣上。

2. 纲索装配

（1）上纲装配

浮子纲：浮子纲净长 186.90 m。每侧上边纲长度 80.01 m，分 3 段装配，第 1 段从上袖前端至第 1 宕，长度 48.51 m，翼网斜边配纲系数 0.99；第 2 段从第 1 宕至第 2 宕，长度 14.70 m，翼网斜边配纲系数 1.05；第 3 段从第 2 宕至上口门网角，长度 16.80 m，翼网斜边配纲系数 1.20；将各段上边纲均匀装配于上网袖侧边。上中纲长度 26.88 m，网衣缩结系数 0.32，将上口门的 5 个宕均匀装配于上中纲上。

辅纲：各段长度与浮子纲相同。用卸克把辅纲两端分别与浮子纲两端连接，其他部分用于结缚浮子。

（2）下纲装配

下缘纲：下缘纲净长 155.68 m。每侧下边纲长度 65.24 m，分 3 段装配，第 1 段从下袖前端至第 1 宕，长度 34.30 m，翼网斜边配纲系数 0.98；第 2 段从第 1 宕至第 2 宕，长度 14.42 m，翼网斜边配纲系数 1.03；第 3 段从第 2 宕至下口门网角，长度 16.52 m，翼网斜边配纲系数 1.18。将各段下缘纲均匀装配于下网袖侧边。下中纲长度 25.20 m，网衣缩结系数 0.30，将下口门的 5 个档均匀装配于下中纲上。

沉子纲：沉子纲材料为铁链，作为沉子使用。总长度及各段长度与下缘纲相同。按各段长度用网线直接把沉子纲装配在下缘纲上，用卸克把沉子纲和下缘纲两端分别连接一起。

（3）燕尾纲：净长 82.60 m，对折使用。上、下燕尾纲长度均为 41.30 m，分 2 段装配。第 1 段从燕尾最前端至第 2 个单脚，长度 14.00 m，配纲系数 1.00；第 2 段从第 2 个单脚至第 3 宕，长度 27.30 m，翼网斜边配纲系数 1.30；将各段纲索均匀装配于燕尾两侧边缘。用卸克把两端眼环分别连接到上、下纲两端的眼环上。

（4）网身力纲：2 条力纲的一端分别用卸克连接到下中纲两端的铁链上，沿网腹纵向绕缝于网腹的网衣上直到网囊末端，扎结于囊底纲上。

（5）囊底纲：囊底纲 2 条，外缠直径 10.0 mm PE 绳，用 25.0 mm PE 绳在纲上作水扣，然后将网囊背、腹末端网目分别均匀扎结在 2 条纲的水扣上。用卸克把囊底纲两端眼环分别连接。

（6）网囊力纲：将 4 条网囊力纲等距离分布于网囊两侧身网力纲之间，沿网囊纵向直目绕缝于网衣上，末端扎结于囊底纲上。

（7）束纲：将束纲穿入 4 条网囊力纲前端的眼环中，用卸扣把束纲两端眼环连接到一起，并连结束纲引纲。

（8）束纲引纲：把束纲引纲两端作眼环，前端连接在网身第 5 节网衣前端的力纲上，后端用卸扣连接在束纲两端的眼环上。

3. 浮子装配

直径 280.0 mm 球形硬塑四耳浮子，共计 126 个。上中纲装配 20 个，两端各装 1 个，其余等距离装配；每侧边纲装配 53 个，网袖前端装配 1 个，其余等距离装配。浮子装配时，每个浮子其中两耳结缚在浮子纲上，另两耳结缚于辅纲上。

（三）渔船

主机功率 735.0 kW（约为 1 000 马力）钢质渔船 2 艘。船长 43.00 m，型宽 7.30 m，型深 3.50 m，平均吃水 2.80 m，自由航速 10~12 kn。每船作业人员 10~13 人。

（四）渔法

渔法分放网准备、放网、拖曳、起网 4 个过程。

1. 放网准备

渔船到达渔场后，根据海况、渔场底质、天气情况及其他船生产情况等确定放网具体位置和拖曳方向。将网具按下水先后次序折叠堆放于甲板后部，网囊置放于船尾滚筒附近，以便投入水中；连接与网具有关的纲索，理清空纲，把上、下空纲的连接处锁入固定在舷柱上的弹钩内。

2. 放网

网船慢车前进，当船舶有一定的速度后停车。投网囊入水，借船舶的惯性将网具拖入水中，直至空纲下水、尾柱上的弹钩受力。此时所有的浮子浮出水面。带网船从右后方向网船靠拢，两船首对齐时，带网船将连接公用曳纲的撇缆抛给网船，并慢慢松放夹棕曳纲。网船接过公用曳纲后，将其端部与右空纲前端连接。驾驶人员发出放网命令后，后甲板人员打开左、右尾柱上的弹钩，放网船和带网船同时松放曳纲。两船各向外偏转45°，快车行驶松放曳纲。待最后一个曳纲连接卸克下水后，将船尾钢丝绳端的卸克套入正松放中的曳纲钢丝绳。当曳纲松放剩余60.00~100.00 m时，渔船船首恢复至拖网方向并停车，依靠船的惯性松放剩余的曳纲。当船尾钢丝绳受力后，调节主机转入拖网转速，放网过程结束。

3. 拖曳

两船保持平行拖曳，两船间距400.00~600.00 m，具体根据渔场中船数的多寡、捕捞对象和天气情况而定；拖曳时间3~4 h；拖速3.0~5.0 kn。

4. 起网

起网前10 min，两船开始采用小舵角向内靠拢。当两船间距减至20~25 m时，平行拖曳几分钟，将网身中的渔获物冲入网囊。带网船将公用曳纲的引缆抛递给网船，网船将引缆收进，并将公用曳纲接入右绞纲机绳索滚筒，停车和绞收曳纲。此时带网船打开船尾钢丝绳弹钩，驶离起网船漂流等待。当曳纲绞收完毕，空纲前端到达甲板后部时，可慢车拖曳1 min左右，以冲刷空纲和沉子纲上的泥浆，然后停车继续绞收空纲。当网袖端到尾甲板时，采用设于船首两侧的导向滑轮和钢丝绳将网袖拉至两舷侧通道。随后将浮、沉子纲中段和网身第1段前部吊上甲板，依次分段吊进网身并折叠放好，当网身末节和网囊出水后，将网囊吊进甲板，倒出渔获物。当渔获物过多时，可通过网囊束纲和网囊引纲分隔起吊。

(五) 结语

该渔具是黄海捕捞中上层鱼类的主要渔具，网具主尺度大，网具阻力小、拖速快、产量高，是捕捞鲅鱼的有效渔具。但该渔具的网囊网目尺寸较小，网口伸张高度大，兼捕种类多，对鲅鱼、银鲳、小黄鱼等经济鱼类幼鱼资源损害较大。根据中华人民共和国农业部通告〔2013〕1号《农业部关于实施海洋捕捞准用渔具和过渡渔具最小网目尺寸制度的通告》之规定，双船有翼单囊拖网为过渡渔具，黄海作业最小网目（或网囊）尺寸为54 mm，渤海禁止作业。该渔具的网囊网目尺寸为40 mm，不符合过渡期的准用条件。

14 m 大目浮拖网（山东　石岛）

896 m×248.49 m (186.90 m)

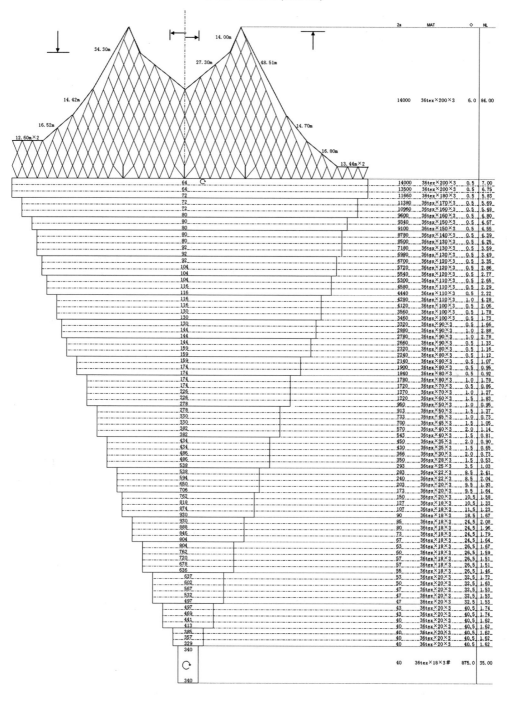

图 3-49　14 m 大目浮拖网网衣展开图

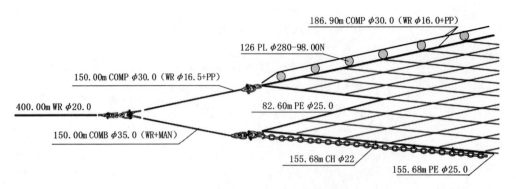

图 3-50　14 m 大目浮拖网纲索结构示意图

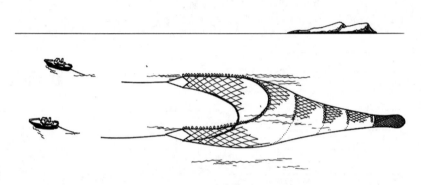

图 3-51　14 m 大目浮拖网作业示意图

第三节　单船桁杆拖网

单船桁杆拖网属底层拖网渔具。其捕鱼原理是依靠一艘机动的渔船，拖曳带有桁杆的网具，在拖曳的过程中，将各种鱼、虾、头足类等驱入网内达到捕捞目的。桁杆拖网主要由桁杆、网盖、网身和网囊构成，在上网口前部的网盖前缘装配桁杆，使网口保持水平张开。单船桁杆拖网分为单囊、双囊和多囊几种型，作业时，从船身两侧各伸出一个撑杆，各拖带 1~2 个网具，船尾带 1 个，共带 3~5 个渔具，多用于海洋近岸浅水区捕捞虾类、小型鱼类和甲壳类。黄渤海区的桁杆拖网主要为单船单囊桁杆拖网，分布于辽宁、河北、天津的渤海沿岸，作业海区主要为渤海水深在 20 m 以内的浅海区域，辽宁庄河和山东日照等地也有少量桁杆拖网在黄海北部浅水区及海州湾近岸作业。

一、扒拉网（辽宁　盘锦）

扒拉网属单船桁杆单囊型拖网（OO·hg·T），俗称杆网，主要分布于辽宁的盘锦和营口以及河北的沿海水域。该渔具桁杆长度 6.00~8.00 m，适宜于 29.40~

88.20 kW（40~120 马力）的小型渔船作业。作业渔场主要为渤海的浅水区域，作业水深约 20 m 以内。单船底层拖网作业，每船靠撑杆可拖曳 3~5 顶渔具，主要渔获对象为口虾蛄和鲜明鼓虾等小型虾类，兼捕鰕虎鱼等小型底层鱼类和蛸、贝类。作业渔期：3—5 月，9—11 月。一般白天作业，当天晚上回港，日投网次数 4~5 网，每网拖曳时间 1~2 h，拖速 1~3 kn，网次产量 15~40 kg。

下面以辽宁省盘锦市 44.1 kW（约为 60 马力）渔船的扒拉网为例作介绍。

（一）渔具结构

渔具主尺度：30.31 m×8.43 m（6.00 m）。

1. 网衣

网衣部分主要由网盖、网背、网腹、网侧、网囊构成。网背、网腹各分 3 段网衣。全部网衣均用聚乙烯捻线编织，单线单死结，纵目使用。各部网衣结构如表 3-12 所示。

表 3-12　扒拉网网衣结构

名称		段号	数量（片）	网线规格（tex×s×n）	目大（mm）	宽度 起目	宽度 终目	长度（目）	长度（m）	剪裁斜率	材料
网盖		1	1	36tex×3×3	36	417	387	35.5	1.28	—	PE
网身	网背	1	1	36tex×3×3	36	386	290	50.5	1.82	5∶4	PE
		2	1	36tex×3×3	25	289	139	100.5	2.51	4∶3	PE
		3	1	36tex×3×3	22	138	118	130.5	2.82	13∶1	PE
	网腹	1	1	36tex×9×3	36	386	290	50.5	1.82	5∶4	PE
		2	1	36tex×7×3	25	289	139	100.5	2.51	4∶3	PE
		3	1	36tex×6×3	22	138	118	130.5	2.82	13∶1	PE
网侧		1	2	36tex×9×3	36	1	35	35.5	1.28	1∶1	PE
		2	2	36tex×9×3	36	35	1	35.5	1.28	1∶1	PE
网囊		1	1	36tex×3×3	18	336	336	60	1.08	—	PE

2. 纲索

（1）上纲：PE 三股捻绳，直径 4.5 mm，净长 5.94 m，1 条。

（2）下纲：PE 三股捻绳，直径 5.5 mm，净长 8.12 m，Z 捻、S 捻各 1 条，共 2 条。

（3）吊纲：PE 三股捻绳，直径 5.0 mm，净长 0.60 m，8 条。

（4）小叉纲：PE 三股捻绳，直径 15.0 mm，净长 1.55 m，2 条，净长 1.65 m，2 条。

（5）大叉纲：PE三股捻绳，直径15.0 mm，净长4.80 m，1条；净长3.40 m，1条。

（6）曳纲：PE复合捻绳，直径25.0 mm，长50.00~60.00 m，1条。

3. 沉子及其他属具

（1）沉子：规格为70.0 mm×50.0 mm×15.0 mm铅质长方体沉子，一端带有直径8.0 mm圆孔，重350 g/个，共96个。

（2）吊坠：圆柱体，铁质，直径46.0 mm，高200.0 mm，两端用钢筋焊成圆孔，重2 500 g/个，共8个。

（3）铁链：直径为4.0 mm的铁链，长8.60 m，2根合并使用。

（4）桁杆：镀锌钢管，直径45.0 mm，长6.00 m，1根。

（二）渔具装配

1. 网衣缝合

将网盖、网背的第1、第2和第3节网衣依次编缝连接；网腹的第1、第2和第3节网衣依次编缝连接；再把网背、网腹和2片网侧（三角网）以1.5目纵向绕缝到一起成锥状。将网囊网衣2边缘以编缝形式纵向缝合成筒状，然后把网囊绕缝到网的最后端。

2. 上、下纲装配

（1）上纲装配：把直径4.5 mm，净长5.94 m的聚乙烯绳上纲穿入网盖前缘网目，两端另外留出一定长度作眼环，用网线把网目均匀的绕缝到纲索上，每隔100 mm打结固定，网衣缩结系数0.40。

（2）下纲装配：直径5.5 mm、净长8.12 m的PE三股捻绳下纲，2条。其中1条作下缘纲使用；另1条作沉子纲使用。把下缘纲穿入网侧（三角网）和网腹前缘网目，两端另外留出一定长度作眼环，在纲索的两端各取1.28 m长度，均匀绕缝于网侧前缘的网目上，每100 mm打2个丁香结固定，缩结系数1.00；把中间余下的5.56 m长度纲索，均匀绕缝于网腹前缘的网目上，每100 mm打2个丁香结固定，网衣缩结系数0.40。

（3）沉子纲装配：把96个铅质沉子穿入净长8.12 m的沉子纲上，两端另外留出一定长度作眼环，纲索两端0.60 m不配沉子，剩余纲索分为9个档，每档0.77 m，两边各1个档，每档配备13个沉子，中间7个档，每档配备10个沉子。

把沉子纲、下缘纲、上纲的两端扎结一起，然后把沉子纲扎结到下缘纲上，每100 mm间距扎结一道。

3. 吊坠、吊纲、铁链的装配

（1）吊坠装配：在结缚网腹前缘的下纲上，平均分成9档，每档0.62 m，在纲索上每间隔 0.62 m 扎结 1 个吊坠，共装 8 个。

（2）吊纲装配：在每个吊坠的另一端分别结缚 0.60 m 长度的吊纲，共 8 条，吊纲的另一端接在桁杆上。

（3）铁链装配：将长 8.60 m 的铁链，等间距地扎结在每个吊纲和吊坠的连接处。

4. 桁杆、叉纲装配

（1）桁杆装配：把 5.94 m 的上纲装配在 6.00 m 长的桁杆上，桁杆两端各留出 0.03 m，每间隔 0.66 m 扎结 1 道，共分 9 个档，扎 10 道；然后，两端各留 1 档，将 8 条吊纲依次结缚在每个档的扎结处。

（2）小叉纲装配：把净长 1.55 m 的 2 条小叉纲，各对折成 2 段，长度分别为 1.00 m、0.55 m，在对折处扎制成小眼环；同样，净长 1.65 m 的 2 条小叉纲，各对折成 2 段，长度分别为 0.90 m、0.75 m，在对折处扎制成小眼环。把 4 个小叉纲的两端依次结缚在桁杆上吊纲的结缚处，2 条 1.55 m 长的小叉纲在两端，2 条 1.65 m 长的小叉纲在中部。

（3）大叉纲装配：把净长 4.80 m 的大叉纲中间对折成 2 段，各段长 2.40 m，把纲的两端分别接在桁杆两端小叉纲的眼环上；同样，把净长 3.40 m 的大叉纲中间对折成 2 段，各段长 1.70 m，把纲的两端分别接在桁杆中部 2 个小叉纲的眼环上。把 2 条叉纲对折处合在一起，扎制成 200 mm 长的眼环，连接曳纲用。

（三）渔船

木质渔船，主机功率 44.1 kW（约为 60 马力）。一船可拖曳 3 顶渔具，每船作业人员 2~3 人。

（四）渔法

渔船到达渔场后，根据风流、水深、渔场底质、天气情况确定放网具体位置和拖曳方向。

1. 放网

放网前将网具按顺序理顺叠好，网囊在下面，网盖和桁杆放到最上面，检查各纲索、铁链、吊坠之间是否纠缠，连接好网具各部位的纲索。根据风向和流向选择放网位置和拖曳方向，一般选择逆流或顺流放网拖曳，渔船选定拖曳方向后慢速前进，停车后利用余速放网。先撑开船舷两侧的撑杆，曳纲通过撑杆上的滑轮结在大叉纲上，将网具按序放在船舷，先将网衣放入水中，再把桁杆投入水中；渔船两舷网具放完后，最后放尾部拖曳的网具。待渔具全部下水后，观察网具张开是否正常，网具张开正常后，渔船慢速行进，同时松放曳纲，一般曳纲放出长度约为水深的 3 倍。

2. 拖曳

曳纲放完，渔具处于正常后，开始拖曳，为了避免网具相互纠缠，通常直行拖曳，曳行过程中不宜作急转弯，拖速 1~3 kn，拖曳 1~2 h 后开始起网。

3. 起网

起网时渔船减速，先起尾部的渔具，然后再起两舷渔具。起网时，用稳车慢速收绞曳纲，待把桁杆绞上甲板后，用绞纲机把网拖到船上，利用吊杆将网囊吊上船尾甲板，解开囊底纲倒出渔获物后。将囊底再次封扎，重新放网。

（五）结语

扒拉网是渤海沿岸小型渔船捕捞作业的主要拖网渔具，渔具规格较小、成本低，作业于近岸浅水区。由于底纲较重，对底栖生物和海底地形、地貌有一定影响。根据中华人民共和国农业部通告〔2013〕1 号《农业部关于实施海洋捕捞准用渔具和过渡渔具最小网目尺寸制度的通告》之规定，单船桁杆拖网为过渡渔具，最小网目（或网囊）尺寸为 25 mm。该渔具的网囊网目尺寸为 18 mm，不符合过渡期的准用条件。

扒拉网（辽宁 盘锦）

30.31 m×8.43 m (6 m)

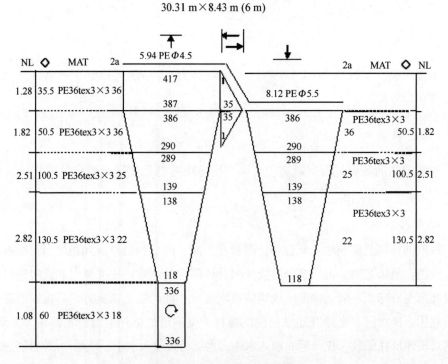

图 3-52 扒拉网网衣展开图

188

图 3-53　扒拉网网衣展开图结构照片

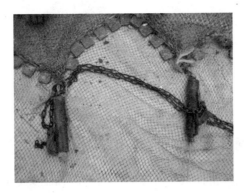

图 3-54　扒拉网沉子纲、铁链、吊坠装配照片

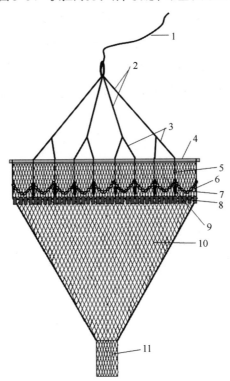

图 3-55　扒拉网结构示意图

1-曳纲；2-大叉纲；3-小叉纲；4-桁杆；5-吊纲；6-铁链；7-吊坠；8-沉子；9-网盖；10-网身；11-网囊

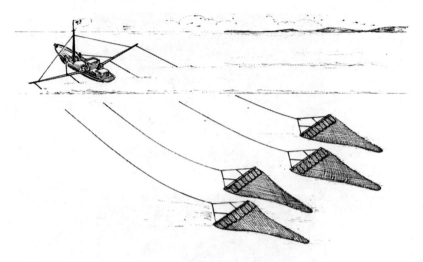

图 3-56　扒拉网作业示意图

二、对虾扒拉网（天津）

对虾扒拉网属单船式桁杆型拖网（OO·hg·T），主要分布于天津、河北等地的沿海水域，是渤海沿岸渔民应用已久的传统渔具。该渔具桁杆长度 6.00~9.00 m，适宜于主机功率在 58.80~88.20 kW（80~120 马力）的小型渔船作业。作业海区主要是渤海湾、莱州湾的浅水区，作业水深 5~10 m。单船底层拖网作业，每船靠撑杆可拖曳 3 至 5 顶渔具，主捕对虾。渔期 9 月上旬~10 月上旬。

下面以天津市主机功率 88.20 kW（约为 120 马力）渔船的对虾扒拉网为例作介绍。

（一）渔具结构

渔具主尺度：34.00 m×8.46 m（8.00 m）。

1. 网衣

网衣部分主要由网帘、网背、网腹和两片三角网片构成。全部网衣均用聚乙烯捻线单线单死结编织，纵目使用。各部网衣结构、规格如表 3-13 所示。

190

表 3-13　对虾扒拉网网衣结构

名称		段号	数量（片）	网线规格（tex×s×n）	目大（mm）	宽度		长度		剪裁斜率	材料
						起目	终目	（目）	（m）		
网帘		1	1	42tex×4×3	50	260	260	26.5	1.33	—	PE
网身	网背	1	1	42tex×3×3	50	260	260	120.0	6.00	—	PE
		2	1	42tex×3×3	50	260	260	16.0	0.80	—	PE
		3	1	42tex×5×3	50	260	260	30.0	1.50	—	PE
	网腹	1	1	42tex×5×3	85	260	260	1.5	0.13	—	PE
		2	1	42tex×4×3	85	260	260	6.0	0.50	—	PE
		3	1	42tex×4×3	65	260	260	18.0	1.17	—	PE
		4	1	42tex×4×3	50	260	260	40.0	2.00	—	PE
		5	1	42tex×5×3	50	260	260	30.0	1.50	—	PE
三角网		2	2	42tex×5×3	50	1	120	120.0	1.28	1:1	PE

2. 纲索

（1）上纲：PE 三股捻绳，直径 6.0mm，净长 8.00~8.50 m，1 条。

（2）沉子纲：PE 三股捻绳，直径 8.0 mm，净长 14.45 m，1 条。

（3）下缘纲：PE 三股捻绳，直径 8.0 mm，净长 14.45 m，Z 捻、S 捻各 1 条，共 2 条。

（4）网帘缘纲：PE42tex×4×3 捻线，长 9.00 m，1 根。

（5）吊纲：PE 三股捻绳，直径 6.0 mm，净长 3.00~3.30 m，13 条。

（6）内叉纲：PE 三股捻绳，直径 10.0 mm，净长 7.00 m，2 条，对折使用。

（7）外叉纲：PE 三股捻绳，直径 16.0 mm，净长 13.30 m，2 条。

（8）曳纲：PE 复合捻绳，直径 16.0 mm，长 60 m，1 条。

（9）引纲：PE 三股捻绳，直径 6.0~8.0 mm，长 20.00~30.00 m，2 条。分别穿过撑杆两端滑轮，一端连接曳纲，另一端系于船舷柱上。

3. 属具

（1）沉子：铸铁，元宝形，长 90.0 mm，宽 70.0 mm，高 20.0 mm。重 400 g/个，共 70 个。

（2）桁杆：竹竿，直径 50.0 mm，长 8.50 m，2 根并扎使用。

（3）撑杆：木杆，直径 150.0~200.0 mm，长 8.00~10.00 m，横置渔船尾部，两端装滑轮，通过引纲牵引两侧扒拉网用。

（4）沉石：系在叉纲与曳纲连接处，稳定网具用。

（二）渔具装配

1. 网衣缝合

网帘后缘与网背前缘逐目编缝缝合。2 片三角网直边分别与网背两侧逐目绕缝缝合。网腹网衣前端两侧分别与三角网衣顶点连接后，沿三角网下斜边绕缝，剩余部分与网背侧边绕缝到一起，最后将网背和网腹末端编缝缝合。

2. 上纲装配

从网背前缘网目（与网帘接缝处）横向穿入上纲，分档扎结。上纲装配网衣部分长 8.00 m，网衣缩结系数 0.58。

3. 网帘装配

网帘前缘穿入网帘纲后，向后上方折卷，横向每隔 5 目扎挂在距网背上纲 2~3 目处，共分 52 档。使网帘形成若干兜状，各档网帘缘纲均呈悬链状。

4. 沉子纲装配

网腹前端网目穿入下缘纲，与等长沉子纲分档扎结，并装配沉子 70 个。中间部分扎 56 个，两侧各扎 7 个。沉子纲两端分别与桁杆两端连接。

5. 吊纲装配

吊纲 13 条，中间稍长，向两侧逐渐递减，按等距离分布，一端接在下纲上，另一端连接在桁杆上。

6. 叉纲与曳纲装配

在桁杆上连接内叉纲和外叉纲，外叉纲连接曳纲。

（三）渔船

木质渔船，主机功率 88.20 kW（约为 120 马力）。船长 25.00 m，型宽 4.80 m，型深 1.60 m，自由航速 8.0 kn。每船作业人员 4~5 人。

（四）渔法

一船拖曳 3 顶网具作业，撑杆两侧各曳 1 网，船尾曳 1 网。

放网时先将撑杆两端的网具同步投放，然后从船尾放出中间的网。放出中间网具的曳纲比两侧网具的曳纲短 10.00 m 左右。放出曳纲长度通常为作业水深的 3~4 倍。通常是顺流曳网，风大时顺风曳网。曳行中不宜作急转弯，避免网具相互纠缠。

起网时先收绞中间的网，然后收绞两侧的网。

（五）结语

该渔具根据对虾受刺激后向后上方弹跳的行为习性，在网口上方设置网帘，结构合理，捕捞对象具有针对性，简便可行，生产成本低。由于对虾资源逐渐减少，该渔具数量很少，可作为兼作渔具使用。根据中华人民共和国农业部通告〔2013〕1 号《农业部关于实施海洋捕捞准用渔具和过渡渔具最小网目尺寸制度的通告》之规定，单船桁杆拖网为过渡渔具，最小网目（或网囊）尺寸为 25 mm。该渔具最小网目尺寸为 50 mm，符合过渡期的准用条件。

对虾扒拉网（天津）

34.00 m×8.46 m (8.00 m)

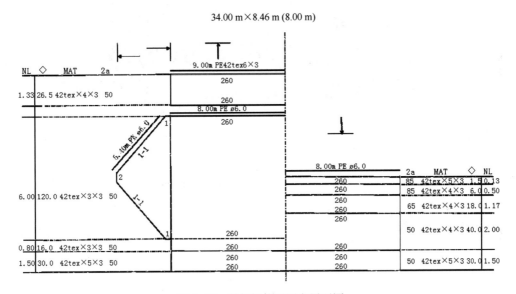

图 3-57　对虾扒拉网网衣展开图

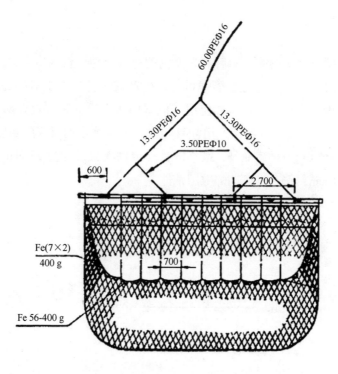

图 3-58 对虾扒拉网结构示意图

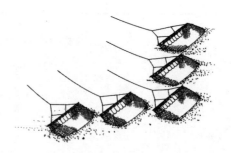

图 3-59 对虾扒拉网作业示意图

三、轱辘网（辽宁 旅顺）

轱辘网属单船式桁杆单囊型拖网（OO·hg·T），因在桁杆两端加装两个轱辘而得名"轱辘网"，主要分布于辽宁省大连市旅顺周边的沿海水域。该渔具桁杆长度 15.00~20.00 m，适宜于主机功率 29.40~88.20 kW（40~120 马力）的小型渔船作业。

194

作业渔场主要为黄海北部大连地区的近岸水域，作业水深约70 m以内。单船底层拖网作业，每船靠撑杆拖曳1顶渔具，捕捞虾、蟹、贝、螺和底层鱼类。渔期9—11月。日投网次数3~4网，每网拖曳时间2~3 h，拖速1~2 kn，网次产量50~250 kg。

下面以辽宁旅顺主机功率58.80 kW（约为80马力）渔船的轳辘网为例作介绍。

（一）渔具结构

渔具主尺度：55.36 m×18.11 m（16.70 m）。

1. 网衣

网衣部分主要由网盖、三角网、网背、网腹、网侧、网囊、网囊衬衣构成。全部网衣均用聚乙烯捻线编织，单线单死结，纵目使用。各部网衣结构如表3-14所示。

表3-14 轳辘网网衣结构

名称		数量	材料	网线规格 tex×s×n	目大（mm）	宽度 起目	宽度 终目	长度（目）	长度（m）	剪裁斜率
网盖		1	PE	36tex×3×3	18	1480	1480	123	2.22	—
网身	网背	1	PE	36tex×3×3	18	1480	274	671.5	12.09	10:9
	网腹	1	PE	36tex×20×3	40	666	150	302.5	12.10	7:6
	网侧	2	PE	36tex×20×3	40	26	1	101.5	4.06	4:1
三角网		2	PE	36tex×20×3	40	1	26	55.5	2.22	11:5
网囊		1	PE	36tex×20×3	40	246	246	95	3.80	—
网囊衬衣		1	PE	36tex×3×3	18	550	550	211	3.80	—

2. 纲索

（1）上纲

PE三股捻绳，直径5.0 mm，净长16.00 m，两端留适当长度作眼环，共2条。

（2）下纲

下缘纲：PE三股捻绳，直径10.0 mm，净长16.00 m，共2条。

沉子纲：6股钢丝绳，直径8.0 mm，净长19.8 m，两端留适当长度作眼环，数量1条，外穿塑胶滚轮和铁沉子。

（3）吊纲

PE三股捻绳，直径10.0 mm，净长1.50 m，130条。

（4）吊链

直径40.0 mm铁链，净长0.40 m，130条。

（5）叉纲

大叉纲：PE三股复合捻绳，直径23.0 mm，净长9.43 m，2条；PE三股复合捻绳，直径 15.0 mm，净长 7.81 m，2 条。共 4 条。

小叉纲：PE 三股复合捻绳，直径 15.0 mm，净长 5.00 m，2 条；PE 三股复合捻绳，直径 15.0 mm，净长 3.60 m，2 条；PE 三股复合捻绳，直径 20.0 mm，净长 3.00 m，1 条；PE 三股复合捻绳，直径 20.0 mm，净长 2.00 m，1 条。共 6 条。

（6）囊底纲

PE 三股复合捻绳，直径 14.0 mm，净长 2..60 m，2 条，两端留适当长度作眼环。用同粗度的 PE 绳在 2 条囊底纲之间作水扣，水扣长 100 mm、高 50 mm。

（7）网囊力纲

PE 三股复合捻绳，直径 16.0 mm，净长 1.50 m，两端留适当长度作眼环，2 条。

（8）曳纲：6 股钢丝绳，直径 14.0 mm，长 160.00 m，1 条。

3. 沉子及其他属具

（1）沉子：

凹形铁质沉子：长 100.0 mm、宽 70.0 mm、最大厚度 30.0 mm，截面呈流线型，一端有宽 25.0 mm、深 35.0 mm 凹槽，并有直径 12.0 mm 圆孔。每个重 1 200 g，数量 130 个。

圆柱形塑胶滚轮：外径 60.0 mm、孔径 20.0 mm、长 50.0 mm，每个重 180 g，共 131 个。

（2）桁杆：镀锌钢管，直径 110.0 mm，长 16.70 m，1 根。

（3）滚轮：直径 1.20 m，外圈由宽 60.0 mm、厚 3.0 mm 铁板制成，24 根轮辐由直径 15.0 mm 圆钢制成，轮毂的中间有孔径 120.0 mm 的钢质轴套。滚轮共 2 个，分别装在桁杆两端。

（二）渔具装配

1. 网衣缝合

网身缝合：用网背 1 片、网腹 1 片、网侧 2 片，网片前缘网目对齐，2 片网侧的纵向直目边与网背边缘纵向绕缝到一起，斜边与网腹边缘纵向绕缝到一起，形成锥形筒状网身。

网盖与网身缝合：把网身的网背前缘网目与网盖边缘网目以 1 目对 1 目的形式横向编缝缝合。

三角网与网盖缝合：把 2 片三角网的横向直目边分别与 2 个网侧的横向直目边以编缝方法缝合到一起；把 2 片三角网的纵向直目边分别与网盖的边缘网目纵向绕缝缝合到一起。

网囊、网囊衬衣与网身缝合：先把网囊的 2 个纵向直目边绕缝缝合，形成筒状网囊，以同样方法把网囊衬衣进行缝合。衬衣套进网囊内，把衬衣和网囊前缘网目绕缝在一起，再均匀缝合到网身末端边缘的网目上。

2. 纲索装配

（1）上纲装配

2 条上纲，把其中 1 条上纲穿入网盖前缘网目，使网目在纲索上均匀分布，另 1 条附在外面，两端另外留出一定长度作眼环，用网线把 2 条上纲连同网目均匀地绕缝到一起，每隔 100 mm 打 2 个丁香结固定，网衣缩结系数 0.60。

（2）下纲装配

下缘纲：2 条下缘纲，把其中 1 条下缘纲穿入网腹前缘网目，使网目在纲索上均匀分布，另 1 条附在外面，两端另外留出一定长度作眼环，用网线把 2 条下缘纲绕到一起，每隔 100 mm 打 2 个丁香结固定，网衣缩结系数 0.60。

沉子纲：直径 8.0 mm、净长 19.80 m 钢丝绳，两端留适当长度作眼环。先在钢丝绳一端做一个眼环，然后穿橡胶滚轮和铁沉子，每隔 1 个滚轮穿 1 个铁沉子，共穿 16.0 m，最后在另一端做眼环。钢丝绳两端各留出 1.90 m，用网线扎在三角网的斜边上。在每个铁沉子的凹处用铁环把沉子纲与下缘纲相连。

（3）囊底纲装配：用同粗度的 PE 绳在 2 条囊底纲之间作水扣，水扣长 100 mm、高 50 mm，然后把囊底纲绕缝在网囊末端的网目上。

（4）网囊力纲装配：每个网囊装配 2 根网囊力纲，分别装配于网囊背部和腹部的中间处，纲索的一端连接在囊底纲上，沿网囊纵向直目绕缝于网囊网衣上。

3. 吊纲、吊链的装配

把吊链的一端固定在每一个铁沉子凹处的沉子纲上，另一端接吊纲，每一根吊链、吊纲的总长 1.90 m。

4. 桁杆、叉纲装配

（1）桁杆：把 16.00 m 的上纲装配在桁杆上，每间隔 120 mm 用 PE 绳扎结 1 道。同时把沉子纲钢丝绳的两端和吊纲依次结缚在每个扎结处。

（2）叉纲：叉纲装配见叉纲装配示意图（图 3-64）。

（三）渔船

钢质渔船，主机功率 58.80 kW（约为 80 马力）。渔船总长 15.00 m，型宽 4.00 m，平均吃水 1.30 m，自由航速 5~7 kn，每船作业人员 4 人。

（四）渔法

渔船到达渔场后，根据风流、水深、渔场底质、天气情况确定放网具体位置和拖曳方向。

1. 放网前准备

将桁杆放在船舷一侧，网具顺序理顺叠好搭在桁杆上，网囊放在最上面。检查各纲索、铁链之间是否纠缠，连接好网具各部位的纲索。

2. 放网

根据风向和流向选择放网位置和拖曳方向，通常选择顺流或逆流放网拖曳，渔船选定拖曳方向后慢速前进，停车后利用余速放网。放网时先把网囊放入水中，利用余速把全部网具带入水中后，将桁杆推下水。观察网具张开是否正常，网具张开正常后，渔船慢速行进，然后放曳纲至所需长度。通常曳纲放出长度为作业水深的3~4倍。

3. 拖曳

曳纲放完，渔具处于正常后，开始拖曳，拖速为 1~2 kn，拖曳 3~4 h 后开始起网。

4. 起网

起网时渔船减速，用稳车慢速收绞曳纲，待把叉纲绞上甲板后，利用吊杆将桁杆吊上船舷甲板，再把网衣和网囊吊到甲板上，解开囊底纲倒出渔获物。将囊底再次封扎，重新放网。

（五）结语

轱辘网是在扒拉网基础上改进的新型渔具。它加长了桁杆长度，使渔具规格增大，并在桁杆两端安装铁轮，作业时保持一定的网口高度、减小阻力。该渔具与传统的桁杆拖网比较，作业水深增加，扩大了渔场作业范围，提高了捕捞能力。根据中华人民共和国农业部通告〔2013〕1 号《农业部关于实施海洋捕捞准用渔具和过渡渔具最小网目尺寸制度的通告》之规定，单船桁杆拖网为过渡渔具，最小网目（或网囊）尺寸为 25 mm。该渔具网囊网目尺寸为 40 mm，如不加网囊衬衣，符合过渡期的准用条件。

轱辘网（辽宁　旅顺）

55.36 m×18.11 m (16.70 m)

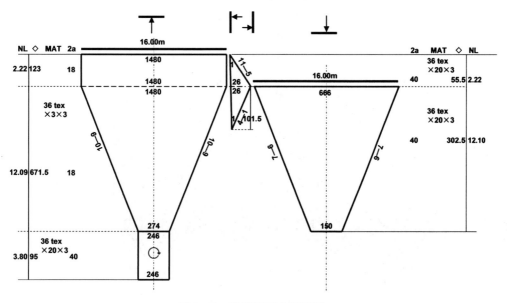

图 3-60　轱辘网网衣展开图

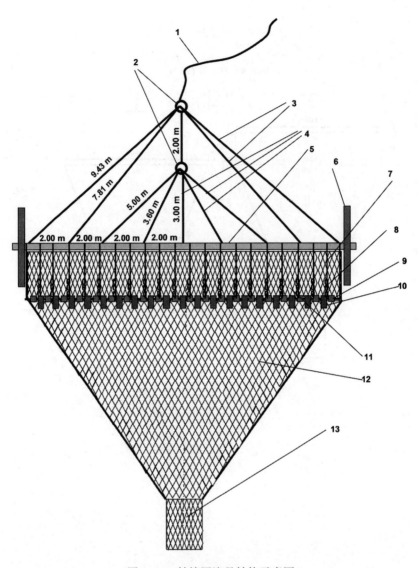

图 3-61 轱辘网渔具结构示意图

1-曳纲；2-铁环；3-大叉纲；4-小叉纲；5-桁杆；6-铁轮；7-吊纲；8-吊链；9-硬塑
滚轮；10-铁沉子；11-网盖；12-网身；13-网囊

图 3-62　轱辘网囊底纲照片

图 3-63　轱辘网沉子纲照片

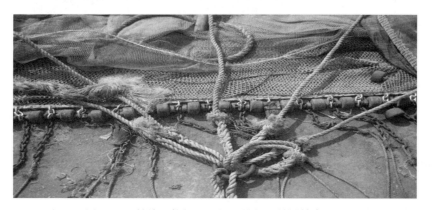

图 3-64　轱辘网桁杆、叉纲、吊纲、吊链结合照片

图 3-65　辘轳网照片

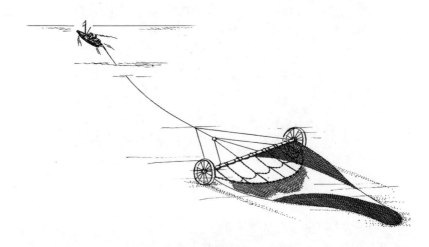

图 3-66　辘轳网作业示意图

第四节　单船框架拖网

单船框架拖网属底层拖网渔具，其捕鱼原理是依靠一艘机动的渔船拖曳网具，在拖曳的过程中，将各种鱼、虾、头足类等驱入网内达到捕捞的目的。框架拖网主要由网口框架、网身和网袋构成，在网口前缘装配长方形框架使网口张开。作业时，靠船身两侧的撑杆，拖带 5~9 个渔具，多用于近岸浅水区捕捞虾类、小型鱼类和甲壳类。黄渤海区的框架拖网适宜于小型渔船单船底层拖网作业，渔船功率一般为88.20~132.30 kW（120~180 马力）。主要分布于山东、河北一带沿海水域，作业区域主要在莱州湾及周边近岸海域，作业水深约 30 m 以内。

弓子网（山东 莱州）

弓子网是一种小型单船底拖网，属单船框架单囊拖网（00·kj·T），主要分布于山东莱州、河北一带沿海水域。该渔具是从传统的单船底层桁杆拖网（俗称扒拉网）衍变而来，用弓形框架替代了桁杆，其结构特点是由 2 个翘板为弓子架的底脚，3 根钢管为支架，焊接成一体成弓形架。网口完全固结在弓形框架上，网具由网身和网囊组成。由于其网型的框架最初为用竹片制作，呈"弓"形，故渔民称之为"弓子网"，现竹架已被铁架替代。该网具的网口周长 10.60~12.33 m，网衣长度 6.06~7.00 m，框架宽 2.20~2.40 m，高 0.38~0.45 m。适宜于主机功率 88.20~294.00 kW（120~400 马力）的中小型渔船作业，作业渔场主要为莱州湾及周边近岸海域，作业水深约 30 m 以内。单船底层拖网作业，一船拖曳网具 5~9 顶，主捕虾类，兼捕小型底层鱼类、蛸和贝类。渔期 4—5 月，9—11 月。日投网次数 5~6 网，每网拖曳时间 1~2 h，拖速 1.5~2.0 kn，网次产量 50~250 kg。

下面以山东莱州主机功率 132.30 kW（约为 180 马力）渔船的弓子网为例作介绍。

（一）渔具结构

渔具主尺度：12.33 m×6.06 m（2.20 m）。

1. 网衣

网衣部分主要由网身和网囊构成。网身由网背、网腹和左右网侧 4 片网衣缝合而成，网片均用乙纶网线单死结编结，纵目使用，2a = 67 mm；网线规格为 42tex×4×3。囊网由 2 片网衣缝合而成，乙纶网线单死结编结，纵目使用，2a = 23 mm；网线规格为 42tex×6×3。网具规格为网口周长 12.33 m，网衣长度 6.06 m 左右；网口网衣网目尺寸 67 mm，囊网最小网目尺寸 23 mm；身网长 4.05 m，囊网长 2.01 m。

2. 纲索

（1）网口缘纲：乙纶绳，直径 8.0 mm，长 5.30 m；穿入网口网目。

（2）网口附纲：乙纶绳，直径 8.0 mm，长 5.30 m；并附绑扎在网口缘纲上。

（3）左、右叉绳：乙纶绳，直径 16.0 mm，长 6.00 m，各 1 条。

（4）中叉纲：乙纶绳，直径 16.0 mm，长 6.00 m，1 条。

（5）曳纲：乙纶绳，直径 16.0 mm，长 30.00~80.00 m。

（6）引纲：乙纶绳，直径 8.0 mm，长 20.00~30.00 m；一端连接曳纲，一端系于船舷柱上。

3. 其他属具

（1）弓子框架：框架宽 2.20 m，高 0.45 m；左、右翘板宽各 100 mm，长

0.45 m。弓子横梁、支架材料为钢筋，左、右翘板材料为钢板。

（2）撑杆：长木杆或空心钢管，直径 100.0~200.0 mm，长 8.00~10.00 m，横置于舵楼两侧，转动连接，撑杆上装有滑轮，通过引纲牵引两侧弓子网用。

（3）网口下纲配重：铁链，7.00~8.00 kg；亦有使用铅制沉子，配重比为1.50~2.00 kg/m。

（4）转环：连接曳纲与叉纲。

（二）渔具装配

1. 网衣缝合

网身各部分网衣纵向缝合时拉直对齐绕缝，网囊网衣纵向缝合时拉直对齐绕缝，网囊与网身横向编缝。

2. 纲索装配

先将网口缘纲穿入网口网衣，分段标记，均匀扎结，水平缩结系数 0.45；网口缘纲与网口附纲分段扎紧。铁链分段绑扎在网口附纲上。

3. 弓子架与网具装配

网衣上网口缘纲和上网口附纲直接分段绕缝在弓子架横梁上，两侧网口缘纲和网口附纲分别绕缝在左、右支架的后半部，至支架下口两边角处的翘板处。

4. 叉纲连接

左、右叉纲和中叉纲分别连接在弓子架的两端翘板处和横梁中间，通过转环连接曳纲。

整个渔具装配如弓子网结构图（图3-68）。

（三）渔船

木质渔船，主机功率 132.30 kW（约为 180 马力）。船长 25.00 m，型宽 4.80 m，型深 1.60 m，自由航速 8 kn。船的两侧装有长 8.00~10.00 m 的撑杆，不放网作业时可以收起，附在船侧。每船作业人员 5~6 人。

（四）渔法

1. 放网

放网时，先从船尾放出外侧的网具，然后将撑杆两端的网具分别同步投放，先外后内。曳纲放出长度一般为水深的 3~4 倍，外端曳纲长于内侧曳纲，中间曳纲最长，曳纲长度一般相差 8.00~10.00 m。

204

2. 拖曳

通常直行拖曳，曳行过程中不宜作急转弯，避免网具相互纠缠。需要转弯时要大转弯慢速。作业时拖曳速度 1.5~2.0 kn，拖曳作业时间一般为 1~2 h。

3. 起网

起网时，先绞收中间的弓子网，然后通过连接曳纲的引纲，再同步绞收两侧的网具，先内后外。曳纲收尽后，把整个弓子网拖上船，解开囊头纲，放出渔获物。

通常一船拖曳 3~5 个弓子网作业，船尾拖曳 1 个，撑杆两端各拖曳 1~2 个。作业时间每航次一般 3~5 d，作业水深一般在 30 m 以内水域。

作业渔期：3—6 月，9—11 月。

主要渔获对象：虾蟹类、贝类、海螺类、活动能力较差的底层小杂鱼等。

（五）结语

该渔具是渤海沿岸地区具有代表性的框架型拖网，为小型渔船捕捞作业的主要拖网渔具，渔具规格较小、成本低，作业于沿岸水域，对底栖生物和生态环境有一定影响。根据中华人民共和国农业部通告〔2013〕1 号《农业部关于实施海洋捕捞准用渔具和过渡渔具最小网目尺寸制度的通告》之规定，单船框架拖网为过渡渔具，最小网目（或网囊）尺寸为 25 mm。该渔具的网囊网目尺寸为 23 mm，不符合过渡期的准用条件。

弓子网（山东　莱州）

12.33 m×6.06 m (2.20 m)

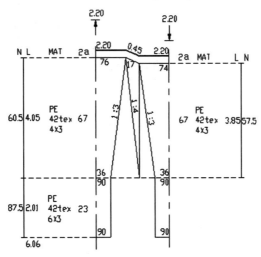

图 3-67　弓子网网衣展开图

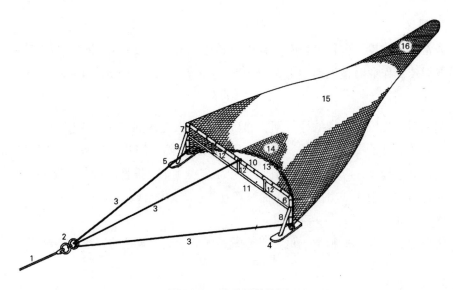

图 3-68 弓子网结构图

1-曳纲；2-转环；3-叉子纲；4-左翘板；5-右翘板；6-左立柱；7-右立柱；8-左支撑柱；
9-右支撑柱；10-上梁；11-加强梁；12-加强支撑；13-下纲配重铁链；14-腹网；15-背网；
16-囊网

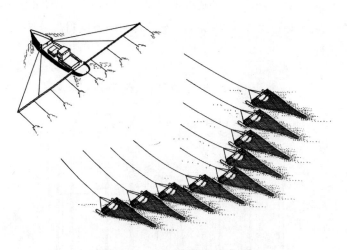

图 3-69　弓子网作业示意图

第四章　敷网类渔具

敷网是指将网片预先水平敷设在水中，等待、诱集或驱赶捕捞对象进入网片上方，迅即将该网片提出水面捞取渔获物的一类网具。

我国的敷网按渔具结构特点分为箕状和撑架 2 个型。按作业方式分为岸敷、船敷、拦河 3 个式。船敷式又可分为单船和多船。根据敷设水层，又分为浮敷和底敷。箕状敷网的结构特点为网具形似畚箕，作业时利用某些鱼类喜阴影群集游动，或喜灯光等习性，将鱼群引入已敷设好的网具上方，然后将网具提出水面，捞取渔获物。撑架敷网的结构特点为网具用撑架支撑，作业时网具先沉入水中，等待鱼群进入网内的水域里，然后提起撑架敷网，达到捕捞的目的。岸敷网一般为撑架敷网，网具的结构特点为网衣一般呈方形，用竹竿做成"十"字形，并将网片的四角分别结扎在竹竿端，形成撑架敷网。船敷网的作业特点为敷网的敷设由渔船来完成。拦河敷网的网具结构与岸敷网相似，由方形或长带形网衣构成，利用网架将其敷设在河流的鱼类通道上，一般将网具拦敷整个河床，利用流水或鱼群流入网具水域，每隔一定时间将网具提出水面捞取渔获物。

传统的敷网作业主要在沿岸渔场，由于它是一种被动性渔法，生产能力低，局限性大，在整个渔业生产中所占的比重不大，现已逐渐被其他类型渔具所取代。但它的网具结构简单，生产规模小，操作简易，在内陆水域和近岸浅海水域，常有小规模的作业。随着灯光诱鱼技术的发展，敷网渔具利用光诱辅助手段集鱼，提高了捕捞效率，在捕捞中小型中上层鱼类和头足类资源中得到推广应用，渔业规模日益扩大，作业渔场不断向深水区拓展。目前，海洋中敷网类渔具的主要捕捞对象有：鲐鱼、蓝圆鲹、金色小沙丁鱼、鳀、小公鱼、乌鲳、鱿鱼、脂眼鲱、圆腹鲱和秋刀鱼等中上层鱼类，以及鸢乌贼、枪乌贼和鱿鱼等头足类。

灯光鱿鱼敷网（山东　荣成）

灯光鱿鱼敷网属船敷箕状敷网（43·jzh·F），俗名（或地方名）灯光敷网、灯光诱网。主要分布在山东荣成。该渔具在作业时网片呈箕状，网衣结附于上纲和下纲，带有较短的网身和一个网囊，囊网网目最小，其余部位网目较大。单船作业，在近船尾处两舷向船外各伸出长 25~40 m 的支杆 1 根，用以吊挂网纲并固定网具。渔船两侧有 1 000~2 000 W 水上照明灯若干个，水面下有 2 000~4 000 W 水下诱鱼灯若干个，网具上方配有导鱼灯。将网具敷设在水中，开启诱鱼灯，等待、诱集鱿鱼进入网的上方，鱼群入网后，依次关闭水上灯、水下灯和导鱼灯，然后迅速提起网具，收网捞取渔获物。山东的鱿鱼灯光敷网的作业渔场为石岛外海，主要捕捞鱿鱼和鲐鱼等，渔期为 8—11 月。渔场水深 50~80 m，网次产量少则 3 000~4 000 kg，高者可达 20 000~30 000 kg，单船年产量 200~500 t。由于资源变动较大，灯光鱿鱼敷网的产量不稳定。

下面以山东省荣成市 441 kW（600 马力）渔船使用的灯光符合为例作介绍。

（一）渔具结构

渔具主尺度：149.60 m×221.40 m。

1. 网衣

网衣由箕状部网衣（腹部网衣和网檐）、网身和网囊组成。箕状部网衣拉直长度为 85.01 m，网身拉直长度为 46.24 m，网囊长 21.48 m。网衣结构规格见表 4-1，网衣展开图见图 4-1。

表 4-1　灯光鱿鱼敷网网衣结构规格

名称	序号（节）	数量（片）	材料结构	目大（mm）	横向目数 起目	横向目数 终目	高度目数（目）	高度目数 长度（m）	备注
箕状部网衣	1	6	PE300d120	120	615	615	11.5	1.38	矩形网衣
	2	6	PE300d60	67	1048	1048	9.5	0.63	矩形网衣
	3	6	PA210d30	55	1187	1187	200	11.00	矩形网衣
	4	6	PA210d24	45	1357	824	1600	72.00	梯形，3-1
		2	PA210d24	45	1	641	1600	72.00	三角形，5-2
网身	1	8	PE300d21	46	778	539	199.5	9.20	等腰梯形，5-3
	2	8	PE300d21	46	519	319	199.5	9.20	等腰梯形，2-1
	3	8	PE300d21	46	319	186	199.5	9.20	等腰梯形，3-1
	4	4	PE300d21	46	366	233	199.5	9.20	等腰梯形，3-1
	5	4	PE300d36	48	233	143	199.5	9.60	等腰梯形，5-1
网囊	1	2	PE300d36×2	40	344	267	268.5	10.74	等腰梯形，7-1
	2	2	PE300d36×2	40	267	190	268.5	10.74	等腰梯形，7-1

2. 纲索

（1）浮子纲、上缘纲：聚丙烯（PP）三股绳，直径 16 mm，长 149.60 m，2 条，左、右捻，各 1 条。其中，浮子纲分 2 段使用，各长 74.80 m。

（2）沉子纲、下缘纲：聚丙烯（PP）三股绳，直径 16 mm，长 221.40 m，2

条，左、右捻，各 1 条。

（3）网筋：自网身第 1 节（位于箕状部与网身的连接处）至网囊沿 4 条大缝扎力纲（俗称网筋）。超强聚乙烯（UHMWPE）双编绳，直径 10.0 mm，长约 45.50 m，4 条。

（4）网脚边环绳：聚乙烯（PE）绳，直径 20.0 mm，长 0.80 m，109 根。

（5）起网纲：聚乙烯（PE）绳，直径 20.0 mm，长 250.00 m，2 条。

（6）沉锤绳：聚乙烯（PE）绳，直径 30.0 mm，长 100.00 m，2 条。

（7）导鱼灯索：聚丙烯（PP）绳，直径 10.0 mm，长 100.00 m，2 条。

（8）导索：聚丙烯（PP）绳，直径 22.0 mm，长 160.00 m，2 条。

（9）上拉纲：聚丙烯（PP）绳，直径 22.0 mm，长 50.00 m，2 条

（10）下拉纲：聚丙烯（PP）绳，直径 22.0 mm，长 25.00 m，2 条。

3. 属具

（1）浮子：EVA（Ethylene Vinyl Acetate）泡沫塑料浮子。大浮子，直径 135 mm、长 175 mm、孔径 30.0 mm，每个静浮力 1 800 gf，共 150 个。小浮子，直径 110 mm、长 170 mm、孔径 20.0 mm，每个静浮力 950 gf，共 562 个。

（2）沉子：铅质，腰鼓形，长 120.0 mm，孔径 20.0 mm，每个重量 500 g，共 714 个，总重 357 kg。

（3）下纲网脚边环：φ20 白钢，外径 160.0 mm，共 109 个。

（4）上纲中部铁环：φ20 白钢，外径 160.0 mm，共 2 个。

（5）沉锤：铁质，每个重 70~80 kg，2 个。用于贯穿导鱼灯索。

（6）沉锤索铁环：φ20 白钢，外径 160.0 mm，共 2 个。

（7）支撑杆：铁质，直径 300.0 mm，长 35.00 m 左右，2 根。

（8）光源装置：2 kW 水上灯 80 盏，2 kW 与 4 kW 水下灯 30 盏，1.5 kW 导鱼灯 2 盏。

（二）渔具装配

1. 箕状部网衣装配

先将箕状部的第 1 节至第 4 节网衣按顺序缝合，网片与网片采用常规对头缝合法，缝合用线与网线规格相同，缝合成 6 片。第 1 节与第 2 节为 615 目对 1 048 目，即 10 目对 17 目；第 2 节与第 3 节为 1 048 目对 1 187 目，即 10 目对 11.3 目；第 3 节与第 4 节为 1 187 目对 1 357 目，即 10 目对 11.5 目。此后，6 片网衣拉直，按 1 目对 1 目缝合在一起；最后再将箕状部网衣第 4 节的 2 片侧翼网衣分别缝合在箕状部网衣第 4 节的左右两边，小头在上，按 1 目对 1 目缝合。箕状部网衣的下端形成

了 8 片接口形式。

2. 网身装配

先将网身的第 1 节至第 3 节网衣按顺序缝合，第 1 节与第 2 节为 539 目对 519 目，即 104 目对 100 目；第 2 节与第 3 节为 319 目对 319 目，即 1 目对 1 目；先缝合成 8 片。然后采用绕缝的方式两两缝合，缝合成 4 片，边缝为 1 目对 1 目。此后，将网身第 3 节与第 4 节缝合，基本为 1 目对 1 目；网身第 4 节与第 5 节为 1 目对 1 目缝合。

3. 网身加装压网铅链

在网身中间 4 片的网片上，即第 1 节至第 3 节上纵向加装压网铅链，铅链重 100 g/m。每片装 3 条，分别在网片的 1/4、1/2 和 3/4 纵向线上、斜顺、沿目脚延伸方向用网线绑扎。4 片共 12 条铅链。在身网的第 4 节上每片沿纵向斜顺目脚加装 2 条铅链，共 4 条。网身第 1 节至第 4 节中间 3 条大缝各绑扎 1 道 φ14 mm 超强夹铅链绳索。网身第 5 节和网囊不加装铅链。

4. 网囊装配

分别将网囊第 1 节的小头与第 2 节的大头按 1 目对 1 目缝合。2 片网囊沿斜边缝合为 1 袋装。

5. 网衣整体装配

1 片箕状部网衣对 1 片网身网衣横向连接缝合，两侧分别为 641 目对 778 目，中间 6 片网衣为 824 目对 778 目。然后缝合上部中间纵向大缝。之后将网身与网囊缝合，分别为 143 目+143 目网身对 344 目网囊。

6. 下缘纲、沉子纲装配

先将下缘纲穿入箕状部网衣前缘的边缘网目，网衣缩结系数 0.50，20 目/m，每 5 目扎 1 档，打一个死结。将沉子纲穿入沉子，沉子分布为：两端 6.00m 不扎沉子；两端向中间的 24.30 m 绑扎 73 个沉子，即 1.50 kg/m；两端再向中间的 43.00 m 绑扎 172 个沉子，即 2.00 kg/m；中间的 73.80 m 绑扎 224 个沉子，即 1.50 kg/m（见图 4-2）。

7. 上缘纲、浮子纲装配

先将上缘纲穿入箕状部网衣上缘的边缘网目，网衣缩结系数 0.88，即按每 1.00 m 网衣对应 0.88 m 的上缘纲预打结固定；此后用缠绕方式绕缝网衣，并每隔 200 mm 打一个死结。用浮子纲先穿入 281 个小浮子，此后一端穿入 20 个大浮子，另一端穿入 55 个大浮子。浮子分布自箕状部下缘纲、沉子纲处至箕状部上缘中央为：5.00 m 扎 20 个大浮子，即 4 个/m 大浮子；中间部分 56.10 m 扎 281 个小浮子，即 5 个/m 小浮子；靠箕状部中央的末端 13.70 m 部分扎 55 个大浮子，即 4 个/m 大浮子（见图 4-2）。

8. 网筋装配

自网身第 1 节浮口处（位于箕状部与网身的连接处）至网囊沿 4 条大缝扎力纲（网筋），网衣缩结系数 0.98，每 100 mm 打一个死结。

9. 下纲网脚边环装配

将网脚边环绳用插编方式插编进下缘纲，间距 2.00 m，共 109 根；另一端穿上网脚边环，回折插编连接。

10. 上纲中部导鱼索铁环装配

在箕状部上缘纲中央部位绑扎 2 个导鱼索铁环，环距 1.00 m。

（三）渔船

钢壳，总长 41.00 m，型宽 7.20 m，型深 3.70 m，排水量 430 t，载重 105 t。航速 12 kn。主机功率 441 kW（600 马力），配有 294 kW 发电机 1 台，282 kW 辅机 1 台。近船尾处两舷配有向船外伸出长 35.00 m 的撑杆 2 根，撑杆最前端配有大泡沫塑料浮力球。不作业时，撑杆可以自如地收于渔船的两侧。船上配备 2.5 t 液压绞纲机 2 台，3 kW 绞纲机 2 台。每船作业人员 15~18 人。

灯光配备。甲板上有前、后龙门架，在船的两侧有灯架，距甲板高度约 10 m，每侧各有上下 2 排弧光灯，每排 40 盏，共计 80 盏，每盏灯功率 2 kW，2 kW 与 4 kW 水下灯 30 盏，1.5 kW 导鱼灯 2 盏。总功率 283 kW。

（四）渔法

到达渔场后，先将撑杆支撑开、固定，船艏顶流。按顺序依次放出网囊、网身、箕状部主网衣、上下纲和起网纲，网具入水后，通过导索将两翼网衣牵引至撑杆的两端，使网具充分扩张并呈箕状。

开灯。先开水上灯，之后依次放下水下灯并开启，放出导鱼灯并开启，开始光诱集鱼，使渔船附近的鱼群逐渐向光照区集结。光诱时间 2~3 h。在同一渔场作业时，第二网的灯诱时间可短一些。

关灯。关闭灯光是最关键的一步，关灯顺序为自船艏至船艉，依次关闭水上灯及渔船上的所有工作灯；每隔 15~20 s，自船艏至船艉同步逐盏关熄两舷的水下灯，末盏水下灯关熄的间隔时间宜稍长些；水下灯全部关熄后，导鱼灯继续停留在船尾进行光诱，经 1 min 左右，调弱灯光亮度，用弱光再光诱约 1 min 之后向网内缓慢移动至网身处。

起网。导鱼灯移至终点，开始迅速绞收起网纲，并关熄导鱼灯、收导鱼灯索。当下纲提离水面时，卸去套在上下拉纲自动套钩上的眼环，再继续收绞网具，直至将网囊拖至船尾。吊起网囊，倒出渔获物。网头较大时，可采用卡包的方式分多次吊收渔获物。作业示意图见图4-3。

（五）结语

灯光鱿鱼敷网结构较简单，渔获性能好，渔获效率高。但操作相对复杂、技术要求较高，相互配合要协调，特别是光诱技术不好掌握；由于网具较大、成本高，渔船配备要求也高。

灯光鱿鱼敷网是近几年从中国台湾省引进到山东的渔具，从业渔船数量在逐年增加，由于渔获效率高，有进一步发展的趋势。根据中华人民共和国农业部通告〔2013〕1号《农业部关于实施海洋捕捞准用渔具和过渡渔具最小网目尺寸制度的通告》之规定，船敷箕状敷网为准用渔具，最小网目（或网囊）尺寸为35 mm。该渔具的网囊网目尺寸为40 mm，符合网目准用标准。

灯光鱿鱼敷网（山东　荣成）

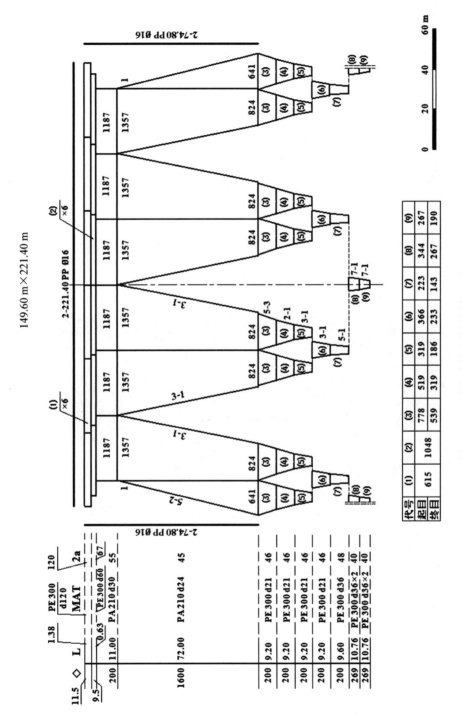

图4-1 600马力灯光鱿鱼敷网网衣展开图

代号	(1)	(2)	(3)	(4)	(5)	(6)	(7)	(8)	(9)
起目	615	1048	778	519	319	366	223	344	267
终目			539	319	186	233	143	267	190

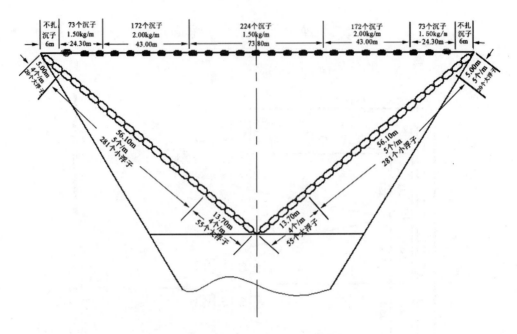

图 4-2 灯光鱿鱼敷网浮子、沉子装配示意图

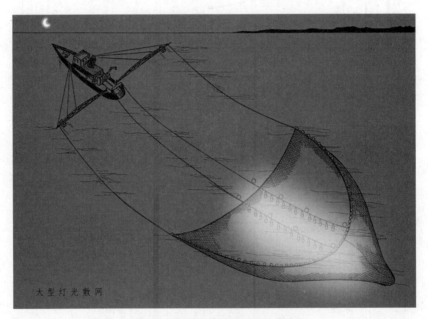

图 4-3 灯光鱿鱼敷网作业示意图

214

第五章　张网类渔具

张网类渔具是一种被动性、过滤性的渔具。网身一般为棱锥形，网衣结构较为简单，网具多由桩、橛、锚、碇、插杆、樯杆或锚泊的渔船固定，网口由框架、桁杆、竖杆、纲索或相应的浮力、沉力装置维持水平与垂直扩张，网身靠水流冲击张开，使捕捞对象随水流进入网中而达到捕捞的目的。作业时，将囊袋型网具用桩、橛、锚、碇或插在海底的竹竿、木杆、樯杆等敷设在沿岸具有一定水流速度的鱼、虾类洄游通道或产卵场区，网口多由框架、桁杆、竖杆、纲索或其他浮力、沉力装置维持而张开呈正方形、矩形或梯形，流大时迎流张捕，平流时网具会上浮，此时捞起网囊取出渔获物。渔汛一般分为春、秋两季，捕捞对象比较广泛，大多为小型鱼类或经济鱼类幼鱼，以及虾蟹类、头足类和海蜇等。

张网类渔具是我国分布最广、种类最多、数量最大的传统定置渔具，广泛分布于渤海、黄海、东海及南海北部。根据《渔具分类、命名及代号》（GB5147—2003）的分类原则，我国的张网类渔具按网具结构可分为张纲型张网、框架型张网、桁杆型张网、竖杆型张网、单片型张网和有翼单囊张网 6 个型；按作业方式可分为单桩张网、双桩张网、多桩张网、单锚张网、双锚张网、船张网、樯张网、并列张网 8 个式。张网类渔具以其成本较低、机动灵活、捕捞效率较高等优点，已成为我国近海渔业中一项重要的捕捞作业方式。20 世纪 70 年代后期，伴随着渔船功率的增加及合成纤维渔具材料的广泛使用，我国张网渔业的发展速度加快。20 世纪 80 年代后期，我国海水养殖业迅速发展，对小型鱼、虾等饵料生物的需求量日益增加，进一步刺激了我国张网渔业的发展。20 世纪末，我国近海渔业资源开始出现衰退，自 1998 年起，张网平均产量开始下滑，2014 年我国张网渔业的总产量为 160×10^4 t，占全国当年捕捞量的 12.5%，位居第三，仍是我国海洋捕捞渔业的重要组成部分。在近海小型鱼类和虾类资源的利用方面，张网有着其他渔具难以替代的作用，但对渔业资源的损害也备受社会关注。

黄渤海区张网类渔具历史悠久，种类繁多，分布面广，除禁渔区和休渔期外，几乎沿岸、近海均有张网类渔具作业。渔具有框架张网、竖杆张网、单片张网、有翼单囊张网 4 个型，单桩张网、双桩张网、多桩张网、单锚张网、双锚张网、樯张网、并列张网 7 个式、19 种网型。架子网、挂子网、宝鱼网、坛子网、流布袋、棍网、海蜇网的使用数量较多。主要捕捞对象为毛虾、鹰爪虾、口虾蛄、海蜇、其他虾蟹类和小型鱼类，以及一些经济鱼类幼鱼。近几年随着渔船动力化、打桩技术的提高和渔业资源的变动，有的张网作业水深已经达到 60~70 m。

第一节　双桩竖杆张网

双桩竖杆张网（04·sg·Zh）主要由网身、网囊和竖杆组成，依靠安装在网口左右两侧的两根竖杆来实现网口的垂直扩张，通过两根木桩（俗称根子）—系桩绳（俗称根子绳）—叉子纲的牵引，使网具以一定的水平扩张敷设固定在水中。作业水域一般为往复流，在流向转换时，网口能自动翻转迎流。其特点是对游泳能力较弱的虾类和小型鱼类具有良好的捕捞效果，但选择性差，对小黄鱼等经济鱼类的幼鱼资源损害大，不利于渔业资源养护。

黄渤海区的双桩竖杆张网主要有辽宁与山东的坛子网及辽宁的大桶网等。

坛子网（山东　蓬莱）

坛子网属双桩竖杆张网（04·sg·Zh），因用陶坛作浮子，故名"坛子网"。随着泡沫塑料及玻璃钢浮子的普及，坛子已被泡沫塑料及玻璃钢浮子等取代。该渔具为山东日照古老传统渔具之一，主要分布在山东日照、烟台、青岛、威海，辽宁锦州、营口，江苏连云港等沿海水域。渔具主尺度范围：（50.00~55.00）m×（30.00~50.00）m，囊网网目尺寸 15.0~25.0 mm。作业渔船一般为木质机动渔船，功率为 8.82~29.41 kW。渔场为渤海和黄海沿岸水域。作业水深 10.0~40.0 m。主要捕捞对象为小黄鱼、蛸、鹰爪虾、口虾姑、鲜明鼓虾和葛氏长臂虾等，兼捕梭子蟹、玉筋鱼、青鳞鱼、鲲鱼、蝦鮕鱼等；渔期一般为每年 3—5 月，9—12 月。单船作业的渔具数量 15~35 顶，单船年产量一般在 15~40 t。

下面以山东省蓬莱的坛子网为例作介绍。

（一）渔具结构

渔具主尺度：52.80 m×30.63 m。

1. 网衣

坛子网网衣由网身和网囊组成，均用聚乙烯网线编结。网衣材料及结构见表 5-1。

表 5-1　坛子网网衣材料结构

名称	段号	网线结构	目大 (mm)	宽度		长度		增减目方法
				起目	终目	（m）	（目）	
网身	1	PE36tex9×3	90	1620	1620	0.90	10.0	直目
	2	PE36tex8×3	80	1540	1540	1.36	17.0	直目
	3	PE36tex8×3	75	1460	1460	1.57	21.0	直目
	4	PE36tex6×3	75	1380	1380	1.8	24.0	直目
	5	PE36tex6×3	65	1300	1300	1.69	26.0	直目
	6	PE36tex6×3	65	1210	1210	2.08	32.0	直目
	7	PE36tex5×3	60	1130	1130	1.92	32.0	直目
	8	PE36tex5×3	55	1060	1060	2.09	38.0	直目
	9	PE36tex5×3	48	980	980	2.01	42.0	直目
	10	PE36tex5×3	47	910	910	2.16	46.0	直目
	11	PE36tex5×3	40	845	845	2.04	51.0	直目
	12	PE36tex5×3	38	785	785	1.67	44.0	直目
	13	PE36tex4×3	34	720	720	1.53	45.0	直目
	14	PE36tex4×3	28	640	640	2.52	90.0	直目
	15	PE36tex4×3	21	570	570	1.89	90.0	直目
	16	PE36tex4×3	20	500	500	2.10	105.0	直目
	17	PE36tex4×3	17	440	440	2.20	129.0	直目
	18	PE36tex4×3	17	380	380	2.00	118.0	直目
网囊	1	PE36tex4×3	15	320	320	6.50	433.0	直目

2. 纲索

（1）网口纲：乙纶绳，直径16.0 mm，52.80 m，为双绳。Z捻、S捻各1条。

（2）网耳绳：规格同网口纲，长2.00 m，共4条，装于网口4角，连接叉纲用。

（3）网耳扎绳：乙纶绳，直径6.0 mm，长1.70 m，共4条，用以将网耳绳扎结于撑杆上。

（4）囊网束纲：乙纶绳，直径8.0 mm，长2.00 m。

3. 属具

（1）浮子：泡沫，圆柱形，直径0.95 m，长1.10 m。每盘网用量4个。

（2）沉子：石块，重250 g，每盘网用量35个，分布于上下面。

（3）木桩：槐木制，直径90.0 mm，长1.70 m，木桩上端有直径50.0 mm、长2.00 m的木榫头。

（4）撑杆：槐木制，直径 80.0 mm，长 6.50 m，2 根。利用网耳将网口四角结扎于撑杆上，支撑网口垂直张开。

（二）网具装配

先将各部网衣编缝连接，编缝线与缝合部位的网线规格相同。然后将网衣滚边缝合成圆锥状，为增加网衣强度，滚边缝合多用双线。在网口上定好 4 角的部位，将边缘纲网口纲以整目穿过的方式穿入网缘网目，然后与另一条网口纲并扎，每 12 目扎成 1 档，用双线捆扎，每档长 0.391 m，计 135 档，网片缩结系数为 0.36。捆扎时从两对角开始，最后在 4 个网角扎结上网耳绳。作业前用网耳扎绳将网耳绳扎结于撑杆上下两端，在叉纲上结扎浮子。

（三）渔船

木质机动渔船，长度 10.00 m。主机功率 14.71 kW（20 马力），每船配备作业人员 2~3 人。每船带 30 顶网。

（四）渔法

1. 打桩

在小潮汛平流时进行。用绞机打桩，另有 1 只舢板，供拉桩绳用。一天打桩 10~20 个。桩的排列与流向垂直，两桩间距随水深而定，浅水区 38.00 m，深水区 67.00 m。根子绳的长度相当于水深的 2.0~2.5 倍，其一端系于木桩中部，打入泥中；另一端系浮标，漂于海中。

打桩用具为打桩杆和绳索。打桩杆的第一节为边长 155.0 mm 的方槐木，长 5.00 m，其他 3 节或 4 节用杉木，直径 140.0 mm。将这些木杆叉接起来，再用苘麻绳捆绑。杆底部装有铸铁斗头，外径 170.0 mm，内径 96.0 mm，长 1.14 m，重约 140 kg。打桩杆总长大于渔场水深约 5 m。

在打桩杆的基部、顶部各结打桩绳索 1 条，均为乙纶绳，直径 15.0 mm，3 股左捻。系结于上部的拉绳，长 40.00 m，系结于基部的提斗绳，长度随水深而定。

2. 挂网

在风浪较小的天气进行，渔船装载网具、撑杆、浮子及叉纲，到达渔场后，捞取根子绳的浮标，提起根子绳，将叉纲（通过转环）与根子绳连接。将网具左右的叉子纲与相邻两桩的根子绳系好后，拉上船，用力拉紧 2 条叉纲，使其碰头比齐，表示根子绳长度适宜，然后投出网囊、网身，再将撑杆和叉子纲一起投出，即完成一条网的挂网工作，如此重复循环，完成全部挂网工作。

3. 起网

平流前起网。船行驶到达网口附近，用竹篙抓起叉纲，沿网身捋到网囊处，解开网囊扎绳（囊网束纲），倒取渔获物。然后将网囊扎好，再将网身及网囊投入水中。

4. 解网与拔桩

休渔前，趁小潮汛时先将叉子纲连同网具、浮子等解下，然后将根子绳系于船后的带缆桩上，开动渔船用渔船冲力拖拽根子绳将木桩拔出，运回后晾晒清理备以后再用。

（五）结语

坛子网结构简单，操作方便，适于在近岸鱼虾洄游的潮汐往复流为主的海区作业，其作业成本较低，产量高和经济效益稳定，故多年来经久不衰。

但该渔具也存在着作业方式被动、日产量不稳定和损害经济幼鱼等弊端。今后除应当严格遵守禁渔期、禁渔区和网目大小等规定之外，还应从渔具结构尺度等方面，积极开展渔获选择性研究，以达到保护渔业资源和提高对经济小型鱼类、虾类的合理利用目的。根据中华人民共和国农业部通告〔2013〕1号《农业部关于实施海洋捕捞准用渔具和过渡渔具最小网目尺寸制度的通告》之规定，坛子网为过渡渔具，最小网目（或网囊）尺寸为为35 mm。该渔具的网囊网目尺寸为15 mm，不符合过渡期的准用条件。

坛子网（山东　蓬莱）

52.80 m×30.63 m

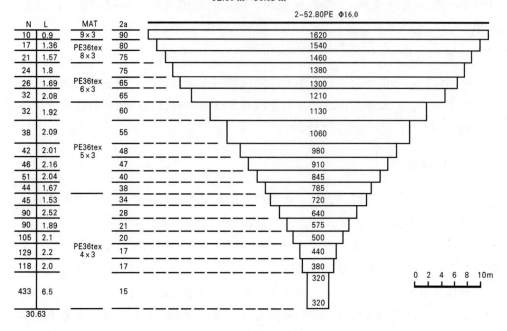

图 5-1　坛子网网衣展开图

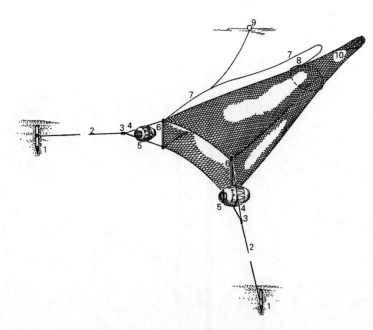

图 5-2a　坛子网结构及作业示意图

1-槐木桩；2-桩绳；3-转环；4-叉子纲；5-坛子；6-撑杆；7-囊网引绳；

8-囊网环纲；9-浮球；10-囊网

220

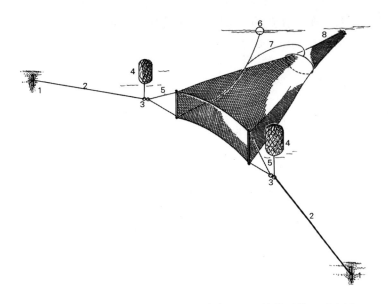

图 5-2b 坛子网（泡沫塑料网袋替代坛子）结构及作业示意图

1-槐木桩 高 170 mΦ90.0；2-桩绳 85.00PEΦ22.0；3-转环；4-泡沫塑料风袋；

5-叉子纲 17.00PEΦ18.0；6-浮球；7-囊网引绳 51.00PEΦ18.0；8-囊网

第二节 双锚竖杆张网

双锚竖杆张网（07·sg·Zh）与双桩竖杆张网类似，依靠安装在网口左右两侧的两根竖杆来实现网口的垂直扩张，通过双锚、锚绳、叉子纲的牵引使网具以一定的水平扩张敷设在水中，两个锚用来固定网具。主要适合潮汐往复流渔场作业。该作业方式具有机动灵活、作业范围广、可躲避风浪的优点，对游泳能力较弱的虾类和小型鱼类具有良好的捕捞效果，但选择性差，对经济鱼类的幼鱼资源损害较大，不利于渔业资源养护。

黄渤海区的双锚竖杆张网主要有：绿线网、毛虾网等。

一、绿线网（山东 沾化）

绿线网属双锚竖杆张网（07·sg·Zh）。该网具呈棱锥状囊袋形，并列 5 个囊袋为一组，两端依靠两只铁锚固定，依靠水流的冲击，拦截捕捞水域中的鱼虾蟹类，迫使其进入囊袋达到捕捞目的。绿线网主要分布在山东省沾化，辽宁省锦州、营口等沿海水域。该渔具的主尺度为（46.00 m×12.30 m）×5，适合作业的渔船功率范围为 150~220 kW，渔场为渤海湾渔场、辽东湾渔场。全年作业时间达 3 个月，作业水深为 10~20 m，适应浅水作业。主要捕捞对象为毛虾、杂鱼等，渔期为每年

4—5月，9—11月，单船作业的渔具数量40顶网，产量40~80 t。

下面以山东省沾化的绿线网为例作介绍。

(一) 渔具结构

渔具主尺度：(46.00 m×12.30 m)×5 (由5部分组成)。

1. 网衣

由网缘、网身和网囊组成。均用乙纶（PE36tex）捻线编结而成，其网衣材料结构如表5-2所示。在网身前段安装有网目尺寸144.0 mm的斜向分离网片，靠近斜向分离网片顶部前端网身开口，用于释放海蜇。

表5-2 绿线网网衣材料结构

名称	段号	网线结构	目大 (mm)	宽度		长度		增减目方法
				起目	终目	(m)	(目)	
网身	1	PE36tex15×3 PE36tex12×3	55.0	1340	1340	0.39	7.0	直目
	2	PE36tex4×3 PE36tex3×3	32.0	2300	2300	0.26	8.0	直目
	3	PE36tex3×1	14.0	5250	5250	0.28	20.0	直目
	4	PE36tex3×1	14.0	5250	5250	5.28	377.0	直目
	5	PE36tex3×1	14.0	5250	200	3.30	236.0	21r-1
网囊	1	PA 无结节网片	5.0	320	320	3.10	620.0	直目

2. 纲索

(1) 浮子纲、上缘纲：乙纶绳，直径14.0 mm，长15.00 m，2条，Z捻、S捻各1条。

(2) 沉子纲：规格用量同浮子纲。

(3) 侧纲：乙纶绳，直径14.0 mm，长8.00 m，2条，Z捻、S捻各1条。

(4) 叉纲：乙纶绳，直径18.0 mm，长17.00 m，对折使用，每一盘网2条。

(5) 锚纲：乙纶绳，直径26.0 mm，长27.00 m，每一盘网2条。

3. 属具

(1) 浮子：泡沫塑料，球形，直径100.0 mm，每组网用量75个。

(2) 沉子：铅块，每块重240 g，每盘网用量225个。

(3) 锚：2齿有杆铁锚，每个重72.5 kg，每组网横向两端各用1个。

(4) 竖杆：木头，直径80~100 mm，长度8.50 m，每组网横向两端各1根，支撑网具垂直扩张。

（二）网具装配

1. 浮子纲装配

将上缘纲穿入网衣上缘边目，与穿浮子后的浮子纲分档并扎。网衣缩结系数为0.624。每个浮球间距1.00 m。

2. 沉子纲、侧纲装配

将1条侧纲穿入网片侧边网目作缘纲，网衣缩结系数0.624，然后与另一条并扎，上、下两端分别结在浮子纲和沉子纲上。沉子纲装配与浮子纲装配类似。

3. 叉纲装配

锚纲长27.00 m，直接与锚连接，另一端连接叉纲。叉纲对折使用，上、下边叉纲长8.50 m，与竖杆上、下端连接。

（三）渔船

木质机动渔船，主机功率为220.59 kW，船长30.00 m左右。每条船配备作业人员5~6人，每船带40组网。

（四）渔法

到达渔场后，迎流下网，投网时要向上偏流10°～20°。下网时，开中速船，1人投锚。待锚抓底后，2人投网，然后依次投完。

流缓时起网，距离投网时间约2 h，船处于网的下风。用绞车把锚及锚绳收绞上船，再将网收绞上船，收取渔获物。

（五）特点

这种绿线网在网口设有拦截海蜇的分离网片，网目尺寸144.0 mm，能够有效防止海蜇进入网内，防止爆网事件的发生。

（六）结语

绿线网结构简单，造价低廉，操作灵活，生产期短，但产值高，收益大，是一种效率较高的张网渔具。根据中华人民共和国农业部通告〔2013〕1号《农业部关于实施海洋捕捞准用渔具和过渡渔具最小网目尺寸制度的通告》之规定，绿线网为过渡渔具，最小网目（或网囊）尺寸应为35 mm。该渔具网目尺寸为密织，网目尺寸小，不符合过渡期的使用条件。

绿线网（山东 沾化）

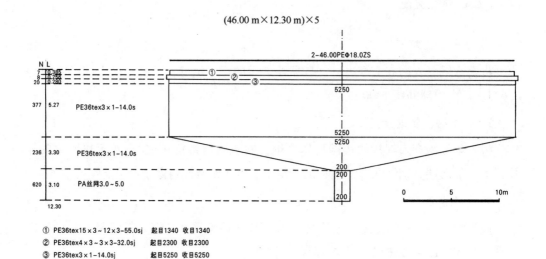

(46.00 m×12.30 m)×5

2-46.00PEΦ18.0ZS

① PE36tex15×3～12×3-55.0sj　起目1340　收目1340
② PE36tex4×3～3×3-32.0sj　起目2300　收目2300
③ PE36tex3×1-14.0sj　起目5250　收目5250

图 5-3　绿线网网衣展开图

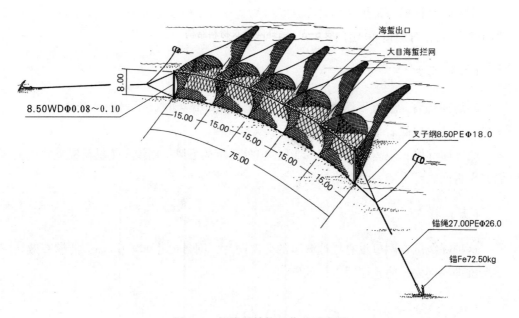

图 5-4　绿线网结构及作业示意图

二、毛虾网（辽宁 锦州）

毛虾网属双锚竖杆张网（07·sg·Zh），因形似裤裆或布袋子，俗称"裤裆网"、"锚流布袋"。网具呈锥状囊袋形，6个囊袋并列为一组。网衣用 PE 单丝经纬

224

机织的网布裁缝而成。网目为 3 mm 方形。网具上纲有浮球，下纲有沉坠，网口两侧由原木撑杆撑持，并联结叉纲，叉纲联结铁锚柄环，成列横流布设，在水流较缓的区域作业。该网具依靠铁锚固定，呈长列状过滤通过的海水而拦捕水中生物。主要分布于辽宁锦州、营口等地，主尺度为（28.00 m×8.60 m）×6，适合渔船功率范围为 150~220 kW。主捕毛虾，兼捕糠虾等。渔场为辽东湾渔场，作业水深为 10~30 m，适应范围广。渔期为 5—6 月、8—9 月，全年可作业 4 个月左右的时间。单船带网数量 60 顶，产量 60~80 t。

下面以辽宁省锦州的毛虾网为例作介绍。

（一）渔具结构

渔具主尺度：（28.00 m×8.60 m）×6。

1. 网衣

毛虾网由网缘、网身和网囊组成。网缘用乙纶捻线编结而成，网囊为 PE 单丝经纬机织的网布，网目尺寸为 5.0 mm 方形，网衣材料结构见表 5-3。整个网衣拉直长 8.60 m。

表 5-3 毛虾网网衣材料结构

名称	段号	网线结构	目大（mm）	宽度		长度		增减目方法
				起目	终目	（m）	（目）	直目
网缘	1	PE36tex20×3	55.0	848	848	0.22	4.0	直目
网身	1	PE36tex15×3	55.0	848	848	0.69	12.5	直目
网囊	1	PA 无结节网片	5.0	9328	360	7.71	1542.0	剪裁

2. 纲索

（1）浮子纲、上缘纲：乙纶绳，直径 10.5 mm，长 10 m，2 条。

（2）沉子纲、下缘纲：规格用量同浮子纲。

（3）侧纲：乙纶绳，直径 6.0 mm，长 4.00 m，12 条。

（4）叉纲：乙纶绳，直径 18.0 mm，长 17.00 m，2 条。对折使用。

（5）锚纲：乙纶绳，直径 26.0 mm，长 27.00 m，2 条。

3. 属具

（1）浮子：球形泡沫塑料，直径 100.0 mm，每组网用量 71 个。圆筒状泡沫塑料，周长 1.60 m，长 0.90 m，每组网用 2 个，两侧各 1 个。

（2）沉子：铅块，单块重 250 g，每组网用量 80 块。

（3）锚：2齿铁锚，每个重 72.50 kg，每组网两端各 1 个。

（4）竖杆：木头，直径 100~150 mm，长 4.50 m，2 根。每组网横向两端，支撑网具垂直扩张。

（二）网具装配

（1）上缘纲、浮子纲装配：将上缘纲穿入网衣上边缘网目，然后与穿浮子后的浮子纲分档并扎。网衣缩结系数为 0.60。浮子间距 0.845 m。

（2）侧纲、沉子纲：将 1 条侧纲穿入网片侧边网目作缘纲，网衣缩结系数为 0.60，与另一条并扎。然后将侧纲上、下两端分别缚在浮子纲和沉子纲上。沉子纲装配与浮子纲装配相似。

（3）叉纲装配：对折使用，叉纲两端分别连接竖杆上、下端，在对折处中央做眼环，用于与锚缆连接。

（三）渔船

木质机动渔船，主机功率为 220.59 kW，船长 30.00 m 左右，每船作业人员 5~6 人，每船带 60 网组。

（四）渔法

到达渔场后，迎流下网，投网时要向上偏流 10°~20°。下网时，开中速船，1 人投锚。待锚抓底后，2 人投网，然后依次投完。

流缓时起网。起网时间一般应距离投网时间约 2 h，船处于网的下风。用绞车把锚及锚绳收绞上船，再将网收绞上船，收取渔获物。

（五）结语

毛虾网结构简单，造价低廉，操作灵活，生产期短，但产值高，收益大，是一种效率较高的张网渔具。根据中华人民共和国农业部通告〔2013〕1 号《农业部关于实施海洋捕捞准用渔具和过渡渔具最小网目尺寸制度的通告》之规定，张网为过渡渔具，最小网目（或网囊）尺寸为 35 mm。但主捕毛虾的张网由地方特许才能作业。

毛虾网（辽宁 锦州）

(28.00 m×8.60 m)×6

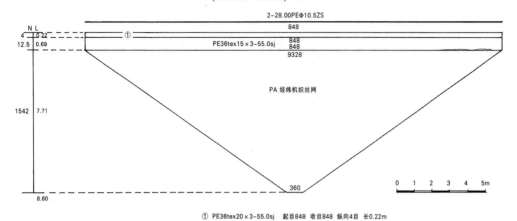

图 5-5　毛虾网网衣展开图

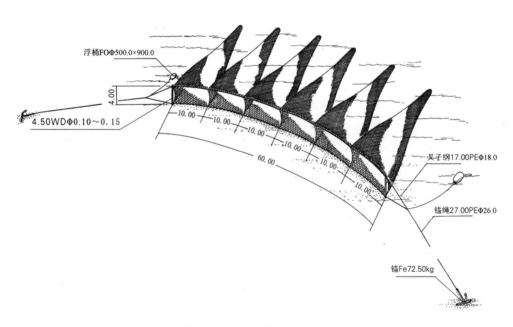

图 5-6　毛虾网作业示意图

第三节　并列单片张网

并列单片张网网具结构简单，仅仅由单片网衣和上、下纲构成，没有网囊等，用锚或桩固定在海底。生产时一般将几片至十几片单片网用锚定置，连接成一道网墙，被潮流冲击时在网片的中部形成兜状，截捕随流而来的鱼、虾、蟹类等。有的单片张网中间网目较小，上、下边缘的网目向网片中间逐渐变小。主要用来捕捞海蜇、梅童鱼、小杂鱼、口虾蛄等。作业水深5~30 m。如辽宁营口、锦州等地的海蜇单片张网、宝鱼网等。这种网造价低廉，操作灵便，生产期短但产值较高，是一种有效捕捞海蜇的渔具。

一、宝鱼网（辽宁　锦州）

宝鱼网属并列单片张网（25·dp·Zh），由几片至十几片单片网用锚定置，连成一道网墙，被潮流冲击形成兜状，截捕随流而来的鱼类。主要分布在辽宁省锦州、营口等沿海水域。渔具主尺度为 108.00 m×15.40 m，适合渔船功率范围为 150~220 kW，渔场为辽东湾。作业水深为 10~30 m，属于深水作业渔具。捕捞对象为海蜇、梅童鱼、口虾蛄、小杂鱼等。单船带网数量 40~50 条，产量 40~80 t。

下面以辽宁锦州的宝鱼网为例作介绍。

（一）渔具结构

渔具主尺度：108.00 m×15.40 m。

1. 网衣

为长方形网片，由上、下 3 片对称网片及中间部分组成，具体材料规格见表5-4。

表5-4　宝鱼网材料规格

名称	数量（片）	网线结构	目大（mm）	网片规格 纵目×横目
网片 1	1	PE36tex14×3	60.0	7×3000
网片 2	1	PE36tex7×3	34.0	20×5294
网片 3	1	PE36tex3×3	34.0	57.5×5294
网片 4	1	PE36tex1×3	17.0	545.5×10588
网片 5	1	PE36tex3×3	34.0	57.5×5294
网片 6	1	PE36tex7×3	34.0	20×5294
网片 7	1	PE36tex14×3	60.0	7×3000

2. 纲索

（1）浮子纲、上缘纲：乙纶绳，直径 10.5 mm，长 108.00 m，2 条。

228

（2）沉子纲：规格用量与浮子纲完全相同。

（3）侧纲：乙纶绳，直径 6.0 mm，长 7.80 m，4 条。

（4）叉纲：乙纶绳，直径 18.0 mm，长 61.20 m，2 条。

3. 属具

（1）浮子：泡沫塑料，球形，直径 100.0 mm。每片网用 130 个。

（2）沉子：铅块，每块重 250 g，每片网用量 325 块。

（3）锚：2 齿铁锚，每片网由两个铁锚固定，单个锚重 35.00 kg，每片网两端各 1 个。

（二）网具装配

1. 浮子纲、上缘纲装配

将上缘纲整目穿入网衣上缘边的全部网目，再与穿过全部浮子的浮子纲分档并扎。网衣缩结系数为 0.60。浮子间距 0.83 m，两端的浮子与侧纲距 0.415 m。

2. 下纲装配

下纲装配与浮子纲装配相似，先将 1 条沉子纲以整目穿过的方式穿过网片下部的全部网目，而后与另 1 条沉子纲并拢，每间隔 0.33 m 两条纲绳夹 1 块铅沉子，用网线扎牢，两端的沉子距侧纲 0.165 m。

3. 侧纲、沉子纲装配

将 1 条侧纲整目穿入网片侧边的全部网目作侧缘纲，与另 1 条并扎，其上、下两端分别结附在浮子纲和沉子纲上。沉子纲的装配与浮子纲的装配相似。

4. 叉纲装配

将叉纲对折使用，对折后将叉纲的两端分别与网片的上、下纲结牢，一条绳对折使用，在对折处中央扎成眼环，用于与锚缆连接。

（三）渔船

木质机动渔船，主机功率为 220.59 kW，船长 30.00 m 左右，每条船配备作业人员 5~6 人，每船最少带 50 条网。

（四）渔法

到达渔船后，横流下网。下网时，开中速船，1 人投锚。待锚抓底后，2 人投网，然后依次投完。

流缓时起网，距离投网时间约 2 h，船处于网的下风。用绞车把锚及锚绳收绞上船，再将网收绞上船，收取渔获物。

（五）结语

宝鱼网结构简单，造价低廉，操作灵活，生产期短，但产值高，收益大，是一种效率较高的张网渔具。根据中华人民共和国农业部通告〔2013〕1 号《农业部关于实施海洋捕捞准用渔具和过渡渔具最小网目尺寸制度的通告》之规定，宝鱼网为过渡渔具，最小网目尺寸为 35 mm。该渔具目最小网目尺寸为 17 mm，不符合过渡期准用条件。

宝鱼网（辽宁　锦州）

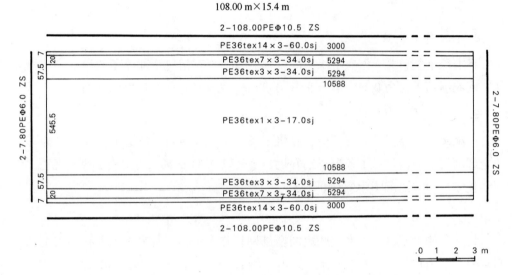

图 5-7　宝鱼网网衣展开图

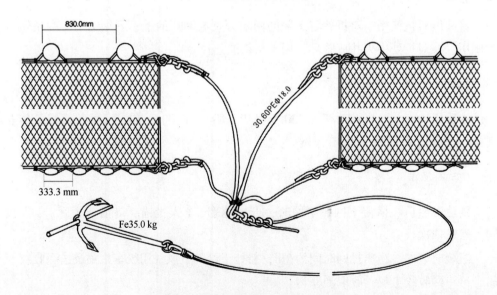

图 5-8　宝鱼网局部装配结构示意图

230

图 5-9　宝鱼网作业示意图

二、海蜇网（河北　唐山）

海蜇网属并列单片张网（25·dp·Zh），由几片至十几片单片网为一作业单位，每片网两端用锚定置，连成一道网墙，被潮流冲击形成兜状，截捕随流漂浮的海蜇。该渔具主要分布在河北唐山，辽宁锦州、营口，山东沿海等沿海水域。海蜇网主尺度相差较大，上纲长度在 30.00～90.00 m 之间，适合渔船功率范围 8.82～88.24 kW。作业渔场范围广，在渤海和黄海北部沿海水深 5～25 m 的海区作业。捕捞对象主要是海蜇，单船带网数量 24～30 片，产量 30～60 t。

下面以河北唐山的海蜇网为例作介绍。

（一）渔具结构

渔具主尺度：86.60 m×17.5 m。

1. 网衣

为长方形网片，由主网衣和缘网衣组成，海蜇网网衣材料结构见表 5-5。

表 5-5　海蜇网网衣材料结构

名称	数量（片）	网线结构	目大（mm）	目数/纵目×横目
主网衣	1	PE36tex4×3	150.0	90.5×962
上、下缘网衣	1	PE36tex15×3	68.0	29×2 122

2. 纲索

（1）浮子纲、上缘纲：乙纶绳，为双绳，分别为浮子纲直径 9.5 mm，Z 捻，长 86.60 m；上缘纲直径 6.5 mm，S 捻，长 86.60 m。

（2）沉子纲、下缘纲：乙纶绳，为双绳，分别为沉子纲直径 9.5 mm，Z 捻，长 86.60 m；下缘纲直径 6.5 mm，S 捻，长 86.60 m。

（3）侧纲：乙纶绳，直径 4.0 mm，长 5.00 m（因被水流冲击形成兜状，侧纲为兜状之后的长度），网的左右两边各 2 条。

（4）叉纲：乙纶绳，直径 7.5 mm，长 17.00 m，2 条。

（5）锚缆：乙纶绳，直径 18.0 mm，长 17.00 m，2 条。其中 1 条与另 1 片网共用。

3. 属具

（1）浮子：泡沫塑料，球形，直径 100.0 mm。每片网用量 93 个。

（2）沉子：铅块，每块重 165 g，每片网用量 186 块。

（3）锚：2 齿铁锚，每只铁锚重 35.0 kg，每片网两端各 1 个。作业单位总锚数为网片数加 1 个锚。

（二）网具装配

1. 上纲装配

将上缘纲以整目穿过方式穿过网衣上缘的全部网目，而后与穿上全部浮子后的浮子纲并拢分档捆扎。浮子间距 0.93 m，两端的浮子与侧纲距 0.465 m，网衣缩结系数为 0.60。

2. 下纲装配

将下缘纲以整目穿过方式穿过网衣下缘的全部网目，而后与沉子纲并拢，将沉子夹在两条纲绳之间分档捆扎，沉子间距 0.466 m，两端的沉子与侧纲距 0.23 m，网衣缩结系数为 0.60。

3. 侧纲装配

将 1 条侧纲以整目穿过方式穿过网片侧边的全部网目，后与另 1 条并拢分档捆扎，而后侧纲的上、下端分别结牢在浮子纲和沉子纲上。

4. 叉纲装配

将叉纲对折使用，对折后将叉纲的两端分别与网片的上、下纲结牢，在对折处中央做眼环，用于与锚缆连接。

（三）渔船

多为主机功率 179.0 kW 的木质渔船作业，船长 26.00 m，每条船配备作业人员6人，每船最少带 24 片网。

（四）渔法

海蜇网必须平流作业，到达渔场后，迎流下网，水流为平流。投网时要向上偏流 10°~20°。下网时，开中速船，1 人投锚。待锚抓底后，2 人投网，然后依次投完。流缓时起网，距离投网时间 2~3 h，船处于网的下风。用绞车把锚及锚绳收绞上船，再将网收绞上船，同时收取被兜在网片中的渔获物。

（五）结语

在渤海海蜇按照地方许可时间开捕，可根据渔获产量适当延长捕捞期。海蜇网结构简单，造价低廉，操作灵活，生产期短，但产值高，收益大，是一种效率较高的张网渔具。近年来投产船只过多，渔场拥挤，导致海蜇资源急剧下降，渔民渔获产量下滑，由于三重刺网捕获海蜇的效率高于海蜇网，在丰南地区，海蜇网正在逐渐被淘汰。根据中华人民共和国农业部通告〔2013〕1 号《农业部关于实施海洋捕捞准用渔具和过渡渔具最小网目尺寸制度的通告》之规定，海蜇网为过渡渔具，最小网目尺寸为 35 mm。该渔具网目尺寸为 150 mm，符合过渡期准用条件，准予使用。

海蜇网（河北　唐山）

86.60 m×17.5 m

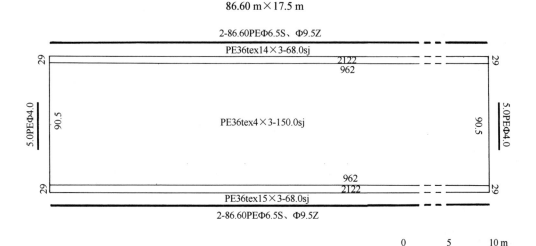

图 5-10　海蜇网网衣展开图

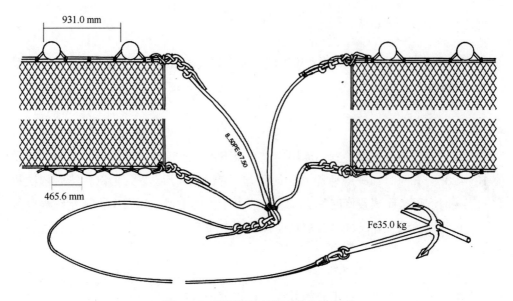

931.0 mm

465.6 mm

8.5φPE@7.50

Fe35.0 kg

图 5-11　海蜇网局部装配结构示意图

图 5-12　海蜇网作业示意图

234

第六章　陷阱类渔具

陷阱类渔具是近海及河口、内陆大水面水域常见的捕捞渔具之一，种类繁多，规模悬殊。陷阱类渔具利用水域地理环境特征、潮流，根据捕捞对象（鱼类）的洄游习性，将网具固定设置成特殊形状，拦集、诱导鱼类陷入网内，允许鱼类进入，但是鱼类要想返逃却非常困难。陷阱类渔具的渔获机制，是基于阻断、诱导、分区、缩紧、陷阱等渔法要素，对沿岸附近或靠岸洄游的产卵、索饵等鱼群，拦截其洄游通道，通过诱导使其陷入绝境而一举捕获。

按捕捞原理陷阱类渔具分为拦截、导陷 2 式；按渔具结构分为插网、建网和箔筌 3 型。

陷阱类渔具是一种简单的、被动式的定置渔具。根据沿岸地形和鱼群洄游范围，有的陷阱类渔具规模很大。多数渔具在相当长的期间固定在一处，保持原来的形状不移动。因此，敷设渔具的渔场位置，应选择在鱼群的洄游通道上。捕捞对象的洄游路线和时间（鱼类行为），要求历年相对比较稳定，具有相当的可捕量。有多种不同的捕捞对象，先后经过同一沿岸渔场洄游，更能发挥陷阱类渔具的长年渔获效能。较小规模的陷阱类渔具，也可在较短期间改变其敷设位置。

黄渤海区的陷阱类渔具主要为建网陷阱类和插网陷阱类，箔筌陷阱类渔具很少使用。随着近海沿岸渔业资源的变化，陷阱类渔具正在逐年减少。

第一节　建网陷阱类渔具

建网陷阱类渔具是指由网墙、网圈或网箱等部分组成，作业时定置在近岸水域中，利用网墙的阻拦和引导作用使捕捞对象陷入网内的网具。其结构特点是，使用木桩、沉石（碇）或锚，将网具敷设在近岸鱼类洄游的通道上，靠其横断潮流的网墙，诱导鱼类进入网圈，最后到达取鱼部而加以捕获。建网渔具由网墙、网圈入口装置、漏斗网等组成。网墙起到拦截和诱导鱼类作用，网身起聚集鱼类的作用。网墙通常与岸线、潮流呈一定的角度敷设。建网多半是将网圈和取鱼部敷设在深水区，而网墙是由浅水区向深水区敷设。网墙长度根据渔场地形、水深和来游鱼群游向而定。网墙高度按敷设处水深的变化而确定，一般为水深的 1.1~1.4 倍。建网作业时，以锚、石（碇）将其侧张纲和型纲固定在一定的场所，并在纲上悬挂网片，利用锚、石（碇）等的固定力、浮子的浮力、网衣和沉子的沉降力等维持平衡，以保持所需的形状。建网陷阱类渔具主要分布在山东半岛沿海水域和河北的北部沿海。最常见的建网陷阱类渔具为落网和袋建网。

一、鳀鱼落网（山东 牟平）

鳀鱼落网属导陷建网陷阱类（11·jw·X），俗称"老牛网"。20世纪80年代中期，随着黄海鳀鱼资源的开发，老牛网被改进成鳀鱼落网，仅在烟台至威海沿海水域有分布。作业渔场为烟台至威海近岸水域，水深17～25 m，地质泥沙、流速小于1 kn的水域作业。渔期为5—6月、9—10月。主捕鳀鱼。一盘网日产0.5～1 t，年渔获量约20 t。据2014年调查资料，在威海靖子头至烟台八角沿海，有鳀鱼落网600余盘，其中牟平区400余盘，并处于逐步自然减少状态。

下面以山东省牟平区的鳀鱼落网为例作介绍。

（一）渔具结构

渔具主尺度：513.40 m×16.70 m—600.00 m。

1. 网衣

鳀鱼落网布局呈"丁"字形，双门、双箱，由网墙、内导网、升网、咽喉网（包括凹网、网舌、网须、网盖）、网圈（包括圈底、圈帮）、网囊等部分组成。网衣除网墙网衣外，其余皆为PE36tex12根单丝机织网衣，目大8 mm，幅宽2.00m。网衣剪裁缝合而成。网衣缩结系数为0.70。

（1）网墙：网墙网衣为PE36Tex6×3网线编结而成，目大85 mm，长600.00 m，高16.70 m，纵目使用。网衣长10 084目，高275目。网衣水平缩结系数0.70。

（2）内导网：网衣缩结系数0.70，缩结后，长16.70 m，高16.70 m，内导网与升网相接。网衣为PE36tex12根单丝机织网衣，目大8 mm，幅宽2.00 m。

（3）升网：俗称簸箕网，由簸箕帮、簸箕底组成。底为等腰梯形网片，长边36.70 m，短边16.70 m，高36.70 m。帮为正梯形，帮的大头16.70 m，小头7.50 m，高36.70 m。分别与凹网相接。网衣为PE36tex12根单丝机织网衣，目大8 mm，幅宽2.00 m。

（4）咽喉网：由凹网（俗称板凳网、包括板凳面和板凳大、小网腿）、网舌、网须、网盖4部分组成。

（5）凹网：网衣缩结系数0.70，缩结后，底边23.80 m，宽9.20 m。两侧边是由两对大小不同的直角三角形网片拼成。大三角形网片直边长11.60 m，底边4.20 m；小三角形直边7.50 m，底边3.60 m。

（6）网舌：俗称小簸箕网，呈正梯形。网衣缩结系数0.70，缩结后，长边16.70 m，短边12.50 m，高12.50 m，分别与凹网和网须相接。

（7）网须：由 2 片等腰三角形组成，网衣缩结系数 0.70，缩结后，高 25.00 m，底边 7.50 m，其底边分别缝在凹网两侧边的里面，斜边一边缝在网舌上，另一边缝在网盖上。

（8）网盖：正方形网片，两侧边水平缝合在 2 个网须短斜边末端的上边，网衣缩结系数 0.70，缩结后，长 12.50 m。

（9）网圈：由网圈底、网圈帮、网圈盖组成。

（10）网圈底：正梯形网片，网衣缩结系数 0.70，缩结后，宽边 23.80 m，窄边 13.30 m，与凹网下边及两侧边的外面缝合，将整个咽喉网包住；后段窄边分别缝接在前段中间缺口的两侧，缺口缝合网囊。最后端向外伸出部分作为后网圈的后堵。

（11）网圈帮：长方形网片，网衣缩结系数 0.70，缩结后，长边 21.70 m，宽边 16.70 m。与网圈底分别缝合。

（12）网圈盖：呈长方形网片，网衣缩结系数 0.70，缩结后，长边 50.00 m，宽边 1.70 m。分别与网圈上边缘缝合。

（13）网囊：目大 8 mm，由网衣剪裁拼成盒形，长 13.30 m，宽 3.30 m，高 1.70 m。由大小相同的 2 个等腰三角形网片，分别缝在后网圈的缺口内。

以上的内导网、升网、咽喉网和网圈均为 2 个。

2. 纲索

（1）网墙主纲：乙纶绳，直径 24.0 mm，装配长度 616.70 m，1 条，一端连接网圈主纲，另一端与靠近的大泡沫塑料浮子连接。

（2）网墙上、下纲：乙纶绳，上纲 2 条，左、右捻，直径 24.0 mm，长 600.00 m；下纲 2 条，左、右捻，直径 18.0 mm，长 600.00 m。

（3）网墙锚纲：乙纶绳，直径 18.0 mm，长 100.00 m，共 20 条；其中，网墙两端各 2 条，一端连接网墙纲两端的大浮标，另一端连接铁锚；另 16 条锚纲，一端连接网墙纲上，另一端连接两侧的铁锚，每侧铁锚 8 个。

（4）网圈主纲：乙纶绳，直径 24.0 mm，装配长度 513.40 m，1 条，两端与后网圈的大泡沫塑料浮子及围墙主纲处连接，中间与前网圈处的网墙主纲连接。

（5）梁子张纲：乙纶绳，直径 18.0 mm，共 6 条。其中，长 16.70 m 的 2 条；长 26.70 m 的 2 条；长 35.00 m 的 2 条。分别连接在前、后网圈主纲之间（取鱼部、网凹和内导网前端各 1 条）。

（6）网圈锚纲：乙纶绳，直径 18.0 mm，共 28 条；其中，网圈两端的网头各 4 条，长 60.00 m，一端连接网头两端的大浮标，另一端连接铁锚；另 20 条锚纲，长 100.00 m，一端连接网墙上纲，另一端连接两侧的铁锚，前后网圈各 10 条，固定网圈用。

（7）网圈下纲：乙纶绳，直径 18.0 mm，长 136.70 m，2 条；长 103.40 m，

2条。

（8）网圈挡墙底纲：乙纶绳，直径18.0 mm，长66.60 m，2条。

（9）内导网底纲：乙纶绳，直径18.0 mm，长16.70 m，4条。

（10）网须底纲：乙纶绳，直径8.0 mm，长25.50 m，4条。

（11）网盖浮子纲：乙纶绳，直径8.0 mm，长12.50 m×4＝50.00 m，2条。

（12）簸箕帮底纲：乙纶绳，直径8.0 mm，长37.45 m，8条。

（13）簸箕网大头底纲：乙纶绳，直径8.0 mm，36.70 m，2条。

（14）网圈两端缆纲：乙纶绳，直径24.0 mm，长50.00 m，4条。一端连接大浮标，另一端分别连接网圈主纲。

（15）网筋：乙纶绳，直径6.0 mm，长16.70 m，每条长3.33 m，需要若干条。

（16）扎网绳：乙纶绳，直径6.0 mm，若干条。

（17）拉网绳：乙纶绳，直径18.0 mm，长13.00 m，4条，均匀分布。一端绑扎在凹网的张纲上，另一端向下结扎在凹网的底边上。起网时，供拉起后网圈底部之用。

3. 属具

（1）浮子：使用大小两种泡沫塑料浮子。

大浮子8个，圆柱形，长1.20 m，直径600.0 mm，浮标固定在网墙上纲的两端和前后网圈交汇处的两端。

小浮子2 226个，圆柱形，长180.0 mm，直径130.0 mm，孔径28.0 mm，静浮力1 800 gf；无论网墙、网圈，均按0.50 m距离扎缚1个浮子。其中，网墙部分扎缚1 200个，网圈部分扎缚1 026个。

（2）沉子：陶质，腰鼓形，每个沉子重165 g，共计需要7 760个。其中网墙部分需要4 000个，每150 mm扎结1个沉子；网圈部分需要3 420个，每150 mm扎结1个沉子；升网底纲需要110个，每间距334 mm扎结1个沉子；网须底缘斜坡缘纲需要156个，每间距334 mm扎结1个沉子；网头取鱼部需要74个，每间距334 mm扎结1个沉子。

（3）铁坠：铁质，重1.25~2.00 kg，若干个。

（4）铁锚：单爪铁锚，每个重75.00 kg，计需48个。其中，网墙20个（网墙部分两侧各8个，网墙主纲两端各2个）；网圈部分28个（网圈两侧各10个，网圈两端各4个）。

（二）渔具装配

1. 网墙装配

将网墙上、下缘纲分别穿入网衣上、下缘网目内，按0.70的缩结系数，每隔8

238

目结扎 1 档，档距 476 mm。浮子纲穿入浮子，沉子纲穿入沉子，然后分别与网墙上、下缘纲并扎。浮子间距 500 mm，沉子间距 334 mm。每 1 浮子间扎 1 档，每 1 沉子间扎 1 档。每 3.33 m 在上、下纲之间扎 1 条网筋，网筋穿入网目，每 300 mm 扎 1 档。

2. 网圈装配

网圈是由多片机织网衣通过剪裁缝合而成。由于机织网衣网目较小，不便于计算其斜率，计算方法为：实际长度（或宽度）＝拉直长度÷缩结系数 0.70，然后剪裁并缝合。并按 0.70 的缩结系数缝合到上、下缘纲，每 3.33 m 在上、下纲之间扎 1 条网筋，网筋穿入网目，每 300 mm 扎 1 档。网圈的浮、沉子纲及浮、沉子装配与网墙浮、沉子装配相同。

3. 升网与导网装配

升网、导网的设置与水深、流速、网圈大小、鱼类游速、鱼的视觉有直接关系，因此外网底长度为水深的 2.0~2.2 倍为好，其上升斜率为 30% 左右。假定经常作业的渔场为 16.70 m 左右，升网底长为 36.70 m，宽边 36.70 m，窄边 16.70 m。此外，升网的上升斜率又受凹网（板凳面）高度的影响，一般采用渔场水深的 50%~55%，故凹网面高度为 9.20 m，为水深的 55%。为使升导网在水中保持良好的网型，在升网的边缘及凹网底边适当系结铁坠，铁坠重 1.25~2.00 kg，并使其保持良好的导鱼性能。

4. 凹网装配

凹网衣两侧边与网圈缝合，包住整个网咽喉部。

5. 网喉装配

将凹网、网坡与网舌的连接边穿入较粗的网线，做成水扣，并共同穿在 1 条力纲上。同样，将网舌与网须下缘、网盖与网须上缘，分别穿在 1 条力纲上，然后分档扎牢。

6. 取鱼部装配

将后端中部三角形缺口与取鱼部缝合，在取鱼部横向各加装 3 条力纲。

（三）渔船

主机功率为 17.64 kW（约为 24 马力）木质渔船 2 艘，主机功率为 2.94 kW（约为 4 马力）木质渔船 2 艘。每船共需作业人员 14~15 人。

（四）渔法

1. 设网

（1）渔场选择：选择鳀鱼洄游的通道或产卵的海域，地形两面或三面靠陆地，风浪较小，潮流流向以往复流为主，且流速不大于 1 kn，海底坡度较缓的沿岸水域，根据鱼群洄游方向和潮流情况，确定设置网圈的位置。整个网具布设呈"丁"字形，网墙由近岸边向外与主流向垂直、网门开于网墙的两边。地点选定后，在岸上树立标志，以保证设网位置准确。

（2）设纲：4船14~15人为一作业组，首先定位定向，先设置网圈主纲，下锚定位，绑缚大浮标；然后设置网墙主纲，下锚定位；此后设置梁子张纲。

（3）挂网衣：一般选择平流时挂网，或者顺流时挂网。从前网圈开始，先挂网圈、升网等；然后从前网圈处的网墙主纲上开始挂网墙网衣。用扎网绳把上缘纲和浮子纲一起绑扎在主纲上。

2. 取鱼

（1）取鱼：每天凌晨4时左右出海取鱼。取鱼时，1艘较大的渔船和1艘小渔船为1组，小渔船由网门进入网内，沿前网圈到网咽喉处，与另1渔船会合。然后捞起拉绳，把带网纲系在船舷上。逐步向里提起网衣，迫使网内的鱼向取鱼部集中，最后捞取渔获物。

（2）巡网：每天下午巡网一次。

3. 解网

渔汛结束时，将网衣全部从主纲上解下，纲索留在海中。秋汛结束后，纲索、铁锚等亦一同收到岸上。

（五）结语

鳀鱼落网的生产规模大，产量高，渔获物质量好，捕捞的小鳀鱼主要加工成"海蜒"出口或作为海珍品供应市场，是威海至烟台沿海的特色渔业。鳀鱼落网每盘网造价5万元左右，一般一组4船18人可管理9盘落网，毛收入200多万元，净利润可达40万元左右。由于烟威沿海特殊的海域环境及近年来渔业资源的变化，鳀鱼落网兼捕到的其他鱼类较少，仅占总渔获量的5%左右。根据中华人民共和国农业部通告〔2013〕1号《农业部关于实施海洋捕捞准用渔具和过渡渔具最小网目尺寸制度的通告》之规定，鳀鱼落网为过渡渔具，黄渤海区作业最小网目（或网囊）尺寸为35 mm。该渔具的网囊网目尺寸为8 mm，不符合过渡期的准用条件。但主捕鳀鱼的网具（网目尺寸小于35 mm）由地方特许才能作业。

鳀鱼落网（山东 牟平）

513.40 m×16.70 m-600.00 m

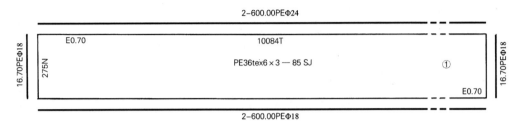

① 网墙

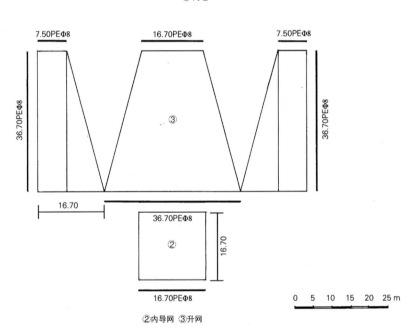

② 内导网 ③ 升网

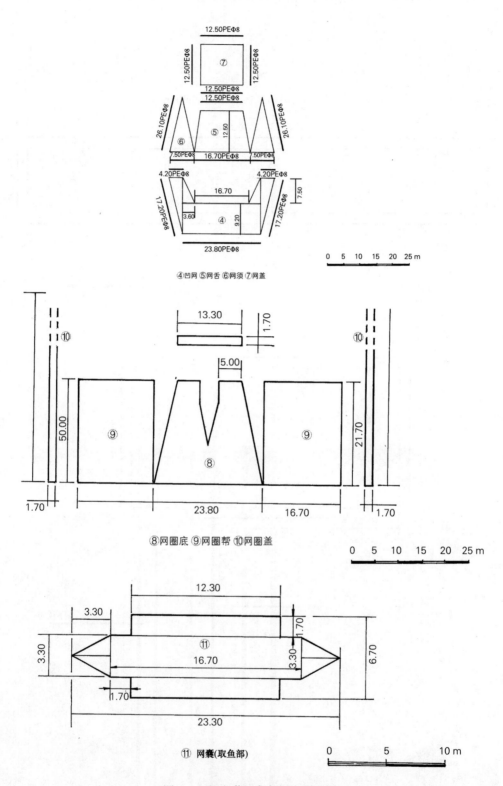

④凹网 ⑤网舌 ⑥网须 ⑦网盖

⑧网圈底 ⑨网圈帮 ⑩网圈盖

⑪ 网囊(取鱼部)

图 6-1 鳀鱼落网各部网衣展开图

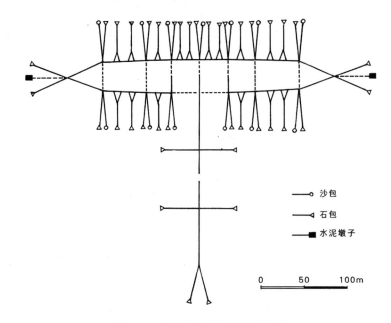

图 6-2　鳀鱼落网敷设布局示意图

○——沙包
◁——石包
■——水泥墩子

0　　50　　100m

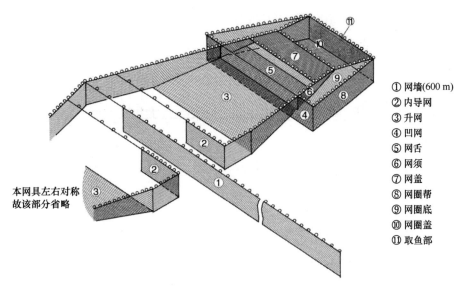

① 网墙(600 m)
② 内导网
③ 升网
④ 凹网
⑤ 网舌
⑥ 网须
⑦ 网盖
⑧ 网圈帮
⑨ 网圈底
⑩ 网圈盖
⑪ 取鱼部

本网具左右对称
故该部分省略

图 6-3　鳀鱼落网结构及作业示意图

二、四袋建网（辽宁　锦州）

四袋建网属导陷建网陷阱类（11·jw·X），俗称袖网、须子网。主要分布在辽宁锦州、山东龙口、河北秦皇岛等沿海水域，数量不多。渔具用木桩定置于水流较缓、风浪较小、水深 8～15 m、海底平坦的沿海水域。渔期 5—6 月、9—11 月。主要捕捞青鳞鱼、斑鰶等小型鱼类、小型虾类、蟹类等。网次产量 50~60 kg，最高 200 kg 左右，每盘网年产量 3~5 t。

下面以辽宁省锦州市的四袋建网为例作介绍。

（一）渔具结构

渔具主尺度：73.60 m×12.00 m×4—70.50 m。

1. 网衣

由网墙、网圈和网袋组成。

（1）网墙：PE36tex3×3 捻线编结，目大 50 mm，长 2 350 目，高 300 目，单死结，纵目使用，网衣缩结系数 0.60。缩结后网墙长度为 70.50 m。

（2）网圈：PE36tex3×3 捻线编结，目大 50 mm，长 2 453.5 目，高 300 目，单死结，纵目使用，网衣缩结系数 0.60。缩结后的网墙长度为 73.60 m。围成网圈，其两端向圈内折入。

（3）缘网：网墙和网圈上、下边缘分别用 PE36tex6×3 捻线打结重复加强 0.5 目。

（4）网袋：由 2 片三角网衣、1 片网身和大、小漏斗网衣各 1 片组成。全网共 4 个。网袋的结构、规格、材料见表 6-1。

表 6-1　四袋建网网袋材料结构规格

| 名称 | 数量（片） | 段号 | 网线材料与规格 | 目大（mm） | 宽度 | | 长度 | | 备注 |
					起目	终目	（目）	（m）	
三角网衣	2	1	PE36tex6×3	20	112.5	1	56.5	1.13	等腰三角形
网　　身	2	2	PE36tex6×3	20	225	180	312.5	6.25	等腰梯形
大漏斗网	1	3	PE36tex3×3	20	300	300	30	0.60	矩形
小漏斗网	1	4	PE36tex3×3	20	240	240	25	0.50	矩形

2. 纲索

（1）网墙纲：乙纶绳，直径 16.0 mm，长 74.50 m。

（2）网墙上缘纲和浮子纲：乙纶绳，直径 6.0 mm，左、右捻，各 1 条，长 70.50 m。

（3）网墙下缘纲和沉子纲：乙纶绳，直径 6.0 mm，左、右捻，各 1 条，长 70.50 m。

（4）网圈纲：乙纶绳，直径 16.0 mm，长 81.00 m。

（5）网圈和内导网上纲、浮子纲：乙纶绳，直径 6.0 mm，左、右捻，各 1 条，长 73.60 m。

（6）网圈和内导网下缘纲、沉子纲：乙纶绳，直径 6.0 mm，左、右捻，各 1 条，长 73.60 m。

（7）侧纲：乙纶绳，直径 3.4 mm，长 12.00 m，4 条。

（8）稳索：乙纶绳，直径 8.0 mm，长 50.00 m，10 条。

（9）网袋底纲：乙纶绳，直径 3.4 mm，长 6.50 m，4 条。

（10）网袋底系绳：乙纶绳：直径 3.4 mm，长 2.00 m，4 条。

（11）张纲：乙纶绳，直径 9.0 mm，长 16.56 m，2 条。

（12）其他纲索：沉子绳、沉石绳、抓绳等。

3. 属具

（1）浮子：泡沫塑料，圆球形，直径 80.0 mm，静浮力 286 gf，共 114 个。

（2）浮漂：泡沫塑料，圆柱形，长 200.0 mm，直径 100.0 mm，静浮力 2.75 kgf，共 10 个。

（3）沉子：陶质，腰鼓形，每个重 250 g，共 343 个。

（4）沉石：4 块，每块重 10.00 kg 左右。网圈内折部分的两端和网墙两端底部各用 1 块。

（5）木桩：硬杂木，直径 100.0~150.0 mm，长 400 mm，共 10 个。一端削成尖，打入海底固定网具。

（6）竹圈：由宽 40.0 mm、厚 15.0 mm 的竹片制成。大圈周长 4.00 m，共 4 个；小圈周长 2.80 m，共 4 个。

（二）渔具装配

1. 网墙装配

将网墙上缘纲穿入网墙上边缘网目内，然后与穿有浮子的浮子纲并拢扎结，每隔 210 mm 扎 1 档，每档挂 7 目，网衣缩结系数 0.60，浮子间距为 1.26 m，每 6 档绑扎 1 个浮子，共 56 个浮子。扎好后，在网墙上纲上每隔 2.52 m 扎 1 抓绳，以备与网墙纲相连，共扎 28 条。沉子纲穿入沉子，下纲的扎结方法与上纲相同，无抓绳。每 2 档扎结 1 个沉子，沉子间距 420 mm，共 168 个。

2. 网圈装配

将网圈和内导网的上缘纲穿入网圈和内导网上边缘网目内，然后与穿有浮子的网圈和内导网上缘纲并拢扎结，每隔 210 mm 扎 1 档，每档 7 目，网衣缩结系数 0.60。浮子间距为 1.26 m，每 6 档绑扎 1 个浮子，共 58 个浮子。扎好后，在网圈上纲上每隔 2.52 m 扎 1 抓绳，以备与网圈相连，共 29 条。网圈和内导网的下纲扎结方法与上纲基本相同。无抓绳。每 2 档扎结 1 个沉子，沉子间距 420 mm，共 175 个沉子。

3. 网袋装配

先将网身缝合成网筒状。然后将 2 片三角形网衣分别对称缝合在网身的前端，1 目对 1 目。

4. 漏斗网装配

把大、小漏斗网缝合成网筒。大漏斗网缝在网袋前端向后约 0.80 m 处，小漏斗网缝在网袋前端向后约 3.50 m 处。

5. 竹圈装配

大竹圈装配在网袋口后 1.10 m 处，小竹圈装配在网袋前端向后约 4.50 m 处。

6. 网袋与网圈的连接

在网圈设袋处，自网片中央水平剪开约 90 目，将已经缝合好的网袋前端的三角形网衣缝合在网圈上，两个三角形网衣的顶端置于剪开口的两端。

7. 浮漂装配

在 4 个网袋处及其在两个网袋之间的网圈上各扎浮漂 1 个，共 7 个；网墙两端各扎 1 个，中间扎 1 个，共 3 个。

（三）渔船

木质渔船，主机功率 8.82 kW（约为 12 马力），配备 2~3 人作业，每船可管理 5~6 处四袋建网。

（四）渔法

1. 渔场选择

设网前，根据海岸的地形、海流的流向、流速以及鱼虾洄游的情况，选择设网位置。一般网墙横流，网圈入口对着陆地。

2. 设网

在选择好的渔场按渔具的敷设长度和宽度打桩；一般打好桩后几年不动。作业之前先将网墙纲、网圈纲与稳索连接好，用木桩定置于渔场，并结上浮漂。网墙纲与流向垂直。网纲设置好后即行挂网，一般顺流先挂网墙部分，后挂网圈部分。将网墙上的抓绳系结在网墙纲上，网墙挂完后依次挂网圈。各网袋末端通过用网袋底纲系绳与稳索连接。

246

3. 取鱼

通常平流时取鱼。取鱼时，1人牵网袋稳索，取上网袋，解开囊底，倒出渔获物。每天起网1~2次。每次取鱼时需察看网具情况，如发现异常及时处理；如网衣上有较多附着生物影响作业时，需晾晒清除后再行挂网。

（五）结语

四袋建网主要捕捞近岸洄游性鱼虾蟹类，其结构简单，操作方便，渔场近，作业人员少，主要是家庭作业的副业生产或兼作生产。但由于受渔业资源限制及近岸资源逐渐减少，产量不稳定，渔获质量也在下降。根据中华人民共和国农业部通告〔2013〕1号《农业部关于实施海洋捕捞准用渔具和过渡渔具最小网目尺寸制度的通告》之规定，四袋建网为过渡渔具，黄渤海区作业最小网目（或网囊）尺寸为35 mm。该渔具的网目尺寸偏小，不符合过渡期的准用条件。

四袋建网（辽宁　锦州）

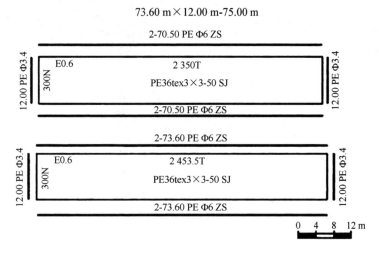

图6-4　四袋建网网墙和网圈网衣展开图

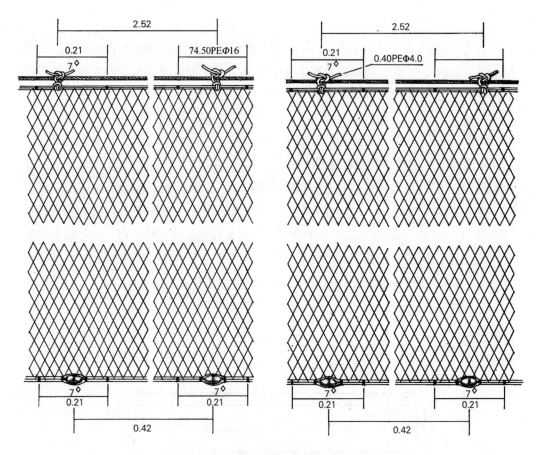

图 6-5　四袋建网网墙和网圈装配图

248

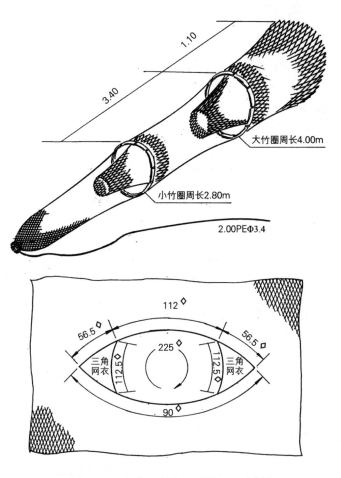

图 6-6　四袋建网网袋与网圈开口示意图

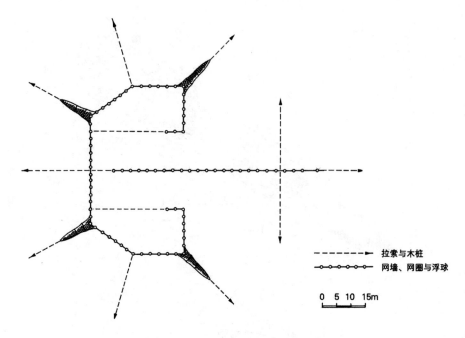

图 6-7　四袋建网敷设布局示意图

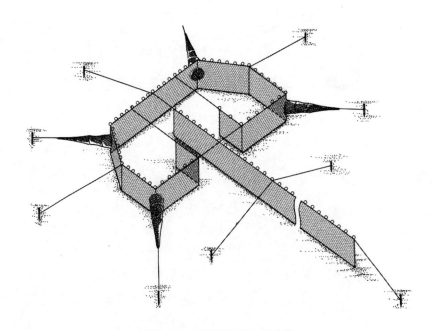

图 6-8　四袋建网作业示意图

第二节 插网陷阱类渔具

插网陷阱类渔具是指用插杆将长带型网片固定在潮差大的浅滩上，有的还加设陷阱或带倒须的网囊，有的两者兼有，以拦截捕捞随涨潮游来的鱼、虾、蟹类等，待退潮后捡取渔获物。插网陷阱类渔具的结构特点是，网衣为矩形网片，网墙一般长数百米甚至更长，按地形而定，网高随水深变化而不同；用竹竿或木杆固定，插在潮差大、鱼类多的海滩上；根据地形，渔具敷设呈面向陆地的弧形、喇叭形、犄角形等。插网渔具名称、种类繁多，结构和设置方式略有不同，分布较广，黄渤海区近岸沿海水域均有分布，但近年来受渔业资源变化的影响，处于限用或逐步减少的状态。

圈网（河北　黄骅）

圈网因袋网内带有 3 个钢圈故名"圈网"，属拦截插网陷阱类渔具（10·chw·X），在北方海区主要分布于渤海西部和辽东湾沿海水域。主捕毛虾、小型鱼类，兼捕其他虾类、梭子蟹和银鲳等。渔场在渤海内各大河口附近，潮间带作业，水深 1~5 m，底质泥沙。渔期为每年 3—5 月，9—11 月。

下面以河北省黄骅的圈网为例做介绍。

（一）渔具结构

渔具主尺度：1 013.50 m×4.00 m。

渔具由拦网、袋网上网、袋网、纲索、属具和插杆等组成。由 91 片拦网、90 片袋网上网和 90 组袋网连接在一起插成一列组成。拦网、袋网上网和袋网结缚于插杆之上，插杆插入海底泥中，利用插杆保持圈网的水平和垂直扩张。

1. 网衣

拦网、袋网上网和袋网的具体结构、规格见表 6-2。

表 6-2　圈网网衣结构规格

名称	数量（片）	网线结构	目大(mm)	规格（目×目）	备注
拦网	91	PE36tex1×3	17	1100×270	
拦网上缘网	91	PE36tex2×3	34	550×6.5	
袋网上网	90	PE36tex1×3	17	126×156.5	
袋网上网缘网	90	PE36tex2×3	34	63×6.5	
袋网	90	PE36tex1×3	17	560×303	161 目+119 目+161 目+119 目
袋网缘网	90	PE36tex2×3	34	280×6.5	80.5 目+59.5 目+80.5 目+59.5 目

2. 纲索

纲索部分主要包括拦网上缘纲和上纲、拦网下缘纲和下纲、拦网侧缘纲和侧纲、袋网上网缘纲和上纲、袋网上网侧缘纲和侧纲、袋网网口缘纲和网口纲、网耳绳等，纲索结构规格见表6-3。

表6-3　圈网纲索结构规格

钢索名称	数量（条）	直径（mm）	长度（m）	材料	备注
拦网上、下缘纲和上、下纲	2×2×91	6	10.00	PE绳	捻向分别为Z、S
拦网两侧缘纲和侧纲	2×2×91	6	4.00	PE绳	Z、S
袋网上、下网缘纲和上、下纲	2×2×90	6	1.15	PE绳	Z、S
袋网上网两侧缘纲和侧纲	2×2×90	6	2.44	PE绳	Z、S
袋网网口缘纲和网口纲	2×90	6	5.42	PE绳	Z、S
网耳绳	若干	6	视需要而定	PE绳	与插杆连接用

3. 属具

（1）钢圈：采用4.56 mm钢丝，制成环状，外包塑料皮，防止生锈，第一环直径740 mm，第二、第三环直径700 mm。共计90组。

（2）插杆：竹竿，在网口中间固定于泥中，底部直径50 mm，长4.50 m左右，基部削成楔形。共计182根。

（二）渔具装配

1. 拦网装配

先将拦网的上缘网与拦网主网衣按1目对2目缝合；此后将拦网上缘纲穿入缘网边缘网目，并与上纲并扎，每10目打一个死结，共55档，每档间距182 mm。拦网上缘网横向缩结系数0.534 7。下缘纲与下纲的装配方法与上述基本相同，每20目打一个死结，共55档，每档间距182 mm。再把拦网侧缘纲穿入侧缘网目，然后与侧纲并扎，先在缘网与拦网主网衣的6.5目连接处打一个死结，间距187 mm；拦网主网衣侧边每12目打一个死结，共23档，间距172 mm，最末端1档6目。网衣垂直缩结系数0.845。侧纲两端分别连接在上、下纲上。

2. 袋网上网装配

先将袋网上网的上缘网与袋网上网主网衣按1目对2目缝合；此后将袋网上网上缘纲穿入缘网网目，并与上纲并扎，每10目打一个死结，共6档，每档间距

252

182 mm；两端为 11.5 目 1 档，间距 209 mm。袋网上网上缘网横向缩结系数 0.534 7。袋网上网下缘纲与下纲的装配方法基本与上纲装配相同，每 20 目打一个死结，共 6 档，每档间距 182 mm；两末端为 23 目 1 档，间距 209 mm。然后再把袋网上网侧缘纲穿入侧缘网目，然后与侧纲并扎，在缘网 6.5 目处打一个死结，间距 172 mm；袋网上网主网衣侧边每 12 目打一个死结，共 13 档，间距 172 mm，最末端为 12.5 目 1 档。网衣垂直缩结系数 0.845。侧纲两端分别连接在上、下纲上。

3. 袋网装配

袋网为一矩形网片。先将缘网与袋网网衣按 1 目对 2 目缝合；此后沿直边缝合成圆筒。再将袋网网口缘纲穿入缘网边缘网目，然后与网口纲并扎，每 10 目打一个死结，共计 28 档，档间距 193 mm。袋网缘网缩结系数 0.569。在袋网内装入 3 个钢圈：第 1 个钢圈距口门 1.65 m；第 2 个钢圈距第 1 个钢圈 0.82 m；第 3 个钢圈距第 2 个钢圈 0.80 m。

4. 整体装配

先将袋网与袋网上网下端连接，即袋网上网下端 1.15 m 下纲对应袋网 1.15 m 网口纲，然后用细网线绕缝，每 100 mm 打一个死结。此后将装配好的袋网上网和袋网两侧各连接 1 片拦网，即 4.00 m 高的侧纲分别对应 2.44 m 高的袋网上网侧纲和 1.56 m 高的袋网网口侧纲，然后用细网线绕缝，每 100 mm 打一个死结。最后在侧纲边缝一端的下缘纲起用网耳绳做一个网耳，上缘纲处做一个网耳，中间做 3 个，间距 1.00 mm。网耳环周长约 160 mm，敷设网具时以便插杆能够顺利穿入。

（三）渔船

多为 14.71 kW（约 20 马力）的木质船作业，每条船敷设网具时配备作业人员 7 人，平时管理需要作业人员 2~3 人。

（四）渔法

1. 挂网

到达渔场后，在渔船上一边结缚插杆一边挂网。先将插杆穿入网耳环，插杆基部露出下缘纲，露出长度距下缘纲及袋网口门 0.30 m 左右，在此网耳处用网线把插杆与网片系牢，此后依次在网耳环处将网片牢牢结缚在插杆上。2~3 人继续结缚插杆。1 人拿插杆、1 人理上纲、1 人理下纲，3 人相互配合将插杆插入海底泥中。插好一个插杆后，渔船缓慢前行，再插下一个插杆，并抛出袋网，袋网囊头用囊头束纲扎紧，囊头处通过绳索连接 2 块红砖作为锚碇固定囊头，并通过绳索连接 1 个浮标球。作业过程中保证网衣底部紧贴水底。

2. 起取渔获物

退潮至近平流时起网，船停靠于网口后方，自上风的网列处开始起网。先捞起浮标球，拉网囊到船甲板上，解开囊头束纲，倒出渔获物。然后再扎紧囊头束纲及连接好红砖、浮标球等，再次抛入水中继续作业。每天起取渔获物一次。

3. 拔檣杆

渔期结束后，从网列的一端拔出檣杆，将网解下，堆叠于船上。

（五）结语

圈网结构简单，造价低廉，操作灵活，生产期短，但产值高，收益大，是一种效率较高的渔具。虽然该网具作业方式较为落后，但产量比较稳定，仍是捕毛虾及小型鱼类的主要网具之一。但由于使用的网目尺寸偏小，严重损害经济鱼、虾类幼体资源。根据中华人民共和国农业部通告〔2013〕2号《农业部关于禁止使用双船单片多囊拖网等十三种渔具的通告》之规定，网圈为禁用渔具。

圈网（河北 黄骅）

1 013.5 m×4.00 m

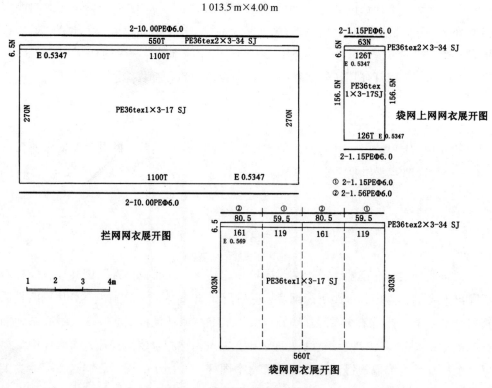

图6-9 圈网各部网衣展开图

254

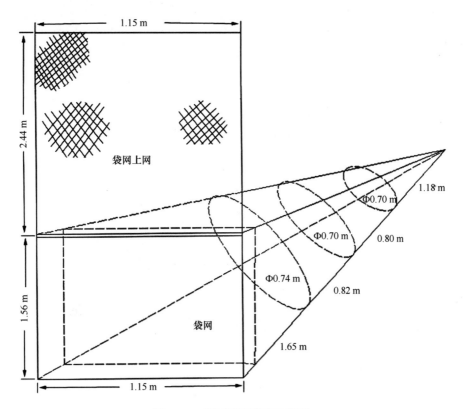

图 6-10　圈网网圈装配示意图

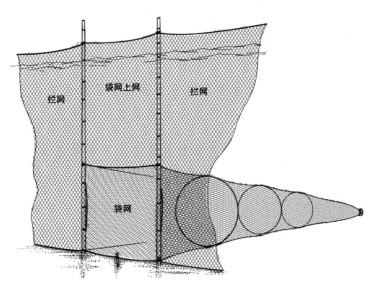

图 6-11　圈网装配示意图

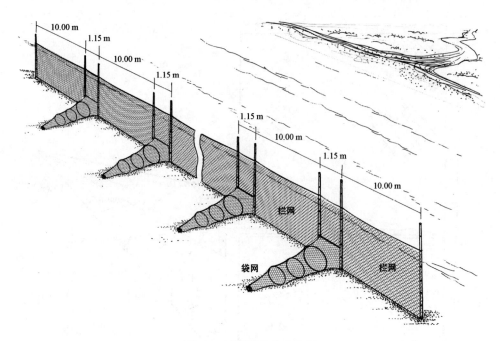

图 6-12　圈网作业示意图

256

第七章　钓渔具类

钓渔具简称钓具，其捕鱼原理就是利用鱼类、甲壳类、头足类等动物的食性，在钓线上系结钓钩，并装上诱惑性的饵料（真饵或拟饵），诱使其吞食而达到捕获的目的。钓渔具以钓钩、钓线为主体构成，作业时，一般在钓钩上装真饵或拟饵，也有少数钓具不装钓钩，以食饵诱集而钓获。

钓鱼具按渔具结构特点可分为真饵单钩、真饵复钩、拟饵单钩、拟饵复钩、无钩、弹卡6个型。按钓渔具的作业方式，可分为漂流延绳、定置延绳、曳绳、垂钓4种方式。

钓渔具适宜捕捞分散鱼群（包括甲壳类和头足类的虾、蟹、柔鱼等），能钓捕上、中、下各水层的集散鱼群；具有广泛的适应性，不受渔场地形、底质和水域深浅的限制，近岸和远洋均可进行捕捞作业；一般不受时间限制，通常一年四季均可进行捕捞作业；渔获物新鲜，质量较好；渔获个体大，有利于资源的繁殖保护；结构简单，制作容易，投资少，成本低，操作技术较容易；捕捞对象广泛，海洋中有六线鱼、许氏平鲉、带鱼、鲨鱼、鳓、鲷、鳗、大黄鱼、黄姑鱼、鳕、石斑鱼、金枪鱼、犬齿南极鱼、对虾、梭子蟹、柔鱼、河鲀等。据2014年统计资料，全国钓具总捕捞年产量为384 343 t，约占全国渔业总产量的3%。黄渤海区中，从事钓具渔业的渔船数为3 036艘，约占黄渤海区总渔船数的4%。

此外钓鱼还是一种普遍开展的体育娱乐活动项目。

第一节　定置延绳真饵单钩钓

延绳钓的基本结构是在一条干线上系结许多等距离的支线，末端结有钓钩和饵料，采用锚或沉石等固定敷设于海底，适用于水流较急、渔场面积狭窄的海区钓捕底层鱼类。一般适用于岩礁海区作业。该渔具每筐干线长200~450 m，每条线上结支线120~240条，每条支线下系结一钩，作业时每条干线两端和中间用小铁锚或沉石固定。单船可放干线8~12筐。每筐干线系连成一条线，两端设置浮杆旗。干线沉入海底。以沙蚕、鱿鱼块或小杂鱼作诱饵。

一、黄鱼、黑鱼延绳钓（山东　崂山）

黄鱼、黑鱼延绳钓属定置延绳真饵单钩钓（46·zhd·D），俗称延绳钓、筐线，是一种浅海岩礁水域作业的底层延绳钓，主要分布在辽宁省大连，山东省长岛、烟台、青岛等地沿海水域，主要捕捞黄鱼（六线鱼）、黑鱼（许氏平鲉），常年可以作业。一般每潮渔获量 10~20 kg，是一种副业性生产。

下面以山东省崂山的黄鱼、黑鱼延绳钓为例作介绍。

（一）渔具结构

钓具主尺度：310.00 m×1.60 m—120HO。

黄鱼、黑鱼延绳钓由铁锚、干线、支线、浮子绳、浮子、沉子、钓钩、闪灯、无线电浮标等组成。

1. 钓线

（1）干线：长 310.00 m，36tex8×3 乙纶绳。

（2）支线：长 1.60 m，尼龙单丝（PAM），直径 0.50 mm。

2. 钓钩

铁质，13 号钢丝制成，钢丝直径 2.3 mm，角型钩，有倒刺，钩轴长 40.0 mm，钩宽 9.0 mm。

3. 属具

（1）锚：二齿铁锚，每个重量为 1 500 g，间隔两盘线抛 1 个。

（2）沉石：重量为 500 g，两盘线之间抛 1 个。

（3）浮标：长 1.50 m 的细竹竿，上端结小布旗，中间系浮子，下面系沉子（1 200 g），每支上面都有应急灯。

（4）钩筐：竹或柳条编制（亦可用盆），筐口直径 550~600 mm，高 15 mm。筐沿用稻草或竹篾包扎，供钓钩排列用。

（二）钓具装配

干线截取预定长度后，将两端结成套环，以便于与浮标绳连接。先将钩系于支线之上，再把支线结缚在干线上。自干线一端 6.25 m 处开始系接第 1 条支线，此后每隔 2.50 m 系 1 条支线。钓线以筐（或盆）为单位计算，每筐（盆）干线长310.00 m，系接 120 个钓钩。

（三）渔船

小型木质渔船，长 6.30 m，宽 2.70 m，功率 8.95 kW（12 马力）。每船作业人员 2~3 人。

（四）钓饵

钓饵以沙蚕为好，小虾、玉筋鱼、小鱿块、鲅鱼肉均可。一条大沙蚕可切为数段装钩，出海当天下午在钓钩上装饵，装好钓饵的钓钩依次挂在筐（盆）缘上，干线均匀排列在筐（盆）内。每船每航次备10~12筐。

（五）渔法

1. 下钩

渔船到达渔场后，使下钩舷受风，横流放线。首先将一端浮标和锚抛入水中，然后顺次放干线、支线、钓钩，直至另一端，间隔两盘线抛1个锚，两盘线之间抛一块沉石。将浮标和锚投入水中，并连接好下一条干线，依次投放。水流越大越好，水流最大不超过2.0 kn。放线开始和结束的地方各设置1个浮标。

2. 起钩

下钩2 h后即可收钩。起钩时，从放钩端开始，拉干线，提支线。摘鱼及收取浮标和沉石，并将其连接点解开，将干线顺序盘入筐（盆）中。

（六）结语

黄鱼、黑鱼延绳钓作业方式灵活，成本较低，是渔民常用的作业方式，对生态系统影响较小，随着黄鱼、黑鱼资源量的减少，该作业方式也正在萎缩。中华人民共和国农业部通告〔2013〕1号《农业部关于实施海洋捕捞准用渔具和过渡渔具最小网目尺寸制度的通告》和中华人民共和国农业部通告〔2013〕2号《农业部关于禁止使用双船单片多囊拖网等十三种渔具的通告》均未对钓渔具做规定。

黄鱼、黑鱼延绳钓（山东　崂山）

310.00 m×1.60 m—120HO

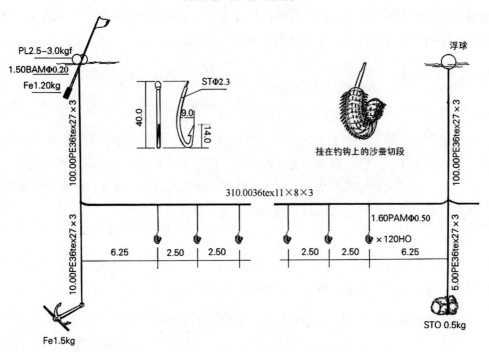

图 7-1　黄鱼、黑鱼延绳钓结构示意图

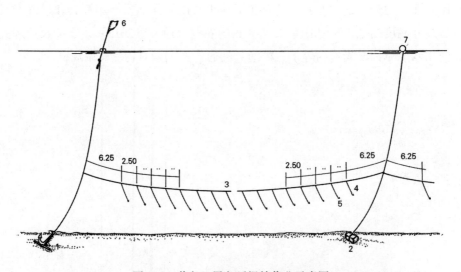

图 7-2　黄鱼、黑鱼延绳钓作业示意图

1-铁锚 Fe1.5 kg；2-沉石 0.5 kg；3-干线；4-支线；5-钓钩；6-标旗；7-浮球

260

二、星康吉鳗延绳钓（山东 胶州）

星康吉鳗广泛分布于我国的渤海、黄海、东海，是一种营养价值较高的经济性鱼类。目前，星康吉鳗的主要捕捞方式是鳗鱼笼、延绳钓，张网和拖网可以兼捕。

星康吉鳗延绳钓属定置延绳真饵单钩钓（46·zhd·D），作业渔场位于海州湾，水深 18~22 m，水流较急，采用锚将渔具固定于海底。

下面以山东省胶州的星康吉鳗延绳钓为例作介绍。

（一）渔具结构

钓具主尺度：244.00 m×1.40 m—120HO。

星康吉鳗延绳钓由铁锚、母绳、父绳、支线、纽带绳、浮子绳、浮子、沉子、钓钩、闪灯、无线电浮标等组成。

（1）干线：长 244.00 m，直径为 3.4 mm，材质为维纶（PVA）。

（2）支线：长 1.40 m，直径 0.7 mm，材质为锦纶（PA）。

（3）锚：重量为 1 500 g，间隔两盘线抛 1 个。

（4）沉石：重量为 750 g，两盘线之间抛 1 个。

（5）浮标：为长 1.50 m 的细竹竿，上端结小布旗，中间系浮子，下面系沉子（1 200 g），每支上面都有应急灯。

（6）钓钩：钓钩为 303 型。

（二）钓具装配

干线截取预定长度后，将两端结成套环，以便于与浮标绳连接。从干线端距 3.00 m 处开始系接 1 条支线，以后每隔 2.00 m 系 1 条支线。钓线以筐（或盆）为单位计算，每筐（盆）干线长 244.00 m，系接 120 个钓钩。

（三）渔船

玻璃钢材质渔船，长 6.30 m，宽 2.70 m，功率 8.95 kW（12 马力）。每船作业人员 2~3 人。

（四）钓饵

钓饵为冰鲜枪乌贼、玉筋鱼或小鱿块，在市场上购买，出海当天下午在钓钩上装饵，装好钓饵的钓钩依次挂在筐（盆）缘上，干线均匀排列在筐（盆）内。每船每航次备 10~12 筐（盆）。

（五）渔法

1. 下钩

渔船到达渔场后，横流放线，首先将一端浮标和锚抛入水中，然后顺次放干线、支线、钓钩，直至另一端，间隔两盘线抛 1 个锚（1 500.0 g），两盘线之间抛 1 块沉石（750.0 g）。将浮标和锚投入水中，并连接好下一条干线，依次投放。放钩区域水流为东北—西南向，即放线方向为东南—西北，无流时不能放钩。水流越大越好，水流速度一般为 1.6~1.8 kn，最大速度为 2.3 kn。若有张网在同一区域作业时，钓钩要放置在张网的后方。放线开始和结束的地方各设置 1 个浮标，共 2 支，浮标为长 1.50 m 的细竹竿，上端结小布旗，中间系浮子，下面系沉子（1 200.0 g），每支浮标上面都有应急灯。

2. 起钩

下钩后 1~2 h 即可收钩。起钩时，从放钩端开始，拉干线，提支线。摘鱼及收取浮标和沉石，并将其连接点解开，将干线顺序盘入筐（盆）中。

（六）结语

鳗鱼延绳钓作业方式灵活，成本较低，是渔民常用的作业方式。每年的 9 月至 12 月之间，鳗鱼延绳钓针对星康吉鳗这一特定种类进行捕捞，对生态系统影响较小，渔获质量也高。在山东近海，延绳钓相比于鳗鱼笼，作业方式更灵活，成本更低，因而延绳钓慢慢取代了鳗鱼笼，成为了一种主要的作业方式。中华人民共和国农业部通告〔2013〕1 号《农业部关于实施海洋捕捞准用渔具和过渡渔具最小网目尺寸制度的通告》和中华人民共和国农业部通告〔2013〕2 号《农业部关于禁止使用双船单片多囊拖网等十三种渔具的通告》均未对钓渔具做规定。

星康吉鳗延绳钓（山东 胶州）

244.00 m×1.40 m—120HO

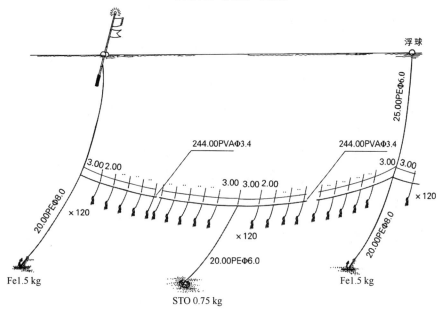

图 7-3 星康吉鳗延绳钓结构和作业示意图

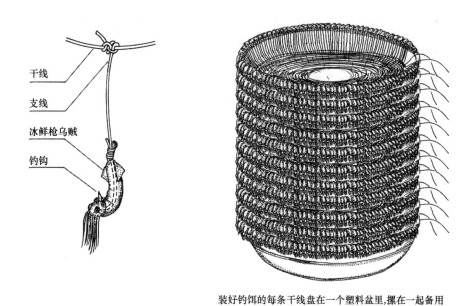

装好钓饵的每条干线盘在一个塑料盆里,摆在一起备用

图 7-4 星康吉鳗延绳钓钓钩与钓饵示意图

第二节　垂钓真饵单钩钓

一、手竿钓（山东　崂山）

手竿钓属垂钓真饵单钩钓（30·zhd·D），为传统渔法，历史悠久。手竿钓作业方式有船钓和岸钓之分，船钓现仅在大型远洋鱿鱼钓船和金枪鱼钓船上使用作业，岸钓多作为休闲、娱乐和体育活动。岸钓的渔场多位于岸边的岩礁边水域，主要钓捕沿岸小型鱼类，亦可在离岸较远的水域或岛礁附近钓捕较大个体的分散鱼类。诱饵以沙蚕及其他动物肉体为主，根据钓捕对象可使用整体、切片、内脏等，但鲜度要好。手竿钓在黄渤海区沿岸均有分布，主要作为休闲娱乐活动垂钓。

下面以山东省崂山的岸边手竿钓为例作介绍。

（一）渔具结构

渔具主尺度：2.50 m×40.00 m—1HO。

1. 钓线

尼龙单丝（PAM），直径0.50 mm，长40.00 m。

2. 钓钩

长形钩，有倒刺，低碳钢丝制成，直径3.2 mm，轴长90 mm，钩宽29 mm，尖高32 mm，伸直长145 mm。

3. 钓竿

岸边手竿钓配有绕机，钓竿多用玻璃钢或碳塑材料制成，呈鞭杆状，由数节短杆组合而成，竿可伸缩，各短杆前端固有特制的圆形线道圈，该圈由后向前渐小，绕机固定在竿的后端稍向前，干线缠在绕机的轴上，干线另一端穿入线道圈内。然后与沉坠连接，在距沉坠一定距离的干线上由下而上按需结缚1条或数条带钩支线。钓竿手持端直径40 mm，长2.50 m，1支。

4. 沉坠

铅质，铅坠重20 g，1个。

5. 浮标

硬质泡沫塑料，橄榄形，静浮力50 gf。

（二）饵料

沙蚕及其他动物肉体。

（三）渔法

钓捕时，挂饵于钓钩之上，将绕机挡线架置于放线之处，用力甩出沉坠至海底，使钓钩处于钓捕位置后，再将绕机挡线架置于收线处，转动绞机手柄使干线保持在平直状态，然后持竿或支竿守候，待有吃钩手感或鱼上钩时，先抬起钓竿，轻轻抖动一下竿梢，让鱼钩勾牢后，转动绕机手柄收线，把钓捕鱼类拖出水面，当将鱼拖至岸边时，然后抖竿将其振落于岸上。

小型船竿钓的钓竿多用长为 2~4 m 的竹质材料，后部稍粗，前端稍细，将干线一端结缚在竿端，干线另一端结缚沉坠和系有钓钩的支线，然后将钓竿伸出舷外，使干线下端的沉坠及钓钩沉降至海底后稍提起，或置于鱼类栖息水层，当发现鱼食饵时，将竿端稍向上提，使鱼追逐吞食诱饵。待鱼上钩后，拉出水面、抖竿将其甩入船舱内。若鱼体较大，可拉到水面附近，用抄网捞取。在钓捕过程中，要根据情况收钩换饵，并不断地缓慢水平或垂直拉动钓线，诱惑鱼类食钩；收线时钓竿要朝前往上抬，切忌左右摆动。渔获物摘取后，可装饵再次作业。钓捕大型鱼类时，若一竿不能胜任，可使用双竿或多竿；钓捕鱼群较密集的小型鱼类时，可以使用多钓钩。

（四）结语

手竿钓结构简单，操作方便，可在岸边岩礁海区作业，是一种绿色健康、休闲娱乐、陶冶情操的运动方式。中华人民共和国农业部通告〔2013〕1 号《农业部关于实施海洋捕捞准用渔具和过渡渔具最小网目尺寸制度的通告》和中华人民共和国农业部通告〔2013〕2 号《农业部关于禁止使用双船单片多囊拖网等十三种渔具的通告》均未对手竿钓做规定。

手竿钓（山东　崂山）

2.50 m×40.00 m—1(HO)

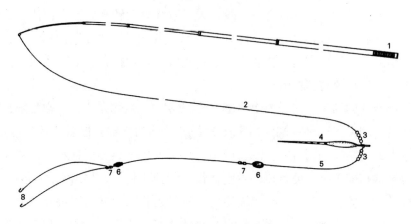

图 7-5　手竿钓结构示意图

1-手竿；2-主钓线；3-太空豆；4-浮漂；5-子钓线；6-铅坠；7-隔离珠；8-双钩

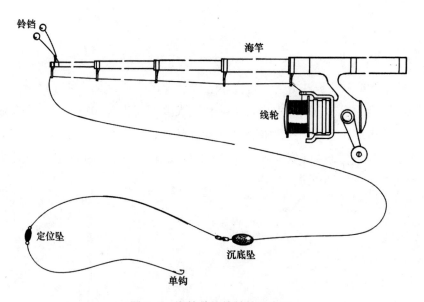

图 7-6　海竿单钩钓结构示意图

266

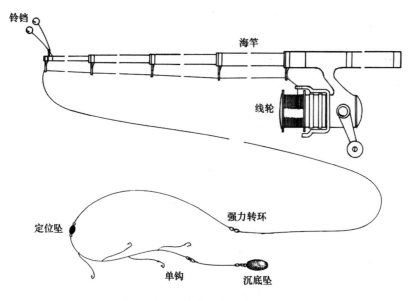

图 7-7　海竿串钩钓结构示意图

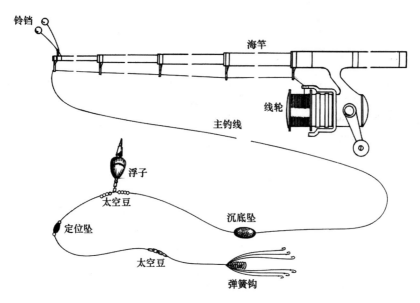

图 7-8　海竿弹簧钩钓结构示意图

图 7-9 手竿钓作业示意图

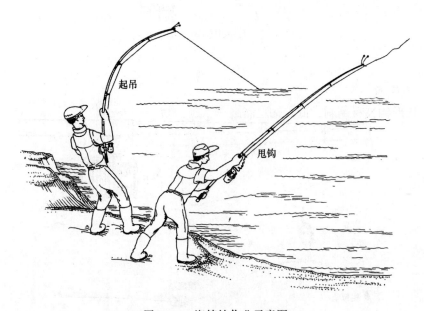

图 7-10 海竿钓作业示意图

二、天平钓（山东 文登）

天平钓属垂钓真饵单钩钓（30·zhd·D），又称墩鱼。天平钓是 20 世纪 50 年代初在山东省文登东、西里岛、港北崖、万家庄一带发展起来的一种钓渔具。每年 5 月至 6 月下旬、8 月至 10 月下旬作业。渔场在五垒岛附近，水深 3~8 m。主要钓花鲈，兼钓其他鱼类。由于花鲈资源量减少，当前该种作业方式已经很少见，仅是作为休闲娱乐在海边或划船垂钓而已。

天平钓分为杆天平钓（图7-11）和手天平钓（图7-13）两种。手天平钓不同于传统的天平钓，无钓竿，只有钓线，钓线下端系一用钢丝做成的钓叉，每个钓叉有2~4个叉头，一般一个叉头拴2~3个钓钩。钩叉下部拴有铅或铁制的钓坠。钓线长度根据水深确定。多为近海小船作业，对资源影响不大。

下面以山东省文登市的杆天平钓为例作介绍。

（一）渔具结构

渔具主尺度：7.00 m×2.40 m—2（HO）。

1. 钓线

钓线分叉线和支线两部分。

叉线：乙纶绳，3股，S捻或Z捻均可，直径1.3 mm，长1.00 m，对折使用，对折处用细绳扎结成长60 mm的眼环，连接在钓钩上，叉线两端分别连接在一小铁制横杆两端。

支线：用18号铁丝制成，铁丝直径1.2 mm，长2.40 m，分12段，各段两端均以眼环连接。支线上端连接在横杆上，下端连接钓钩。共2条。

2. 钓钩

长形钩，有倒刺，低碳钢丝制成，直径3.2 mm，钩轴长90 mm，钩宽29 mm，尖高32 mm，伸直长145 mm。

3. 横杆

铁质，11号铁丝制成，直径2.8 mm，长460 mm，两端各有一个眼环。叉线和支线均扎在眼环内。

4. 钓竿

竹竿，手持端直径40 mm，长7.00 m，1支。

（二）饵料

饵料以活蝼蛄虾为好，亦可用对虾、鹰爪虾或其他肉类，但效果均不如蝼蛄虾。饵料一般长40 mm，钓钩自虾尾部勾入，钩尖藏于头部。

（三）渔船

小舢板，载重1.50 t，船长6.20 m，宽1.70 m，型深0.75 m，每船作业人员2~4人，使用钓竿4支。亦可使用筏子，作业人员1~2人。

（四）副渔具

手抄网，柄长2.50 m，直径40 mm。用直径6.0 mm的钢筋制作成一个内径

550 mm的铁圆圈，固定在木柄的一端。网兜为 PE36tex4×3 的网线编织而成，目大 600 mm，结缚于铁圆圈之上。

（五）渔法

适宜于在小潮汛、风力较小、海水清澈的海区作业。清澈水域的海区有利于鲈鱼发现饵料、易于上钩。渔船到达渔场后，先根据水深确定钓竿的放置状态。浅水作业时，钓竿向下倾斜，顶端入水 1.00 m 左右；深水作业时，钓竿呈竖直状态，以便将钓钩放置在鱼的上方，既不要使钓钩离海底过高，也不要将钓钩拖在海底，渔船两舷各放 2 支钓竿，渔船随流漂移。发现鱼欲吞吃饵料时，将竿向上稍提，使鱼追逐饵料，待鱼上钩后，拉到水面附近，用手抄网将鱼收至船上。

（六）结语

天平钓结构简单，操作方便，成本低，渔情好时能够获得一定的产量，可在岩礁海区作业。当前，由于鲈鱼资源逐渐减少，鲈鱼杆天平钓作业已经很少，仅作为休闲娱乐活动之用。中华人民共和国农业部通告〔2013〕1 号《农业部关于实施海洋捕捞准用渔具和过渡渔具最小网目尺寸制度的通告》和中华人民共和国农业部通告〔2013〕2 号《农业部关于禁止使用双船单片多囊拖网等十三种渔具的通告》均未对杆天平钓做规定。

天平钓（山东 文登）

7.00 m×2.40 m —2(HO)

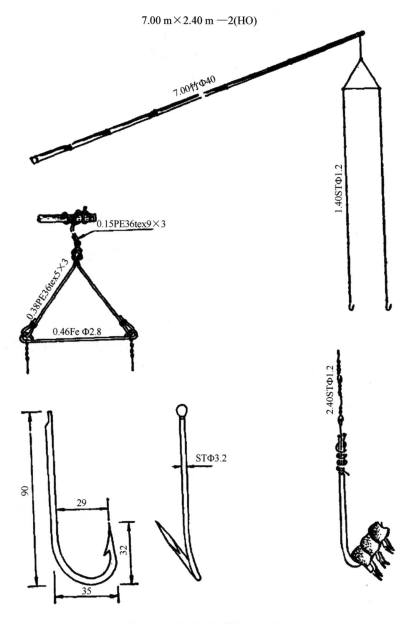

图 7-11 杆天平钓结构示意图

图 7-12　杆天平钓作业示意图

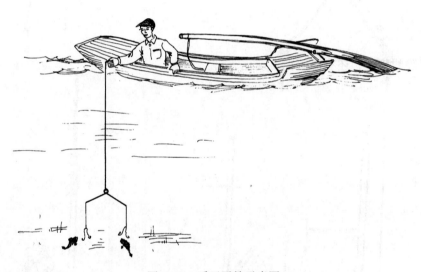

图 7-13　手天平钓示意图

第八章　耙刺类渔具

耙刺类渔具是指利用特制的钩、耙、箭、叉、铲等工具，以投刺、耙掘或铲刨方式采捕水产经济动物的渔具。耙刺类渔具是一种古老的渔具。中华民族的祖先，从采集贝类和徒手捉鱼开始，接着是使用石器、木棒、骨制鱼叉、鱼钩、鱼镖、弓箭等工具进行捕鱼。

耙刺类渔具种类较多，按照《渔具分类、命名及代号》（GB5147—2003）分类原则，耙刺类渔具按渔具结构特点分为齿耙、滚钩、柄钩、叉刺、箭铦、锹铲6个型，按作业方式分为铲耙、定置延绳、漂流延绳、拖曳、投射、钩刺6个式。

齿耙型渔具的生产规模较大，例如毛蚶耙子，是渤海沿岸"三省一市"的一种重要渔具，主要分布在辽宁省的大连、营口、盘锦、锦州和丹东等，天津市的汉沽和塘沽，山东省的滨州、东营和潍坊地区等海域。作业渔场水深在3~15 m。齿耙型渔具除蚶耙外，还有文蛤耙、蚬耙、蛤耙、扇贝耙等。蛤耙是常见的小型拖曳耙刺齿耙型采贝渔具，分布在青岛近海和胶州湾，多在水深10 m以内的近海作业，主捕菲律宾蛤仔，兼捕其他蛤类。贝场底质多为软泥和沙泥。

单船拖曳式齿耙型耙刺渔具的捕鱼原理为依靠船舶拖曳有齿排的、框架上结附网囊的齿耙渔具在海底曳行，耙掘浅海泥沙或沙砾海底中的贝类，达到挖掘拖捕目的。蚶耙是捕捞毛蚶、魁蚶、文蛤、杂色蛤、菲律宾蛤、蛏蜒等贝类的主要渔具。因渔船功率不同，每船可携带4~8顶。渔期一般为春汛的3—5月和秋汛的10—12月中旬。蚬耙子是捕捞沙蚬、黄蚬的拖曳式齿耙型渔具。此类网具主要在近岸沿海的沙泥底质的沙蚬、黄蚬等贝类栖息的区域作业，渔期一般为春汛的3—5月中旬和秋汛的8月中旬至11月末。

泵吸式蓝蛤耙为近年新改进的、主要作为捕捞蓝蛤的渔具，改原来的刮耙为泵吸。该渔具仅在个别地区出现，主捕蓝蛤类等。水吹式蚬耙在原有蚬耙子的基础上，改耙齿为高压水喷管，将海蚬子、海肠子（学名：单环棘螠 Urechis unicinctus）等渔获物从海底吹出，进入喷管后的网袋中。主捕海蚬子和海肠子。

第一节　拖曳齿耙耙刺渔具

拖曳齿耙耙刺渔具是专用捕捞毛蚶、魁蚶、蓝蛤、文蛤、花蛤、蛏蜒、沙蚬、黄蚬、海肠子等贝类、海螺类的主要传统渔具，在环渤海沿岸"三省一市"的贝类捕捞渔业中占有重要的地位，是其他渔具不可替代的捕捞作业方式。但近年来，由于捕捞过度，毛蚶、魁蚶等资源受到严重破坏，已形不成渔汛，蚬子、蛤类等渔业资源时好时坏，产量波动较大，因此该类渔具也正在逐年减少。尽管拖曳齿耙耙刺类渔具是捕捞蚶类、蚬类和蛤类等的专用且效率较高的渔具，但鉴于当前的贝类渔业资源状况，拖曳齿耙作业方式对海底生态环境造成了一定的影响，对底层幼鱼及底栖生物有一定的损害，应当对该类渔具限定作业区域和渔期，不准跨区作业；应当控制渔具总量，限制大型渔船使用该渔具作业。

当前黄渤海区最常见的拖曳齿耙耙刺有文蛤耙、蚶耙子和蚬耙子等，尤其是文蛤耙，是渔民在黄渤海区沿海浅水区域和海岸带捕捞蛤类等最常用和最有效的渔具。

一、文蛤耙（山东　崂山）

文蛤耙属拖曳有柄齿耙耙刺类（23·chp·P），俗称花蛤耙子、文蛤耙子。其捕鱼原理为以人力在船上或站在水中拖曳有柄齿耙渔具进行捕捞作业，以齿耙挖贝、网袋作为容器的统一体，采捕花蛤或杂色蛤等达到捕捞目的。文蛤耙是一种小型采贝渔具，主要在沿海湾内水深 10 m 以内、底质软泥或泥沙的浅海作业，单船日产量 200~250 kg，可常年作业。

下面以山东省崂山的文蛤耙为例作介绍。

（一）渔具结构

渔具主尺度：0.39 m×1.26 m。

1. 网兜

矩形网片，由 PE36tex6×3 捻线编结而成，长 110 目、宽 45 目，目大 28 mm，1 片。

2. 网兜口纲

铁丝，直径 4.0 mm，长度 1.12 m。其长度与耙架边缘总长相同。

3. 拉绳

聚乙烯绳，直径 16 mm，长 4.00~6.00 m。

4. 耙架

铁质框架，高 250 mm，宽 390 mm。上面呈弧形，在中央开口，两侧向上翘，翘高 150 mm，翘间距 240 mm 以便中间嵌入铁耙柄。底部为直线形横托，以固定耙齿，横托前缘向下倾斜约 20°。耙架后缘有若干个小孔，以便扎结网口纲之用。

5. 齿耙

铁质，中间弯曲，前段为四棱锥体，最大断面为 9 mm×9 mm，长 70 mm，后段扁平，长 30 mm，宽 22 mm。前后两段约呈 150°夹角。每个耙架有耙齿 7 个，铆接在横托上，齿间距 55 mm。

6. 耙柄

耙柄分为两段，前段为铁棍，直径 280 mm，长 1.00 m，上下两端各留出长 150 mm、宽 24 mm 的插柄，分别与耙架及第 1 节木柄相连接。后段分为 7 节，第 1 节为槐木，长 1.17 m；第 2 节至第 6 节均为落叶松，长度依次为 1.88 m、2.68 m、1.70 m、1.50 m 和 2.05 m；第 7 节为竹竿，长 3.80 m；后段总长 14.78 m。木质各节均由下向上渐细。

7. 锚与锚纲

铁锚，为带有横档杆的两齿铁锚，2 只，每只重 15.00 kg。锚纲，聚乙烯绳，直径 22.0 mm，长 60.00 m。

（二）渔具装配

1. 网衣缝合与网兜口纲装配

将网片沿 45 目的边缘 1 目对 1 目编织缝合成筒状；将铁丝沿 140 目的边缘穿入网目，然后按 0.364 的缩结系数装配在网口纲上；此后再与框架上小孔相连；最后用细绳将网尾扎紧。

2. 耙柄装配

将铁棍耙柄铆接在框架上。

3. 拉绳装配

把拉绳的一端系在网兜的尾部，另一端扎结在耙柄上。

（三）渔船

小舢板 1 只，载重 3~5 t，每船作业人员 2~4 人。带耙 2 个。

（四）渔法

渔船抵达渔场后，横流抛出后锚，然后边放锚纲边摇橹（或开船），使船横流前进，待锚纲剩余 15.00 m 左右时，再抛出前锚，随之收紧锚纲，使船横流停于两锚之间。然后，将耙顶流掷出，右肩支撑耙柄末端，双手紧握耙柄的中部徐徐拉动，使耙齿沿海底耙动，将蛤耙入网兜，提起耙头，倒出渔获。作业数耙后，起锚，移动场地，连续生产。

（五）结语

文蛤耙结构简单，成本低，比较适用。单船日产量 200~250 kg，经济效益较高。但操作笨重、劳动强度大。对海底底质有一定的破坏，但为非机动化作业，对海底底质破坏的强度有限。中华人民共和国农业部通告〔2013〕1 号《农业部关于实施海洋捕捞准用渔具和过渡渔具最小网目尺寸制度的通告》和中华人民共和国农业部通告〔2013〕2 号《农业部关于禁止使用双船单片多囊拖网等十三种渔具的通告》暂未对文蛤耙（拖曳有柄齿耙耙刺类）做出规定。

文蛤耙（山东　崂山）

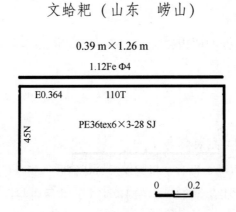

图 8-1　文蛤耙网兜网衣展开图

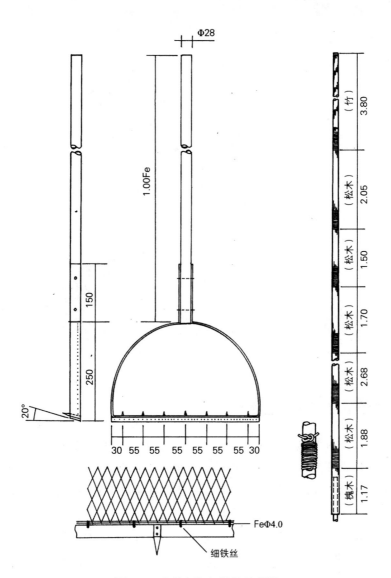

图 8-2　文蛤耙耙架结构示意图

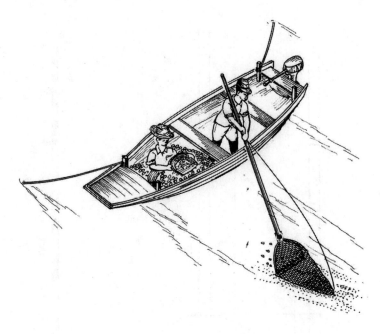

图 8-3 文蛤耙作业示意图

二、蚶耙子（辽宁 金州）

蚶耙子属拖曳齿耙耙刺类（23·chp·P），俗称毛蚶网、魁蚶耙子、毛蚶耙子、耙拉网。其捕鱼原理为利用船舶动力拖曳齿耙渔具把埋栖在软泥中的毛蚶掘起拖入网囊中而捕获，利用固定在船上的桁杆，一船可拖带数个耙具。该渔具是渤海三湾海域主要捕捞毛蚶的工具之一，主要分布在辽宁省的大连、营口，河北省的唐山，天津，山东的潍坊等沿海水域。渔期为3月底至5月底、9月至12月，单船日产量500~1 500 kg。近年来，由于毛蚶资源量的减少，该渔具已日渐减少，捕捞毛蚶的渔具已逐步被弓子网替代。

下面以辽宁省金州区蚶耙子为例作介绍。

（一）渔具结构

渔具主尺度：2.20 m×4.29 m。

1. 耙架

耙架，圆钢制，由上横梁、底横梁、侧柱、三角爪和耙齿等焊接而成。

上横梁：圆钢，长2.20 m，直径30.0 mm，1根，位于耙架的上方。

底横梁：圆钢，长2.20 m，直径30.0 mm，2根，位于耙架的下方。

侧柱：圆钢，长300.0 mm，直径30.0 mm，4根，位于耙架两侧，起支撑耙架高度的作用。

三角爪：圆钢，长 600.0 mm，弯曲成三角形，俗称三角爪，2 个，位于耙架前端，拴叉纲用。

耙齿：钢筋，长 400.0 mm，直径 8.0 mm，齿间距 28.0 mm，78 个。焊接在底横梁上。

2. 网衣

锥形袋状，由网身和网囊组成，PE36tex6×3 网线编结而成。网身，等腰梯形，大头宽 100 目，小头宽 70 目，长 60.5 目，目大 50 mm，2 片。网囊，矩形，宽 70 目，长 50.5 目，目大 25 mm，2 片。

3. 纲索

网口纲：乙纶绳，直径 16.0 mm，长 5.00 m，1 条。

叉纲：乙纶绳，直径 18.0 mm，长 4.50 m，对折使用，2 条。

曳纲：乙纶绳，直径 22.0 mm，长 50.00 m，1 条。

囊底束纲：乙纶绳，直径 5.0 mm，长 1.00 m。

水扣绳：乙纶绳，直径 5.0 mm，长度视需要而定。

（二）渔具装配

1. 耙架制作

在上横梁与底横梁两端各焊接 2 根侧柱，成一个矩形框架，2 根底横梁前后分开，分别焊接上耙齿，然后在框架两侧焊接上三角爪。

2. 网衣装配

将网身网片的小头与网囊网片 1 目对 1 目连接，然后再将 2 片网衣的斜边缝合，每 1 目打一个死结，缝合成筒状。

将口门纲穿入网筒上缘的边缘网目，网衣缩结系数 0.50，每 3 目打一个死结，档距 75 mm。

3. 耙架与网衣装配

用 5.0 mm 的水扣绳将筒状网衣吊挂在耙架的后缘，每 3 目吊 1 水扣。

（三）渔船

木质，功率 110.25 kW（约 150 马力），总长 28.67 m，型宽 5.00 m，型深 2.20 m。船上配绞纲机和吊杆。每船作业人员 8 人。渔船装配撑杆 2 根，铁质，直径 120.0 mm，长 8.00 m。

（四）渔法

单船作业，110.25 kW 的渔船带耙子 4 顶。到达渔场后，首先将撑杆固定支撑好；然后慢车放耙，先放外面的耙子，后放内侧的耙子。放耙时要防止网衣纠缠在耙架上。放耙完毕，正常拖曳，拖速 3 kn 左右。2~3 h 后起耙，起耙时，拖速减慢，先起内侧的耙子，此后再起内侧的另一个耙子，再依次为外侧的耙子。利用绞纲机绞收曳纲，耙子至船尾时，利用渔船上的吊杆，吊耙子至船甲板上，解开囊头绳，倒出渔获物。

（五）结语

蚶耙子是专捕毛蚶的有效渔具，作业成本低，操作简单，效益高，可昼夜作业。由于当前毛蚶资源出现衰退，该类渔具也逐渐减少。中华人民共和国农业部通告〔2013〕1 号《农业部关于实施海洋捕捞准用渔具和过渡渔具最小网目尺寸制度的通告》和中华人民共和国农业部通告〔2013〕2 号《农业部关于禁止使用双船单片多囊拖网等十三种渔具的通告》暂未对蚶耙子（拖曳齿耙耙刺类）做出任何规定。

蚶耙子（辽宁　金州）

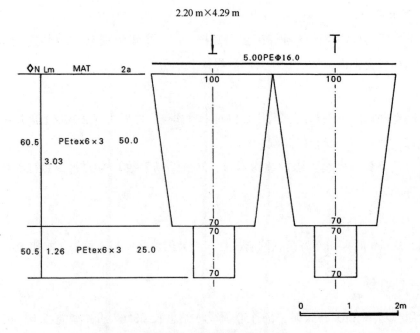

图 8-4　蚶耙子网衣展开图

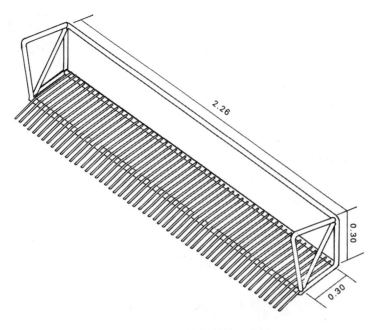

图 8-5　蚶耙子耙架结构示意图

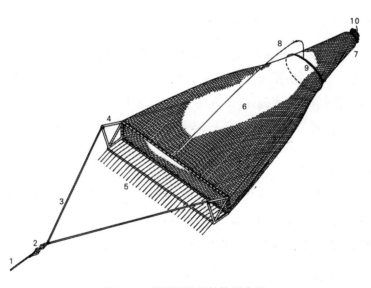

图 8-6　蚶耙子渔具结构示意图

1-曳纲；2-转环；3-叉纲；4-耙架；5-耙齿；6-网身；7-网囊；8-网囊引纲；
9-网囊吊纲；10-网囊口束纲

图 8-7　蚶耙子作业示意图

三、蚬耙子（辽宁　东港）

蚬耙子属拖曳齿耙耙刺类（23·chp·P），俗称耙拉网、蚬子网、蚬耙子。其捕鱼原理为利用船舶动力拖曳齿耙渔具把埋栖在软泥中的沙蚬、黄蚬掘起拖入网囊中而捕获，利用固定在船上的撑杆，一船可拖带数个耙具。是捕捞蚬子的主要工具。操作方法与桁杆拖网、扒拉网相似。水浅曳纲较短时，小型渔船往往用手拔曳纲上船，大船作业用绞机收绞曳纲。拖 1 顶耙子时，曳纲系于船尾叉纲上，拖两顶耙子时，船尾部左、右大缆柱上或左、右撑杆上各系 1 顶。曳纲长度为水深的 2~3 倍。通常拖曳时间为 2~3 h。此渔具主要在辽宁省的东港、庄河、大连等地使用，作业渔场为辽宁南部沿海，渔期为 3—5 月、8—11 月。

下面以辽宁省东港区蚬耙子为例作介绍。

（一）渔具结构

渔具主尺度：1.20 m×2.50 m。

蚬耙子由耙架、网衣和纲索等组成。

1. 耙架

耙架呈鞋状，前端腹面向上滑翘，底部由 3 段组成。向上翘起的前掌由 2.0 mm 的钢板制成，中段装有直径 20.0 mm 圆钢制成的耙齿 12 个，耙齿长 230.0 mm，齿间距 52.0 mm，耙齿后面有用直径 6.0 mm 钢筋做成的铁箅子。耙架前尖部两侧各焊有 1 个铁质圆环,用于结缚叉纲。耙架着地部分上翘,其上缘用直径 16.0 mm 的钢筋与前尖部分连接,构成一个长 1.32 m、高 0.60 m 和宽 1.20 m 的框架。框架后端结缚网囊。

2. 网衣

网衣分为两部分:框架网罩和网囊。

框架网罩:矩形网片,由 PE36tex6×3 捻线编结而成,宽 95 目,长 46 目,目大 35 mm。包在框架两侧和背部。

网囊:矩形网片缝合成筒状,网片网线为 PE36tex6×3 捻线,双线编结而成,宽 200 目,长 65 目,目大 35 mm。

3. 纲索

叉缆:钢丝绳,直径 12.5 mm,长 3.50 m,2 条。

曳纲:钢丝绳,直径 12.5 mm,长 15 m,1 条。

(二)渔具装配

1. 包耙架

耙架网罩网衣纵目使用。将宽 95 目的网衣包裹耙架上部和两侧,沿耙架后缘包扎,网衣缩结系数 0.70。将网片沿耙架下缘向前结缚绑扎,最后扎结网片前缘与耙架着地部分的上部。沿耙架底边用网线缠绕网衣于架缘,每 1 目打一个死结。

2. 网囊装配

先将网衣沿纵向缝合成筒状,再将前缘 200 目用网线结缚于铁篓子的后缘以及框架的两侧和上部,网衣缩结系数 0.50。

(三)渔船

木质,主机功率 88.20 kW(120 马力),长 21.20 m,宽 3.80 m,型深 1.50 m。每船作业人员 6 人,拖耙子 2 顶。

(四)渔法

渔船到达渔场后,先撑开船舷两侧的撑杆,根据风流、水深、渔场底质、天气情况确定放网具体位置和拖曳方向。放网前将网具放在后甲板上,连接好网具各部位的纲索。渔船慢速前进、先后放出两侧的耙子。待渔具全部下水后,渔船慢速行进,同时开动绞机松放曳纲,通常曳纲放出长度约为水深的 3 倍,水浅则曳纲短。因作业多在浅水区域,曳纲通常放 20 m 左右即可。曳纲放完渔具处于正常后,开始拖曳,通常直行拖曳,曳行过程中不宜作急转弯,拖速 3 kn 左右,拖曳 1~2 h 后开始起网，拖曳时间视渔获情况而定。

起网时渔船减速，先起一侧的耙子。起网时，用绞机慢速收绞曳纲，待把耙子绞上甲板后，用吊杆把耙子吊到船上尾甲板，解开囊底纲倒出渔获物。将囊底再次封扎，重新放网。

（五）结语

蚬耙子是专捕沙蚬、黄蚬的渔具，捕捞效果较好。渔具规格较小、成本低，作业于近岸浅水区。由于当前蚬类资源变化的原因，该渔具在逐年减少。蚬耙子带有耙齿，对底栖生物和海底地形、地貌有一定影响。中华人民共和国农业部通告〔2013〕1号《农业部关于实施海洋捕捞准用渔具和过渡渔具最小网目尺寸制度的通告》和中华人民共和国农业部通告〔2013〕2号《农业部关于禁止使用双船单片多囊拖网等十三种渔具的通告》暂未对蚬耙子（拖曳齿耙耙刺类）做出规定。建议控制渔具总量，实行地方特许作业管理，限制大型渔船使用该渔具作业。

蚬耙子（辽宁　东港）

1.20 m×2.50 m

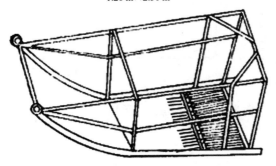

图 8-8　蚬耙子耙架示意图

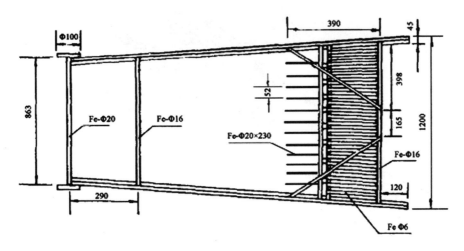

图 8-9　蚬耙子耙架结构俯视图

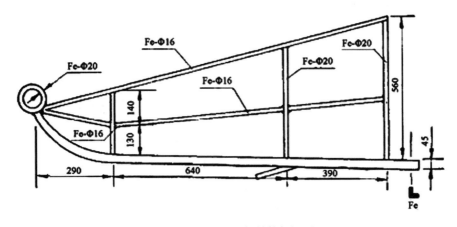

图 8-10　蚬耙子耙架结构侧视图

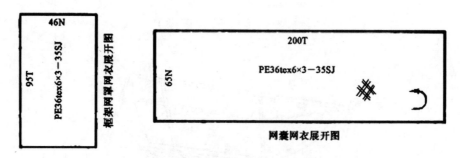

图 8-11 蚬耙子框架网罩和网囊网衣展开图

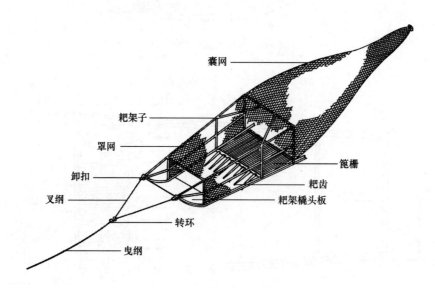

图 8-12 蚬耙子装配示意图

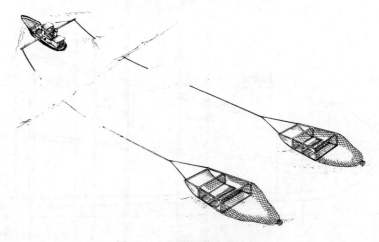

图 8-13 蚬耙子作业示意图

第二节　拖曳泵吸和水吹齿耙耙刺类渔具

拖曳泵吸和水吹齿耙耙刺类渔具是近几年出现的两种渔具和作业方式：一种为泵吸式，如吸蛤泵；另一种为泵吹式，如泵耙子。理论上这两种渔具应属拖曳齿耙耙刺类（23·chp·P），但确切的分类目前尚未有定论，其渔具规格或主尺度亦未有一定的标注方式。该类渔具仅在个别地区出现。吸蛤泵和泵耙子均对海洋底质、底栖生物等有较大破坏性，是国家明文限制发展和在公共海域禁用的渔具渔法。

一、吸蛤泵

吸蛤泵为近年新改进的，主要捕捞蓝蛤的渔具，改原来的刮耙为泵吸。理论上应属拖曳齿耙耙刺类（23·chp·P），但确切的分类尚未有定论。吸蛤泵俗称蓝蛤泵、吸蛤耙。其捕鱼原理为利用装在船上的离心泵的吸力，通过软管连接到拖曳在海底的簸箕状装置，吸取海底的蛤类。然后通过船上的过滤网将水、泥沙和蛤子分开。离心泵由195型柴油机带动。单船拖带两盘该渔具。吸蛤泵捕捞效率高，经济效益好，但不利于保护海洋底质和底栖生物等。吸蛤泵仅在个别海域有分布。

下面以在调查中发现的个别在承包海区使用的吸蛤泵为例作介绍。

（一）渔具结构

吸蛤泵由吸头、波纹软管、吸泵及纲索、分离装置等组成。吸泵由柴油机提供动力，带动运转。

1. 吸头

海底吸头为3~4 mm厚的钢板焊接而成，内部下宽1.00 m，高0.60 m，前部高度为101.6 mm，后部为8.0 mm，呈等腰三角形空盒（类似畚箕状）。三角盒下的腹面开一宽50.0 mm的吸缝，顶部焊一直径为101.6 mm的钢管（4英寸）接头，供连接波纹胶管用。

2. 波纹软管

橡胶制成，内有螺旋状钢丝，管内直径为101.6 mm（4英寸），长25.00 m。

3. 吸泵

吸泵为离心泵，由195型柴油机带动。

4. 曳纲

乙纶绳，直径22.0 mm，长小于25.00 m。曳纲扎附波纹胶管及吸头之上，另一端固定于船系缆桩上。曳纲略短于波纹胶管，确保该胶管不承担拖力。

5. 分离装置

钢筋框架式网笼。从离心泵出水口出来的渔获物、泥沙、水等进入分离装置，经过滤、分离，将渔获物留在网笼内，泥沙随水冲走。

（二）渔具装配

波纹软管一端连接吸头的接头，另一端连接到离心泵上，波纹软管外用喉箍箍紧。曳纲绑缚在波纹软管上，用细绳索打结捆扎绑缚，末端结缚在吸头上，另一端固定在船上的拴柱之上；为了保护波纹软管，曳纲稍短于波纹软管，拖曳过程中，曳纲受力。离心泵固定在船甲板上，由柴油机带动。离心泵出水口连接一软管，软管的另一端连接到固定在一旁的分离装置上。渔船两侧各有一套吸蛤泵装置。

（三）渔船

木质，主机功率 183.75 kW（250 马力），长 29.20 m，宽 5.70 m，型深 2.30 m。每船作业人员 8 人。拖带 2 套吸泵。配有 195 型柴油机 2 台。

（四）渔法

单船拖曳作业。到达渔场后，渔船前行，1 人提起拴在吸头上的曳纲，2 人抬软管，将其放入船舷一侧的水中，随之松放曳纲，直至吸头到达水底，此时将曳纲按长度要求固定在船上，使曳纲受力而波纹软管不受力。然后启动柴油机的动力输出机关，使吸泵工作。另一个吸蛤泵的操作与此相同。在曳行过程中，吸头吸泥沙中的蓝蛤等，泥沙和蓝蛤等随水流被强大的吸力吸进软管，并被输送到分离装置，在清水水流的喷射冲洗下，泥沙被冲走，蓝蛤等被筛滤后留在筛网内。作业过程中，除 1 人驾船外，其余人员照看吸泵、分离装置和处理渔获物等。单船日捕捞量可达 3 000~5 000 kg。

（五）结语

吸蛤泵是捕捞蓝蛤的有效渔具，产量高、成本低，收益多。单吸头能够吸起 200~300 mm 深的泥底，泥沙、动植物等并随之被吸走，对捕捞水域的水质、底质、水生动物食物链、海底植被、水域生物多样性等有特别大的破坏作用，是一种毁灭性的、酷渔滥捕的渔具渔法，对生态环境有严重影响，不利于渔业资源和水域环境的保护。根据中华人民共和国农业部通告〔2013〕2 号《农业部关于禁止使用双船单片多囊拖网等十三种渔具的通告》之规定，拖曳泵吸耙刺类（吸蛤泵）在黄渤海区禁止使用。

288

吸蛤泵

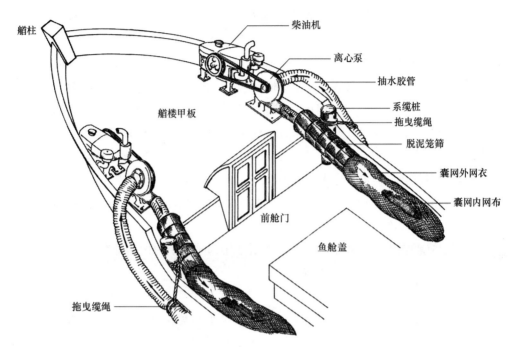

柴油机

离心泵

抽水胶管

系缆桩

拖曳缆绳

脱泥笼筛

囊网外网衣

囊网内网布

艉柱

艏楼甲板

前舱门

鱼舱盖

拖曳缆绳

图 8-14　吸蛤泵渔具结构及装配示意图

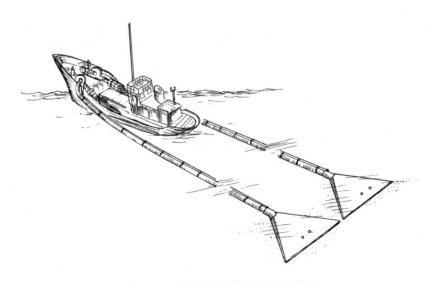

图 8-15　吸蛤泵渔具作业原理示意图

二、泵耙子

泵耙子是近年来在原有蚬耙子的基础上改进而成，耙架和网袋与蚬耙子基本相同。把原来的一排耙齿改成 3 排向前倾斜向下的高压水喷管。高压水泵置于船上，高压水管依附曳纲与耙架相连。现多已改用潜水泵，置于耙架上，电缆依附曳纲与潜水泵相连。理论上应属拖曳齿耙耙刺类（23·chp·P），但确切的分类尚未有定论。泵耙子又俗称泵耙网。其捕鱼原理为利用装在耙架上的高压潜水泵的吹力，吹起海底的蚬子、海肠子（*Urechis unicinctus*）等，使其在拖曳过程中落入网袋。单船拖带两盘该泵耙子。此类网具主要在近岸沿海的沙泥底质的沙蚬、黄蚬、海肠子等贝类栖息的区域作业，渔期一般为春汛的 3—5 月和秋汛的 8 月中旬至 11 月末。主捕蚬子和海肠子。泵耙子捕捞效率高，经济效益好，但不利于保护海洋底质和底栖生物等。泵耙子仅在个别近海海域有分布。

下面以在调查中发现的个别在承包海区使用的泵耙子为例作介绍。

（一）渔具结构

泵耙子由耙架、高压喷水管、潜水泵、网衣及纲索等组成。高压喷水管连接潜水泵，喷出高压水流。

1. 耙架

耙架呈鞋状，前端腹面向上滑翘，底部装有 3 排喷管。整个耙架长 1.32 m，后部为矩形，底部宽 1.20 m，高 0.56 m。耙架前尖部两侧各焊有 1 个铁质圆环，用于结缚叉纲。耙架后部长约占耙架的 3/4、其两侧和背面均被网衣包裹，耙架后端结缚网兜。

2. 高压喷水管

耙架底部有 3 根横向空心钢管，直径 160.0 mm，两端封堵，打有 12 个小孔，在每根横向空心钢管上的小孔处焊有 12 个高压喷水管，喷水管内径 20.0 mm。3 根横向空心钢管上部与 1 根纵向空心钢管相连，该管连接潜水泵。潜水泵工作时通过各空心钢管及高压喷水管向海底喷射出高压水流，吹起海底泥沙及一切底栖生物。

3. 潜水泵或离心泵

潜水泵为市售，功率 7.5 kW，电力通过电缆由船上的发电机输送。离心泵则通过高压水管将高压水流输送到耙架喷水管。

4. 网衣

网衣分为耙架罩网和网囊两部分。耙架罩网为矩形网衣，规格为 165 目×70 目，目大 20 mm。网囊网衣为矩形，规格为 350 目×120 目，目大 20 mm。均由

PE36tex12×3 网线编结而成。

5. 纲索

叉纲：钢丝绳，直径 16.0 mm，长 3.50 m，2 条。

曳纲：钢丝绳，直径 16.0 mm，长 20.00 m，1 条。

（二）渔具装配

1. 包耙架

耙架网罩网衣纵目使用。用网衣 165 目覆盖耙架背部和两侧，沿耙架后缘向前包扎，网衣缩结系数 0.70。将网片沿耙架下缘向前结缚绑扎，最后扎结网片前缘与耙架着地部分的上部。沿耙架底边用网线缠绕网衣于架缘，每 1 目打一个死结。上部架缘亦用网线打结系牢。

2. 网囊装配

先将网衣沿纵向 1 目对 1 目缝合成筒状，再将前缘 350 目用网线结缚于耙架的后缘上，网衣缩结系数 0.50。

（三）渔船

中型木质渔船，主机功率 176.40 kW（240 马力），总长 24.00 m，型宽 6.00 m，型深 1.50 m。带泵耙子 2 顶，每船作业人员 7 人。

（四）渔法

渔船到达渔场后，视风流、水深、渔场底质、天气情况等确定放耙具体位置和拖曳方向。放耙子前将网具放在后甲板上理顺，连接好耙子各部位的纲索和电缆。渔船慢速前进、先放出一侧的耙子。待耙子全部下水后，渔船慢速行进，同时开动绞机松放曳纲和松放电缆，通常曳纲放出长度约为水深的 3 倍。放好一个耙子后，再放另一个耙子。泵耙子沉到水底，开始正常拖曳后，再打开电源开关送电，使潜水泵正常作业。因通常直行拖曳，曳行过程中不宜作急转弯，拖速 3 kn 左右，拖曳 1~2 h 后开始起网，拖曳时间视渔获情况而定。

起耙时渔船减速，先起一侧的耙子。用绞机慢速收绞曳纲，待把耙子绞上甲板后，用吊杆把耙子吊到船上尾甲板，解开囊底纲倒出渔获物。将囊底再次封扎，重新放网。

（五）结语

泵耙子是专捕海肠子、沙蚬和黄蚬的渔具，捕捞效果较好、收益高。由于当前海肠子价格的走高，该渔具在逐年增多。泵耙子的高压喷水管喷射出的高强度水流对底栖生物和海底地形、地貌有非常大的破坏作用，不利于渔业资源和水域底质环境的保护。根据中华人民共和国农业部通告〔2013〕2号《农业部关于禁止使用双船单片多囊拖网等十三种渔具的通告》之规定，拖曳水冲齿耙耙刺类（泵耙子）在黄渤海区禁止使用。

泵耙子

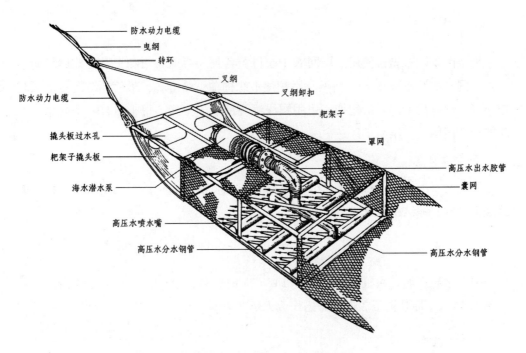

图 8-16　潜水泵泵耙子渔具结构及作业原理示意图

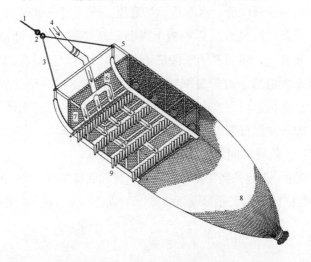

图 8-17　大功率离心泵泵耙子渔具结构及作业原理示意图（该图为由下向上透视）

1-曳纲；2-转环；3-叉子纲；4-高压水带；5-耙架；6-背盖网；7-侧网；8-囊网；9-高压水喷嘴

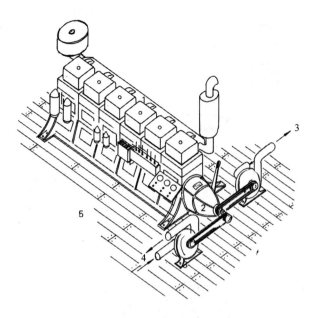

图 8-18 大功率离心泵与柴油机联动示意图

1-柴油机；2-变速箱离合器；3-左舷离心泵；4-右舷离心泵；
5-船甲板

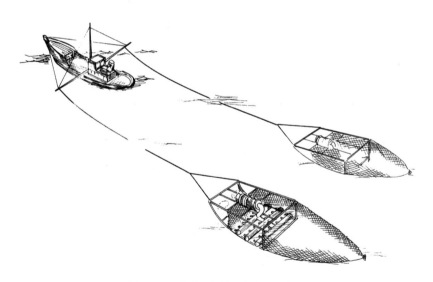

图 8-19 潜水泵泵耙子作业示意图

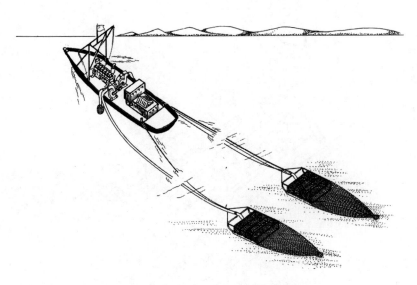

图 8-20　大功率离心泵泵耙子作业示意图

294

第九章　笼壶类渔具

笼壶类渔具是指利用笼状、壶状器具进行诱捕作业的渔具。其捕鱼原理是根据捕捞对象特有的栖息、摄食或生殖习性，设置带有洞穴状物体或内装有饵料并设防逃倒须的笼具，诱其入内而达到捕获目的。笼壶类渔具是一种被动式的渔具，主要是通过对笼具构造的设计来实现捕捞的目的，即在笼壶内设置一些小房室，这些房室能在鱼类进入后关闭；或制作一个通道使鱼类难以逃脱。

笼壶类渔具结构比较简单而巧妙，渔获选择性强，渔期较短，捕捞效果好，是沿岸渔业轮、兼作业或副业生产的地方性小型渔具。尤其在底拖网、底延绳钓等难以作业的地形起伏较大的海域，笼壶类是最适合的作业方式。

笼壶类渔具的捕捞方法因捕捞对象而异。有的将笼结缚于桩上，敷设在捕捞对象活动的水域，利用潮流作用，诱捕鱼类等而被捕获（如鲚鱼篓等）。有的利用捕捞对象的钻穴习性、走触探究行为，引诱入笼而捕获（如章鱼螺、短蛸罐、蟹笼等）。有的在笼内装饵，吸引捕捞对象入笼（一般的虾、蟹和鱼笼）。有的利用捕捞对象在繁殖季节觅求产卵附着物、寻求配偶等行为，诱导它们在笼内集结，而达到渔获目的（如乌贼笼等）。

笼壶类渔具在内陆水域主要捕捞对象有：鰕虎鱼、黄鳝、虾、蟹等；在海洋中的主要捕捞对象有：裸胸海鳝、星康吉鳗、凤鲚、梅童鱼、乌贼、蚱、黄螺、章鱼、梭子蟹、东风螺、底层小杂鱼等。

笼壶类渔具具有以下生产特点：① 渔具结构简单，操作技术也不复杂，集鱼、诱鱼、捕鱼方法比较科学；② 一般都是小型渔具，生产规模不太大，作业人员不多，能耗低；③ 由于它捕捞的鱼、虾、蟹类等都是无损伤的鲜活产品，产量不多，但价值高。

按照 GB5147—2003《渔具分类、命名及代号》分类原则，笼壶类渔具按结构特点分为倒须、洞穴 2 个型。按作业方式分为漂流延绳、定置延绳、散布 3 个式。倒须笼壶类渔具的结构特点是所制成的笼形器具，其入口有倒须装置，渔获物进入后很难逃出。洞穴笼壶的结构特点是所制成的壶形器具，其入口无倒须装置。

一、地笼（辽宁　大长山）

地笼属定置延绳倒须笼壶类渔具（46·dax·L），又称方条地笼、滚地笼。在环黄渤海区沿岸水域均有大量分布，渔具形状基本相同，规格大同小异。主要由网筒、倒须、锥状网囊、钢筋框架组成。单条地笼呈矩形截面的长条形网筒，长 6.0~35.0 m，网目尺寸 15~20 mm，网筒由矩形钢筋框架支撑，框架宽 300~400 mm，高 200~300 mm，间距 300~500 mm，框架间网筒左右交替设入口横向倒须。网筒两端设长 0.70~1.00 m 尖锥状囊网，内有两道缩小的框架及两道纵向倒须。网筒两端囊网系于干绳的系绳上。干绳的起端、终端用锚固定并有漂杆标旗，其间每 20~30 条地笼下 1 个铁锚固定。作业渔场主要在黄渤海近岸浅海；水深 5~20 m；主捕大泷六线鱼、许氏平鲉、鰕虎鱼等底层鱼类，以及小杂鱼、章鱼、虾蟹和红螺等。渔期 3—5 月、9—11 月。一艘功率 88.2 kW（120 马力）左右的渔船可携带 300~800 笼。其产量因季节、渔场不同会有很大差异，秋季在渤海作业的渔船单船日渔获量 200~300 kg。

下面以辽宁省大长山主尺度为 0.40 m×0.25 m×6.76 m 的地笼为例作介绍。

（一）渔具结构

渔具主尺度：0.40 m×0.25 m×6.76 m。

1. 网衣

网衣由网筒、倒须和锥形网囊构成。全部网衣均为无结网片。

（1）网筒：乙纶 43tex1×3 捻线制成，无结节网片。长 528 目，宽 46 目，目大 20 mm，共 2 片（可根据装扎习惯调整长宽规格）。

（2）网筒倒须：乙纶 43tex×1×3 捻线制成，无结节网片。目大 20 mm，剪裁成梯形，大头 18 目，小头 12 目，高 15 目，共 88 片。

（3）网囊倒须：乙纶 43tex×1×3 捻线制成，无结节网片，目大 20 mm，剪裁成梯形。大头 24 目，小头 12 目，高 15 目，8 片；大头 18 目，小头 12 目，高 15 目，8 片。共 16 片。

（4）网囊：将网筒两端用细绳封扎，形成锥形网囊。

2. 纲索

（1）铁框固定绳：乙纶线，直径 2.0 mm，长 8.00 m，共 4 条。

（2）倒须固定绳：乙纶线，直径 2.0 mm，长 0.25 m，共 104 条。

（3）倒须网口绳：乙纶线，直径 1.0 mm，长 0.70 m，共 26 条。

（4）网囊封口绳：乙纶线，直径 2.0 mm，长 1.00 m，共 2 条。

（5）系浮子线绳：乙纶线，直径 5.0 mm，长 15.00 m，共 1 条。

3. 属具

（1）铁框：用直径为 5.0 mm 的铁丝制成铁框架，并用塑料管进行包裹。其中，

296

制成规格 400 mm×250 mm 的长方形框架，23 个；规格为 280 mm×200 mm 的长方形框架，2 个；规格为 200 mm×150 mm 的长方形框架，2 个。

（2）浮子：泡沫塑料块制，多少及大小不一。

（二）渔具装配

1. 框架装配

将规格为 200 mm×150 mm 的 2 个框架编号为 1 和 27，将规格为 280 mm×200 mm 的 2 个框架编号为 2 和 26，将规格为 400 mm×250 mm 的 23 个框架分别编号为 3~25。将 27 个框架按编号依次排开形成一条直线，框架间的距离均为 250 mm。用网线将各框架的 4 角分别扎结在 4 根铁框固定绳上，将 27 个铁框依次串联，形成地笼网的框架。

2. 网筒倒须网装配

将 88 片网筒倒须的梯形网片，每 4 片缝合成 1 个棱台形倒须网，共做成 22 个。把每个倒须网的小头端穿入倒须网口绳，把网口绳两端扎结一起。将倒须网装配在 3~25 号框架两侧，每相邻两个铁框之间装配 1 个倒须网，把倒须网大头的左右两边分别缝扎到相邻两个铁框上，上下两边缝扎在铁框固定绳上，倒须网小头均用 4 根倒须网固定绳固定于对侧铁框上。框架两侧的倒须网要相间装配，每侧装配 11 个。

3. 网囊倒须网装配

取大头 30 目、小头 12 目、高 15 目，大头 18 目、小头 12 目、高 15 目网片，各 2 片，缝合成 1 个棱台形倒须网，小头端穿入倒须网口绳，把网口绳两端扎结一起。共做 4 个，分别装配于 2 号、3 号、25 号、26 号铁框上，小头朝向网囊端，并用 4 根倒须网固定绳固定于相邻铁框上。

4. 网筒装配

将 2 片网筒网衣围住框架并缝合边缘，形成长筒状；把各铁框四边、铁框固定绳与网筒网衣缝和固定，在网筒两侧剪去网筒倒须网开口处的网衣，将剪边与倒须网开口边缘缝合；在网筒两端用网囊封口绳扎紧，形成网囊。

（三）渔船

木质渔船 1 只，长 10.00 m，宽 1.50 m，型深 0.50 m，每船作业人员 2~3 人。

（四）渔法

作业时，可将十几只或几十只地笼网用干绳连接起来，网筒两端囊网系于干绳的系绳上，敷设于水底，干绳的起端、终端用锚固定并有漂杆标旗，其间每 20~30

条地笼下 1 个铁锚固定。一船 2 人作业。收笼时从一端开始，通过延绳提起首只地笼，解开首段绳索，取出渔获物后，再捆好放回原水域。也可收起折叠后放于船上，到另处放笼。

（五）结语

地笼作业时间长，适用水域广，以地貌平坦水域，水深 10.00 m 以内为宜。渔获物鲜度好。该渔具为黄渤海近岸渔业辅助渔具，但数量巨大且长时间占用渔场，影响其他渔具生产作业；且渔具网目小，对保护渔业资源不利。应适当控制网目尺寸和作业规模。根据中华人民共和国农业部通告〔2013〕1 号《农业部关于实施海洋捕捞准用渔具和过渡渔具最小网目尺寸制度的通告》之规定，地笼为过渡渔具，最小网目尺寸为 25 mm。该渔具网目尺寸为 20 mm，不符合准用条件。

地笼（辽宁 大长山）

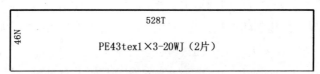

图 9-1 地笼网筒网衣展开图

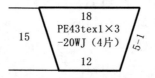

图 9-2 地笼网筒倒须展开图

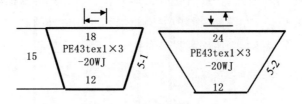

图 9-3 地笼网囊倒须展开图

298

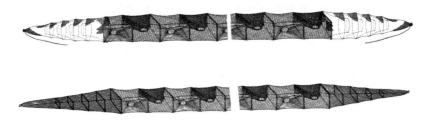

图9-4 地笼（左）框架、倒须示意图

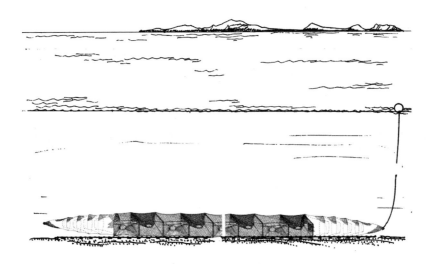

图9-5 地笼作业示意图

图9-6 地笼实物照片

二、蟹笼（辽宁　葫芦岛）

蟹笼属定置延绳倒须笼渔具（46·dax·L），俗称框墩笼。笼体主要由主网衣、倒须、铁框组成。根据蟹类喜欢穴居的习性，作业时将多个笼子链接在一条干线上，笼内装饵料，敷设于近岸水域底层，引诱蟹类入笼而被捕。蟹笼作业分布于辽宁、河北、山东沿海，在近岸浅水区域作业，主要捕捞对象为三疣梭子蟹、日本鲟等蟹类。渔具形状大同小异。其产量因季节、区域不同差异较大，功率 88.2～110.25 kW（120～150 马力）渔船，携带笼具 800～1 500 个，秋季作业的日渔获量 100～200 kg。

下面以辽宁省葫芦岛的蟹笼为例作介绍。

（一）渔具结构

渔具主尺度：*Φ*0.60 m×0.27 m。

蟹笼由干绳、支绳、笼体、浮标、沉石等组成。

1. 干绳

直径 12.0～15.0 mm 聚乙烯绳，长度根据渔船大小和作业笼具数量而定。

2. 支绳

直径 3.0～5.0 mm 聚乙烯绳，长度根据作业水深确定，通常为 3.00～5.00 m。连接干线与笼体。

3. 笼体

由笼架、主网衣、倒须网衣、封口绳等构成。

（1）笼架：圆柱台形。圆环用直径 6.0 mm 的钢筋焊接而成，圆环直径为 600 mm，2 个；立柱，直径 6.0 mm、分别各长 270 mm 的钢筋 6 根，均匀六等分分配，将 2 个圆环焊接成 *Φ*0.60 m×0.27 m 圆柱形笼架。

（2）主网衣：乙纶 42tex×3×3 捻线编织，长 115 目，宽 75 目，目大 22 mm，1 片。

（3）倒须网衣：乙纶 42tex×3×3 捻线编织，长 50 目，宽 15 目，目大 22 mm，3 片。

（4）封口绳：乙纶绳，直径 2.5 mm，长 1 m。装配时再接一段长 100 mm 的橡皮条和一个长 50 mm 的铁钩。

（5）倒须连接绳：乙纶绳，直径 2.5 mm，装配长度 110 mm，共 3 条。

（二）渔具装配

将笼子网衣两侧缝合成圆筒，套在笼架外侧。网筒中部 19 目的上、下端分别绕缝在上、下铁环上，形成笼子的侧网，网筒下端用直径 2.5 mm 聚乙烯绳封闭成网底。封口绳穿入网筒上部边缘网目，两头合并后系上橡皮条和铁钩。

在笼子侧网上均匀分布剪 3 个圆孔，直径 300 mm。将倒须网片两侧缝合成圆筒，其一端与圆孔缝合，另一端用 2 根倒须连接绳分别与相邻倒须扎结起来，中间留约 130 mm 长扣子成倒须小头，依次装扎好 3 个倒须。

（三）渔船

船长 20.00~25.00 m，功率 88.2~110.25 kW（120~150 马力）渔船，配有绞纲机，每船配备作业人员 5~8 人，携带笼具 800~1 500 个。

（四）渔法

作业前先在各笼子里放入诱饵，将网口绳抽紧，沿着笼子侧面直下，把铁钩勾在笼子的下铁环上，使上口闭合。将笼子用干绳连起来放入作业水域，直到干绳放完为止，放置数量可根据船的大小而定，干线两端连接沉石和浮标。半天或按需求起出笼子，摘下铁钩，松开网口绳，倒出所捕获蟹，补充饵料，继续作业。

（五）结语

蟹笼作业适用水域广、地貌平坦的水域，渔获物鲜度好。该渔具为黄渤海近岸渔业辅助渔具，作业灵活，从保护渔业资源角度考虑，应适当控制网目尺寸和作业规模。根据中华人民共和国农业部通告〔2013〕1 号《农业部关于实施海洋捕捞准用渔具和过渡渔具最小网目尺寸制度的通告》之规定，蟹笼为过渡渔具，最小网目尺寸为 25 mm。该渔具网目尺寸为 22 mm，不符合过渡期的准用条件。

蟹笼（辽宁　葫芦岛）

Φ600 mm×270 mm

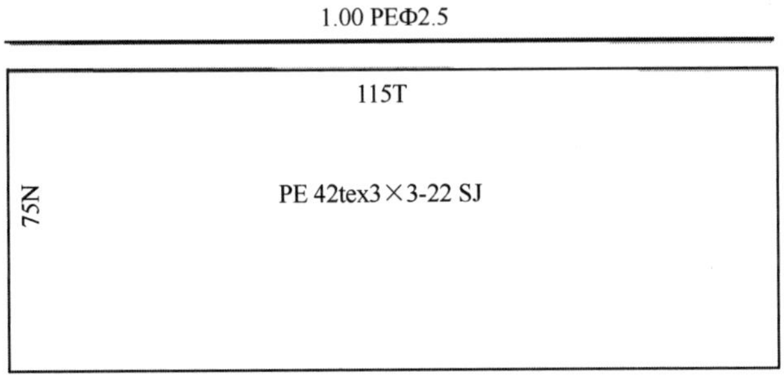

1.00 PEΦ2.5

115T

75N

PE 42tex3×3-22 SJ

图 9-7　蟹笼主网衣展开图

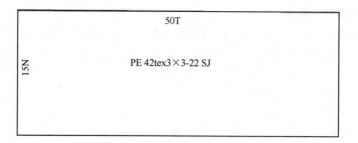

图 9-8 倒须网衣展开图

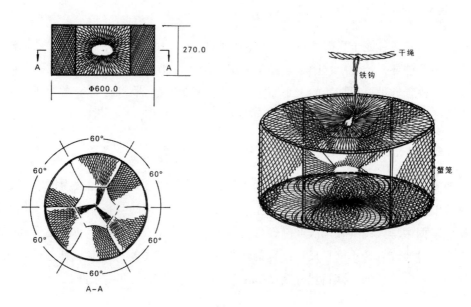

图 9-9 蟹笼结构示意图

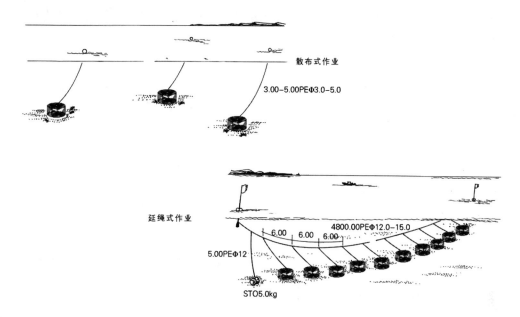

散布式作业

3.00—5.00PEΦ3.0—5.0

延绳式作业

4800.00PEΦ12.0—15.0

6.00 6.00 6.00

5.00PEΦ12

STO5.0kg

图 9-10 蟹笼作业示意图

三、鳗鱼笼（山东 胶州）

鳗鱼笼属于定置延绳倒须笼（46·dax·L），其捕鱼原理是利用鳗鱼喜欢钻穴的习性，将若干个鳗鱼笼连接在一条干线上，定置于鳗鱼栖息活动的海域，笼内装有诱饵，引诱鳗鱼钻笼而捕获之。其作业方式类似于延绳钓，与拖网等主动性网具相比，鳗鱼笼具有操作简便、能耗低、对渔船的尺度和功率无特殊要求、能活体捕捞等优点。作业渔场为黄海区连青石渔场，经纬度范围是 33°30′—35°30′N，121°10′—123°40′E。渔场水深为 45~79 m，渔期全年。主机功率 220.5~294.0 kW（300~400 马力）的渔船，携带笼具 3 000~4 000 个，秋季作业的日渔获量 200~300 kg。

下面以山东省胶州市主机功率 257.25 kW（350 马力）渔船的鳗鱼笼为例作介绍。

（一）渔具结构

渔具主尺度：8 600 m×0.90 m—1 000 笼。

鳗鱼笼由笼体、干绳、支绳、沉石、浮标、锚等组成。

1. 笼体

圆柱体，由塑料制作而成，一般为黑色。笼身均匀分布有 32 个直径为 8.0 mm的出水孔。一端为封闭的细颈结构，用于系接支绳；另一端为开口，向内装有倒须，

303

形似漏斗，用塑料制成，长200.0 mm，倒须富有弹性，鳗鱼能进不能出。笼体直径120.0 mm，长530.0 mm。

2. 干绳

夹铅芯绳，直径7.0 mm，其长度视带笼的数量而定，通常带1 000个笼，其长度约为8 600 m。

3. 支绳

乙纶绳，直径6.0 mm，长0.90 m。支绳之间的距离为8.60 m。一端系于干绳上，另一端系于笼的细颈上。

（二）饵料

以冰鲜的鳀鱼和玉筋鱼为主，每个笼投放前放入饵料50.0 g，引诱鳗鱼入笼。

（三）渔船

木质渔船，主机功率257.25 kW（350马力），总长29.00 m，型宽6.00 m，型深2.50 m。每船作业人员7~8人。携带鳗鱼笼约3 000个。

（四）渔法

每天放笼作业2次，下午16：00时开始放笼，放笼完毕，渔船驶回起始端，于晚上21：00时起笼，捞起鳗鱼笼，若有鳗鱼，打开倒须笼堵，倒出鳗鱼，随后将笼再次投入水中。第2天凌晨04：00时再起一次笼。笼的平均浸泡时间为3~4 h。

（五）结语

鳗鱼笼相较于拖网类的传统渔具有着其独特的优点，比如能耗低、操作简单、活体捕捞等。同时具有价格便宜、操作简单、不易损坏、沉降性好等优点。因其资源选择性强。经济效益好，逐渐成为胶州市主要作业方式之一。中华人民共和国农业部通告〔2013〕1号《农业部关于实施海洋捕捞准用渔具和过渡渔具最小网目尺寸制度的通告》和中华人民共和国农业部通告〔2013〕2号《农业部关于禁止使用双船单片多囊拖网等十三种渔具的通告》暂未对鳗鱼笼做规定。

鳗鱼笼（山东　胶州）

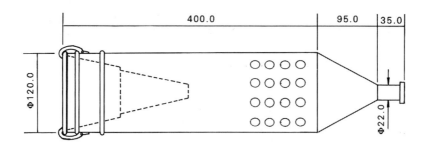

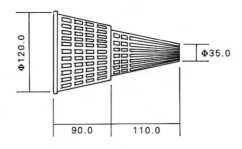

图 9-11　鳗鱼笼结构示意图

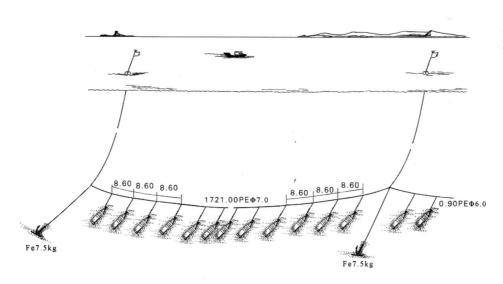

图 9-12　鳗鱼笼作业示意图

第十章 杂渔具（抄网类、掩罩类、地拉网类）

第一节 抄网类

抄网类渔具是沿岸作业的小型渔具或其他作业方式的辅助渔具。其作业原理是依靠手推、舀取或船舶带动等方式捕捞沿岸小型鱼、虾类。

抄网渔具尺度小，结构简单，捕捞效率低，是一种非专业性渔具。在专业性渔具作业中，长柄圆形抄网往往作为副渔具从网中舀取渔获物时使用。

抄网渔具通常由网兜、框架和手柄组成，框架呈三角形、圆形、椭圆形等。抄网网具规模一般均较小，最大的海边或河岸边的抄网，均由一人操作，而且作为副渔具的抄网，则规格更小。

抄网作业渔场一般为沿岸水深数米的岸礁或滩涂水域。作业渔场近，生产成本低，操作技术简单，劳动强度较大，渔获效率一般较低。为提高渔获效率，有的结合光诱作业，有的结合潮水涨落，趁退潮时进行作业。

抄网类渔具多数依靠人力在浅水区推移，少数利用舢板借助风力（或挂机）进行作业。也有利用捕捞对象在岛屿岩礁边产卵的习性，直接倚山抄鱼达到捕捞目的。

按渔具结构特点抄网分为兜状 1 个型。按作业方式分为推移 1 个式；按照推移的方式又可分为手推、船推和舀取。

目前，河北省黄骅、山东省日照沿海水域有少量的推移兜状抄网；作为辅助渔具的舀取推移兜状抄网则随处可见。

一、毛虾推网（山东 日照）

毛虾推网属手推推移兜状抄网（32·dzh·Ch），又称抢网。作业前现场将 2 根网杆分别穿入左、右侧纲的网耳中，并把下口纲与侧纲连接处的系绳结扎在网杆下端。穿上拖木，将网口中央的 2 个网耳穿在撑木上。作业时，沿 1~1.5 m 水深处推网前进，10 min 左右起网一次，用笊篱收取渔获物并盛入布袋或鱼篓中。

下面以山东省日照市的毛虾推网为例作 1 介绍。

（一）渔具结构

渔具主尺度：2.90 m×0.50 m-3.06 m。

1. 网衣

毛虾推网由网口、网身和网尾 3 部分组成，用直径 0.20 mm 的尼龙单丝（PAM）编结，单死结，纵目使用。整个网衣为手工编结，网尾部分单独编结。编织工艺及材料见表 10-1。

表 10-1　毛虾推网编织工艺及材料

名称	序号	材料	目大（mm）	宽　度		长　度		增减目
				起目	终目	行数	长度（m）	
网口	1	PAMφ0.2	22	600	650	25	0.28	10-5（5r+1）
	2	PAMφ0.2	19	650	700	30	0.28	10-5（6r+1）
	3	PAMφ0.2	16	700	750	35	0.28	10-5（7r+1）
	4	PAMφ0.2	14	750	800	40	0.28	10-5（8r+1）
	5	PAMφ0.2	13	800	850	43	0.28	10-5（8r+1）
	6	PAMφ0.2	13	850	900	45	0.29	10-5（9r+1）
网身	7	PAMφ0.2	12	900	950	45	0.27	10-5（9r+1）
	8	PAMφ0.2	11	950	1000	52	0.29	10-5（10r+1）
	9	PAMφ0.2	9	1000	1100	60	0.27	10-10（6r+1）
	10	PAMφ0.2	8	1100	1200	70	0.28	10-10（7r+1）
	11	PAMφ0.2	7	1200	1300	80	0.28	10-10（8r+1）
	12	PAMφ0.2	6	1300	1400	90	0.27	10-10（9r+1）
网尾	13	PAMφ0.2	6	1040	990	90	0.27	10-5（18r-1）
	14	PAMφ0.2	6	990	940	90	0.27	10-5（18r-1）
	15	PAMφ0.2	6	940	900	90	0.27	10-4（22r-1）
	16	PAMφ0.2	6	900	860	90	0.27	10-4（23r-1）

2. 纲索

下口门纲：乙纶绳，直径 3 mm，2.90 m，左、右捻，各 1 条。

上口门纲：乙纶绳，直径 3 mm，0.50 m，左、右捻，各 1 条

侧纲：乙纶绳，直径 3 mm，3.06 m，左、右捻，各 1 条。

网筋：乙纶绳，直径 3 mm，3.16 m，1 条。

3. 属具

网杆：亦称推杆。竹制（亦可用类似规格的木杆），基部直径 40～50 mm，长约 4.50 m，2 根。

横撑杆：木杆或竹竿，直径 50 mm，长 0.80 m，1 根。

拖木：亦称靴鞋。船形状木块，长 160 mm，宽 80 mm，前部厚度 30 mm，上钻

1 孔，2 个。网杆下端正好插入其中。

沉子：铅质，麦粒状，两侧带凹槽，每个重 25 g，共 30 个。

（二）渔具装配

（1）先将网尾大头（即序号 13）的 1 040 目网衣 1 目对 1 目与网身小头（即序号 12）的 1 400 目中部缝合，两边各剩余 180 目，然后再将两侧剩余的 180 目分别与网尾两侧以 1 目对 1 目的形式缝合，形成兜状。

（2）各纲索下料时两端均各留出 200 mm 作为系绳。

（3）将 1 条下口门纲穿入网口前缘（即序号 1）的边缘网目，此后与另 1 条下口门纲并拢结扎，每 5 目 1 档，打一个死结，档间距 24 mm，共 120 档。网衣缩结系数 0.22。

（4）最后在 2 条下口门纲之间，每 4 档绑扎 1 个沉子。

（5）将 1 条上口门纲穿入网尾前缘（即序号 16）的边缘网目，此后与另 1 条上口门纲并拢扎结，每 10 目 1 档，打一个死结，档间距 5.8 mm，共 86 档。网衣缩结系数 0.097。

（6）将 1 条侧纲穿入整个网衣的侧边缘网目，然后与另 1 条侧纲并扎，每隔 40 mm 打一个死结，共 76 档。

（7）在上口门纲上扎 2 个网耳，网耳间距约 300 mm；在左、右侧纲上分别均匀地结扎 4~5 个网耳；网耳弧长约 140 mm，以备穿横撑杆和推杆之用。

（8）将推杆穿入两侧的网耳，基部扎在一起，横撑杆扎在距基部 0.8~0.9 m 处，使下口门纲充分张开为宜。

（9）将 2 条网筋分别扎在左、右两侧的上、下网角上，向里侧略呈弧形，每 5 目打一个死结。

（三）渔法

作业前将两根推杆和网衣展开，并把下口门纲与侧纲连接处的系绳扎结在推杆下端。穿上拖木。将横撑杆穿入上口门纲中央的 2 个网耳中，然后与推杆绑扎，使下口门纲充分张开为宜，最后用绳索将推杆的末端扎紧，形成稳定的三角形结构。一般在沿岸浅水区作业，作业时，沿 1~1.5 m 水深处推网前进。10~20 min 起网一次，用笊篱收取渔获物，并盛入布袋或鱼篓中。

（四）结语

毛虾推网结构简单，成本低。1 人作业，为副业性生产渔具。由于近年来沿岸毛虾资源的衰退，已很难见到此类渔具和作业方式。仅有山东日照沿海的旅游景点海滩作为游乐项目有此渔具和作业方式；在某些地方的毛虾调查取样时仍使用此类渔具。中华人民共和国农业部通告〔2013〕1号《农业部关于实施海洋捕捞准用渔具和过渡渔具最小网目尺寸制度的通告》和中华人民共和国农业部通告〔2013〕2号《农业部关于禁止使用双船单片多囊拖网等十三种渔具的通告》均未对抄网类渔具做出规定。

毛虾推网（山东　日照）

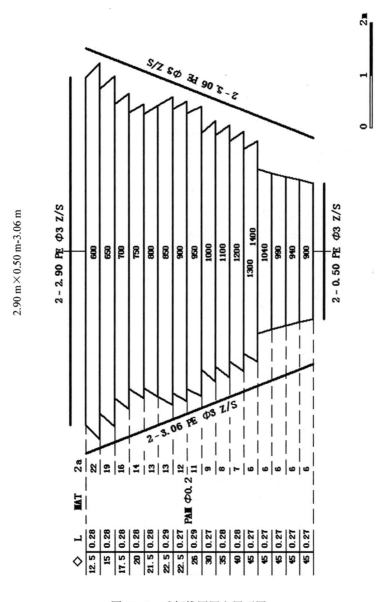

图10-1　毛虾推网网衣展开图

图 10-2　毛虾推网结构及作业示意图

二、手抄网（山东　崂山）

手抄网属舀取推移兜状抄网（32·dzh·Ch），俗称抄网、网抄子。手抄网实际上是一种副渔具，在作业过程中起辅助作用，主要用于捞取渔获。

下面以山东省崂山的手抄网为例作介绍。

（一）渔具结构

渔具主尺度：2.25 m×0.35 m。

手抄网由网衣、框架和手柄构成。

1. 网衣

为一小囊袋，由 PE36tex7×3 网线手工编结而成，单死结。起目为 75 目，终目为 6 目，编织工艺为 6-12（4r-2），网目尺寸 30 mm（图 10-3）。

2. 框架

由 1 根直径 6 mm 的不锈钢钢筋弯成圆环，框架直径 400 mm，圆环接口处弯曲呈 90°，并有内向弯曲的钩爪，以便嵌入手柄，以加强其牢固性，其中一端长100 mm，另一端长 70 mm。

3. 手柄

直径 30~40 mm 的木杆（或竹竿），长 2.70 m 左右。

（二）渔具装配

用网线吊挂网兜边缘网目，每 2 目打一个死结。

（三）渔法

渔民手持手柄舀取渔获物。也可结合灯诱舀捕趋光的捕捞对象。

（四）结语

该渔具结构简单，是一种非常有效的副渔具。中华人民共和国农业部通告〔2013〕1号《农业部关于实施海洋捕捞准用渔具和过渡渔具最小网目尺寸制度的通告》和中华人民共和国农业部通告〔2013〕2号《农业部关于禁止使用双船单片多囊拖网等十三种渔具的通告》均未对抄网类渔具做出规定。

手抄网（山东　崂山）

2.25 m×0.35 m

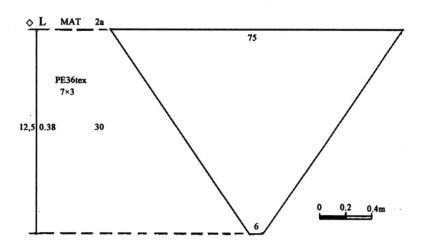

图 10-3　手抄网网衣展开图

图 10-4　手抄网渔具结构示意图

图 10-5　手抄网作业示意图

第二节　掩罩类

掩罩类渔具是从上而下罩扣捕捞对象,下纲迅速沉降,起网时随着网衣拉出水面,下纲包围圈缩小,迫使捕捞对象陷入褶边形网兜而被捕获。

小型掩罩类渔具大多在沿岸的浅水区,鱼群比较密集、地形不平、渔场比较狭窄的水域作业,是沿岸性作业渔具。掩罩类渔具捕捞产量低,生产规模小,成本低廉,操作简单,一般为副业生产。近几年在黄海区域发展起来的大型灯光罩网是一种大型作业方式,渔船 1 000 多马力,灯光功率超过 1 000 kW。

按照 GB5147—2003《渔具分类、命名及代号》分类原则,我国的掩罩类渔具按结构分为掩网和罩架 2 个型。按作业方式分为抛撒、撑开、扣罩、罩夹 4 个式。其作业方式还可以分为岸上、单船和多船 3 种。

一、抛撒掩网（山东　崂山）

抛撒掩网属抛撒式掩网掩罩类（38·yw·Y）,又名旋网、撒网,其结构特点是一种圆锥形网具,顶端有一引纲,只装沉子纲和沉子。捕鱼原理为使用时用手撒等方法,使网口充分张开,自上而下,迅速下沉,扣罩鱼群。

抛撒式作业方式是以人力将网具抛出船外,力求将它撒开,形成圆形,才能发挥最大的捕捞效果。不用渔船作业方式时,即在岸上选择合适的地形,瞄准鱼群,进行单人撒网。有时可先撒饵诱集鱼群,然后撒网捕获。船上作业多为单船方式,也有数船组合进行作业的方式。

抛撒掩网在黄渤海区沿海海域均有分布。使用舢板或筏子在沿岸港口、河口附近作业,亦可站在岸边或浅水中抛撒网作业,一年四季均可生产,主要捕捞梭鱼、鰕虎鱼和小杂鱼等，产量均不高，是一种副业性生产。

下面以山东省崂山的抛撒掩网为例作介绍。

(一) 渔具结构

渔具主尺度：27.50 m×5.39 m。

1. 网衣

用直径 0.25 mm 的尼龙单丝（PAM）编结，单死结，纵目使用，网衣总长 5.39 m。整个网衣为手工编结。编织工艺表见表 10-2。

2. 纲索

沉子纲：乙纶（PE）绳，3 股，Z 捻，直径 1.6 mm，长 27.50 m，1 条。

缘纲：乙纶（PE）绳，3 股，S 捻，直径 0.8 mm，长 27.50 m，1 条。

手纲：尼龙（PA）绳，直径 4 mm，长 12~20 mm，1 条。

吊绳：乙纶（PE）绳，直径 0.8 mm，长 0.20 m，50 条。

网尾绳：乙纶（PE）绳，直径 1.7 mm，长 0.50 m，1 条。

3. 属具

沉子：铅（Pb）制，麦粒形，两面带凹槽，长 40 mm，中央直径 7 mm，每个重 12 g，共 143 个。

(二) 渔具装配

(1) 将网衣两侧缝合起来，网尾绳穿过网尾边缘各目后做成绳圈，再与手纲连接。

(2) 将缘纲穿入网口最外侧一列网目，然后与沉子纲并拢扎结，网衣水平缩结系数 0.81。沉子夹扎在缘纲与沉子纲之间，每个沉子对应 2 目，两沉子之间为 5 目，用吊绳将沉子纲吊扎在距网口 28 目处的网衣上，使网口形成一圈兜囊，以防止起网时鱼类逃逸。

(三) 渔法

撒网前，人站在舢板或筏子前端，或站在岸边、或站在浅水中，左手执手纲，右手将网理直，把上半部 2/3 的网衣挽在左臂上，右手拿下半部 1/3 网衣。撒网时，右手自左向右用力以半圆形将网抛出，左手顺势一推，左臂伸直。网口呈圆形顺势入水，沉子纲逐渐沉入水底，然后收手纲、拔网。拔网时不可太快，以免沉子纲离开水底时导致鱼类逃逸。

（四）结语

抛撒掩网结构简单，操作方便，成本低，适宜在岸边、河口等浅水区域作业，但产量不高，由于网目较小，对幼鱼有一定的损害。中华人民共和国农业部通告〔2013〕1 号《农业部关于实施海洋捕捞准用渔具和过渡渔具最小网目尺寸制度的通告》和中华人民共和国农业部通告〔2013〕2 号《农业部关于禁止使用双船单片多囊拖网等十三种渔具的通告》均未对抛撒掩网类渔具做出规定。

表 10-2　抛撒掩网编织工艺

序号	目大（mm）	宽度		长度		增减目方法
		起目	终目	行数	（m）	
1	60	100	100	12	0.36	无增减目
2	58	100	150	11	0.32	50-1（11r+1）
3	56	150	200	10	0.28	50-1（10r+1）
4	54	200	250	8	0.22	50-1（8r+1）
5	52	250	300	8	0.21	50-1（8r+1）
6	50	300	350	9	0.23	50-1（9r+1）
7	48	350	400	9	0.22	50-1（9r+1）
8	46	400	450	9	0.21	50-1（9r+1）
9	45	450	500	10	0.23	50-1（10r+1）
10	44	500	550	10	0.22	50-1（10r+1）
11	43	550	600	10	0.22	50-1（10r+1）
12	42	600	650	10	0.21	50-1（10r+1）
13	41	650	700	10	0.21	50-1（10r+1）
14	40	700	750	11	0.22	50-1（11r+1）
15	39	750	800	11	0.22	50-1（11r+1）
16	38	800	850	11	0.21	50-1（11r+1）
17	37	850	900	12	0.22	50-1（12r+1）
18	36	900	950	12	0.22	50-1（12r+1）
19	35	950	1000	12	0.21	50-1（12r+1）
20	34	1000	1000	56	0.95	无增减目

抛撒掩网（山东　崂山）

25.70 m×5.39 m

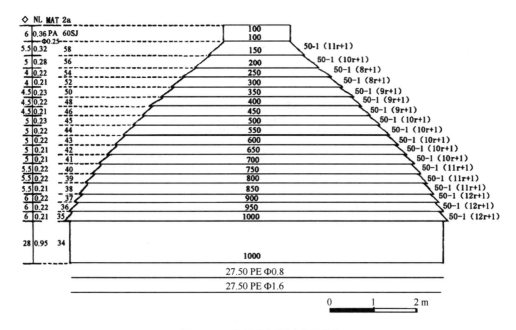

图 10-6　抛撒掩网网衣展开图

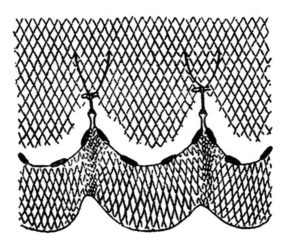

图 10-7　抛撒掩网网兜扎结装配图

315

图 10-8　抛撒掩网作业示意图

二、灯光罩网（山东　石岛）

灯光罩网属撑开罩架掩罩类渔具（31·zj·Y），其作业原理与抛撒式掩网相似，但网型较大，作业时需以撑杆撑开网口，将网口张开罩捕鱼类。其作业方法为，由一艘渔船单独操作，用船上的支架先将网衣撑开，采用光诱方法把捕捞对象诱集到船底及船边的掩罩范围，然后利用机关使网具突然与支架脱离，从而将网具下方的鱼群扣罩进网内。黄海区的山东、辽宁、天津等沿海的大型灯光罩网是近几年从南海区引进的渔具，有的注册船号还是南方省份的船号。由于灯光罩网的捕捞效率高、经济效益好、成本回收快、利润高，在黄海的作业发展较快，2013 年环渤海"三省一市"还基本没有大型灯光罩网作业船，2014 年不到 10 组，2015 年则达到 50 余组。按照 2015 年的成本与产值测算，建造一艘大型灯光罩网船和购置网具、雇用人工等基本作业成本约 1 400 万~1 500 万元，而当年的产值就可达 700 万~800 万元。作业水深均在 50 m 以深的黄海中、南部海域，主要捕捞趋光的中上层鱼类（如鲐、鲅、鲲等）以及头足类（如鱿鱼等），春季的作业情况不好，秋季 8 月中下旬至 12月，渔获较好。较差的网次产量为 1 000~2 000 kg，一般的网次产量为 2 000~3 000 kg，最高网次产量可达 40 000~50 000 kg。

下面以山东省石岛主机功率 882 kW（1 200 马力）渔船的灯光罩网为例作介绍。

（一）渔具结构

渔具主尺度：340.00 m×102.27 m。

316

1. 网衣

由缘网（或称裙网）、主网衣和网囊 3 部分组成。4 片缝合而成，每片呈等腰梯形，聚乙烯网线机织网片和尼龙单丝机织网片剪裁后缝合而成。网衣总重1 273.00 kg。其结构规格、工艺、材料见表 10-3。

表 10-3　灯光罩网结构规格、工艺、材料

节数序号	材料	线股数	目大（mm）	横向目数（目）	拉直长度（m）	纵向目数（目）	拉直高度（m）
网裙 1	PE	60 股	80	7 930	634.40	19.5	1.60
网裙 2	PE	60 股	80	7 930	634.40	49.5	4.00
网身 1	PA 胶丝	φ0.5	35	15 860	555.10	400	14.00
网身 2	PA 胶丝	φ0.5	35	15 860	555.10	400	14.00
网身 3	PA 胶丝	φ0.5	30	14 400	432.00	400	12.00
网身 4	PA 胶丝	φ0.5	30	11 200	336.00	400	12.00
网身 5	PA 胶丝	φ0.5	25	8 800	220.00	400	10.00
网身 6	PA 胶丝	φ0.5	25	5 600	140.00	400	10.00
网身 7	PE	30 股	25	2 800	70.00	240.5	6.00
网身 8	PE	36 股	25	1 800	45.00	240.5	6.00
网身 9	PE	51 股	25	900	22.50	240.5	6.00
网囊	PE	60 股	25	450	11.30	268.5	6.70
总长度							102.27

2. 纲索

（1）网裙 1 上、下缘纲：丙纶绳，直径 14.0 mm，全长 340.00 m，2 条。穿入网裙 1 的上、下网缘网目。

（2）网裙 1 串网绳扣：乙纶绳，90 股，长 1.35 m，323 条。在白钢底环处连接裙网 1 的上、下缘纲。

（3）网裙 2 缘纲：丙纶绳，直径 14.0 mm，全长 340.00 m，1 条。穿入网裙 2 网缘网目。

（4）沉子纲：丙纶绳，直径 14.0 mm，全长 340.00 m，1 条。穿沉子用。

（5）囊头缘纲：丙纶绳，直径 14.0 mm，全长 12.50 m，1 条。吊目方式绑扎在囊头网缘网目上。

（6）囊头力纲：丙纶绳，直径 22.0 mm，全长 9.60 m，1 条。囊头力纲结缚在

囊头缘纲上。

（7）囊头绳：丙纶绳，直径 8.0 mm，长 2.00 m，1 条。捆扎网囊囊头用。

（8）网口束纲：乙纶绳，直径 22 mm，全长 600.00 m，1 条。穿过网口白钢底环收拢网口用。

（9）吊网绳：丙纶绳，直径 22.0 mm，长 260.00~280 m，4 条。从船上的桩柱通过吊网绳吊住网口的 4 角，起、放网用。

（10）机关绳：丙纶绳，直径 22.0 mm，长 260.00 m，4 条。控制机关绳使网口 4 角脱离撑杆，起、放网用。

3. 属具

（1）沉子：铅质，中空腰鼓形，孔径 20.0 mm，每个重 1.40 kg，共 1 786 个，总重 2 500.04 kg。每米绑扎 5.25 个。

（2）白钢底环：φ20.0 mm，底环外径 160.0 mm，每个重 1.10 kg，共 323 个，总重 355.30 kg。按每 0.95 m 1 个环绑扎。

（3）小圆环：环外径 65.0 mm，每个重 120 g，共 646 个。总重 77.52 kg。每 1 个大白钢底环上套 2 个小圆环，大白钢底环穿入小圆环后，接口焊接。小圆环分别绑扎在裙网 1 和裙网 2 的缘纲上。

（4）大钢环：φ30.0 mm，环外径 200.0 mm，4 个。扎结在网口的 4 角，支撑网口 4 角用。

（二）渔具装配

1. 网衣缝合

将剪裁好的网片依次按一定的目数比例缝合，缝合成 4 片相同的梯形大网片。此后再将 4 片网片沿斜边缝合成锥状袋形罩网。4 片裙网 1 的短边 1 目对 1 目缝合，但不与裙网 2 目对目缝合，裙网 1 与裙网 2 通过缘纲连接。网裙 1 与主网衣的连接见图 10-10。

2. 裙网 1 缘纲装配

先将裙网 1 的上缘纲分别穿入裙网 1 的上缘网目，每 1.00 m 缘纲分配 23.3 目，即网衣缩结系数为 0.536。每 20 目扎 1 档，用网线打一个死结，档间距 0.86 m。共计 395 档。下缘纲装配与上缘纲相同。

3. 裙网 2 下缘纲装配

装配方式方法与裙网 1 缘纲装配相同。

4. 裙网 1 与裙网 2 的装配

裙网的纲索装配好后，裙网 1 与裙网 2 的缘纲并拢绑扎。每 1.20 m 缘纲分配 1

318

个白钢底环，2底环之间的上、下两缘纲用网线结扎，每0.40 m扎结1档，2环之间扎结2档。底环装配时，不直接绑缚底环，而是将底环上的2个小圆环用网线分别结缚在上、下缘纲上（图10-11、图10-13）。

5. 沉子纲与裙网1下缘纲装配

先将沉子纲穿入铅质沉子，此后沉子纲与裙网1下缘纲并拢，然后按每1.00 m平均装配5.25个沉子分配，每2底环之间对应5个沉子，然后2纲并扎，档间距0.95 m。5个沉子在该档内处于自由滑动状态。此后，将白钢底环上面的2个小圆环，1个用网线结缚于裙网1上缘纲上，另1个结缚于裙网2的下缘纲上。底环间距0.95 m（图10-11）。

6. 网裙1串网绳扣装配

绑扎好底环和小圆环之后，在裙网1上、下缘纲之间，从结缚小圆环处到沉子纲与下缘纲的打结处连接1根串网绳扣，绳扣长1.35 m（图10-11、图10-13）。

7. 囊头缘纲装配

用吊扣的方式将囊头缘纲装配在网囊上，每10目形成1个反向环形水扣，并分别连打2目死结。网衣缩结系数约0.12。

8. 囊头缘纲与囊头力纲装配

囊头缘纲装配好之后，将囊头力纲用粗网线打结在囊头缘纲的水扣上（图10-12）。

9. 网口束纲装配

网口束纲穿入白钢底环。

10. 大钢环装配

整个网具装配好之后，分别在网口4角的沉子纲上各结缚1个大钢环。

（三）渔船

钢质，主机功率882 kW（1 200马力），总长53.30 m，型宽8.70 m，型深3.75 m。配有441 kW发电机2台，282 kW辅机1台。渔船的两侧，前、后各装配有由钢管、钢筋焊接成的三角架型撑杆，长45.00 m，共4根；撑杆末端装有活动式的4纲导索滑轮；不作业时，撑杆可以自如地收于渔船的两侧。船上前甲板配备2.50 t液压绞纲机2台，后甲板3 kW绞纲机2台。

灯光。甲板上有前、后龙门架，在船的两侧有灯架，距甲板高度10.00 m以上，每侧各有上下4排弧光灯，每排96盏，共计768盏，每盏灯功率1 kW，总功率768 kW，通过吊线分别挂于前、后龙门架之间。4 kW水下灯8盏，2 kW水下灯8盏；作业时放于船两侧水面下3~5 m处。水下灯光可调节。

每船作业人员 17 人。

（四）渔法

1. 撑杆准备

大型灯光罩网的作业水深一般要求在 60 m 以深海域，最浅不浅于 40 m，黄海作业渔场主要在黄海中、南部。渔船到达渔场后，先把吊网绳、机关绳穿入导索滑轮，然后打开撑杆，把撑杆外端用预先设置好的纲索调整到预定的位置，撑杆与船的夹角呈 45°，所谓"四角八扎"，与水平面夹角呈 10°~20°，此后再固定住撑杆。撑杆外端离水面高度 3~4 m。

2. 挂网

先把左边网口 2 个角的大钢环连接上左边吊网绳和机关绳，展开 2 个大钢环和网衣，接着将右边网口 2 个角的大钢环也连接上从船底下面通过的右边吊网绳及机关绳，将网衣从船底拉过，4 个角的吊网绳及机关绳拉紧后，网具便在船底下面形成正方形并张开。将网口束纲置于起网的左舷边，用囊头绳把囊头牢牢扎紧。至此，网具准备完毕。

3. 灯光诱鱼

日落后，打开所有灯光进行灯光诱鱼，约 2 h 后开始放网。通常情况是先开灯后挂网。

4. 放网

放网前，先依次熄灭渔船两舷龙门架上的灯光，让鱼群充分集中到水下灯的网具下方。在 2~3 min 之内，逐渐调暗水下灯至一定的亮度，使鱼群更趋于集中。随之，船长统一号令，同时松开 4 角的吊网绳和机关绳，网具的沉子纲便以 8~10 m/s 的速度迅速下沉，扣罩住网具下方的鱼群。在 70 m 水深的渔场作业，100 s 左右，下纲便可沉降到海底。

5. 起网

待网具沉子纲沉降到海底之后，快速收绞网口束纲，将下面网口封闭，鱼群便集中在网身之内。随之，逐步将整个网具绞拉到甲板上，解开囊头绳，倒出渔获物。当渔获物较多时，采用卡包的办法分包起鱼（图 10-14）。

6. 再次重复作业

取鱼完毕，再次按照前述的工序重复作业。渔情好时，一般每晚放网 5~6 次。

（五）结语

该网具采用了分离式裙网 1，网口束纲装配在裙网 2 的下缘纲上，使网口束纲离开海底 1 m 左右，这样在起网时，一是不易刮带泥沙（即所谓的少吃泥），起网时减轻了网具的重量，同时亦保持了渔获物的新鲜；二是遇到海底障碍物时，减少了网具撕挂、降低了破损的几率；三是相对减少了对海底生态环境的影响。但由于该渔具网目尺寸较小，灯光照度超强，选择性差，对诱集到船下的中上层鱼类直至底层鱼类等，无论大小，统统一网打尽，特别是在水深较浅的水域作业，对渔业资源损害极大。另外，灯光照度超强，紫外线对人体的损伤较大。中华人民共和国农业部通告〔2013〕1 号《农业部关于实施海洋捕捞准用渔具和过渡渔具最小网目尺寸制度的通告》和中华人民共和国农业部通告〔2013〕2 号《农业部关于禁止使用双船单片多囊拖网等十三种渔具的通告》暂未对灯光罩网做出规定。建议灯光罩网的最小网目尺寸为 35 mm，最大灯光强度为 300 kW。

灯光罩网（山东　石岛）

340.00 m×102.27 m

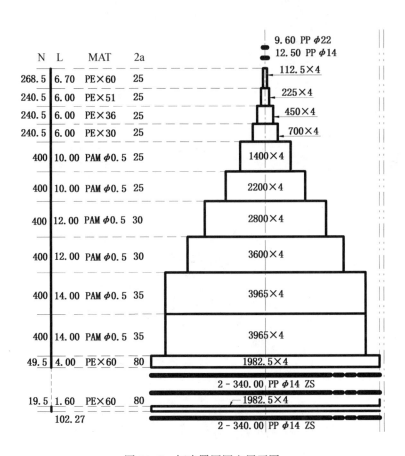

图 10-9　灯光罩网网衣展开图

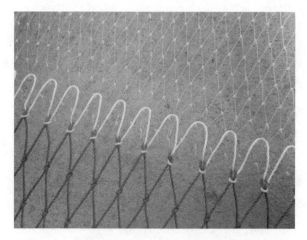

图 10-10　裙网 1 连接示意图

图 10-11　裙网 1 与网裙 2 装配示意图

图 10-12　囊头缘纲、囊头力纲装配示意图

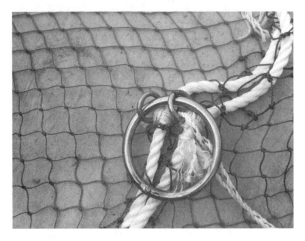

图 10-13　白钢底环、小圆环及缘纲装配示意图

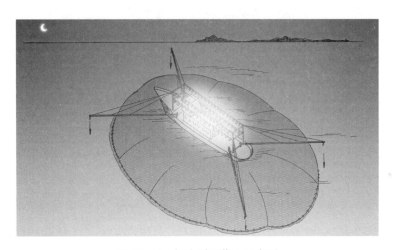

图 10-14　灯光罩网作业示意图

图 10-15　灯光罩网渔船

第三节　地拉网类

地拉网渔具是指利用在近岸水域或冰下放网，在岸、滩或冰上曳行和起网的网具。地拉网又称大拉网、地曳网，是我国江河、湖泊、大型水库中常见的有效捕捞工具之一；但在海洋渔具中，地拉网类渔具的渔业比重不大，种类较少，一般都为近岸浅海作业的中小型渔具，在数量上亦日趋减少。个别地方也作为游乐性捕捞用网。

地拉网的捕鱼原理按网具结构形式和捕捞对象的不同分为两种：一种是利用长带形的网具（有囊或无囊）包围一定水域后，在岸边或冰上或船上曳行并拔收曳纲和网具，逐步缩小包围圈，迫使鱼类进入网囊或取鱼部而达到捕捞目的；另一种是用带有狭长或宽阔的网盖，网后方结附小囊或长形网兜的网具，通过岸边拔收长曳纲，拖曳网具，将其所经过水域的底层鱼类、虾类等拖捕到网内，而后至岸边起网、取鱼。

地拉网渔具按网具结构特点可分为有翼单囊地拉网、有翼多囊地拉网、（无翼）单囊地拉网、多囊地拉网、无囊地拉网、框架地拉网6个型。按地拉网的作业方式，可分为船布地拉网、穿冰地拉网和抛撒地拉网3个式。

地拉网类渔具具有以下特点。

（1）地拉网作业兼有拖网和围网作用，所包围的水面较大，又能捕捞各种淡水鱼类，故捕捞效率极高。对海洋水域来讲，靠近沿海岸边的鱼类较少，通常是捕捞随涨潮而来的小型鱼类，因此海洋地拉网的产量一般较低，除非特有的渔场能满足地拉网的作业要求。由于这些原因，海洋地拉网渔具日趋减少，作业规模均属小型。

（2）内陆水域的地拉网网具规模较大（有的网长在5 000 m以上，网高30 m），捕捞规模也较大，其渔场作业条件要求较高，作业水面必须宽广，渔场地形必须平坦。

（3）大型地拉网作业时劳动强度较大，参加作业人员较多（一盘网有时多达70~100人），操作技术要求熟练，作业人员的分工要求明确，这样才能提高劳动生产率。

（4）岸边拖曳的地拉网需要有一定的开阔地带，以便操作。

抛撒地拉网（山东　文登）

2015年，在山东文登孙家寨村调查到一种小型地拉网。该渔具属抛撒无囊地拉网（38·wn·Di），主要在旅游季节为游客在浅水区娱乐休闲捕捞使用，捕捞对象为小杂鱼、虾、蟹等。

下面以文登市的小型地拉网为例作介绍。

（一）渔具结构

渔具主尺度：32.40 m×1.51 m。

1. 网衣

主网衣：由 6 片网片组成，每片 900 目×110 目，由直径 0.10 mm 的尼龙（PA）单丝编结而成，目大 15 mm，单死结，纵目使用。

缘网：两翼上缘网，2 片，每片 900 目×3 目，由 PE36tex1×3 聚乙烯（PE）网线编织而成，目大 15 mm，单死结；两翼下缘网，2 片，每片 900 目×4 目，均由 PE36tex2×3 聚乙烯（PE）网线编织而成，目大 15 mm，单死结。中部上缘网和下缘网，共 8 片，每片 900 目×10 目，均由 PE36tex2×3 聚乙烯（PE）网线编织而成，目大 15 mm，单死结。

2. 纲索

浮子纲、上缘纲：乙纶（PE）绳，36tex25×3 股捻线，长 32.40 m，2 条，分别为 3 股，左、右捻。

沉子纲、下缘纲：乙纶（PE）绳，36tex25×3 股捻线，长 32.40 m，2 条，分别为 3 股，左、右捻。

边缘纲：乙纶（PE）网线，36tex3×3 股捻线，长 1.51 m，2 条。

叉纲：乙纶（PE）绳，36tex120×3 股捻线，长 2.50 m，2 条，对折使用。

曳纲：乙纶（PE）绳，36tex120×3 股捻线，长 14.00 m，2 条。

3. 属具

浮子：泡沫塑料，圆球形，直径 66.0 mm，中央孔径 12.0 mm，重 50 g，静浮力 165 gf，每片网用 28 个。

沉子：铅坠，麦粒形，长条，中间稍粗，两侧带对称凹槽，每个重 22 g，每片网用 360 个。

撑杆：木质，直径 30.0 mm，长 1.60 m，2 根。

撑杆铁坠：铁质，腰鼓形，中心孔径 30 mm，每个重 2.50 kg，2 个。

（二）渔具装配

（1）分别将 8 片主网衣 1 目对 1 目连接在一起；然后再分别从一端将缘网 1 目对 1 目连接到主网衣上，两翼上缘网与中部上缘网为 3 目对 10 目，两翼下缘网与中部下缘网为 4 目对 10 目连接。

（2）将上、下缘纲分别穿入上、下缘网边缘网目，然后每 20 目扎 1 档，每档 120 mm，网衣缩结系数 0.40。

（3）将浮子纲穿入空心浮子，然后与上缘纲并扎，每 1.20 m 1 个浮子，在浮子两端用细网线缠绕扎牢。起始端和末端各扎 1 个浮子。

（4）将沉子纲与下缘纲并拢，在其之间夹扎沉子，每 5 目绑扎 1 个沉子，约 30 mm，在沉子两端用细网线扎紧，然后数 10 目，即 60 mm，再绑扎下一个沉子。

（5）将撑杆插入撑杆铁坠，边缘纲穿入两端的边缘网目，用网线穿过边缘纲，将网翼两侧逐目缠绕在撑杆上，每 10 目打一个死结。撑杆铁坠处连接下缘纲和沉子纲，撑杆上部连接上缘纲和浮子纲。

（6）将叉纲对折后连接在撑杆的上部和撑杆铁坠处，然后在对折处与曳纲连接（图 10-17）。

（三）渔法

到达下网水域后，将网具展开，然后 2 人各执一端将网具拉直，撑杆铁坠和沉子纲沉入海底，2 人分别各扯住一端的曳纲，亦可多人参与；然后分别各扯一端曳纲向岸边方向拖曳，快至岸边时，逐渐由两端向中间移动并收缩网口；最后将渔获物集中到网的中部，拉到岸上，取出渔获。

（四）结语

抛撒地拉网主要捕捞洄游到近岸的鱼虾类、蟹类等，具有渔场近、渔法简单、渔具成本低等优点，但由于受渔场和资源条件的限制，产量较低，生产上已经很少使用该作业方式。目前仅有极少数地方作为旅游开发项目使用。尽管网目尺寸较小，捕捞到一些小鱼虾，但由于数量极少，对渔业资源亦不会造成大的影响。中华人民共和国农业部通告〔2013〕1 号《农业部关于实施海洋捕捞准用渔具和过渡渔具最小网目尺寸制度的通告》和中华人民共和国农业部通告〔2013〕2 号《农业部关于禁止使用双船单片多囊拖网等十三种渔具的通告》暂未对地拉网做出规定。

抛撒地拉网（山东　文登）

32.40 m×1.51 m

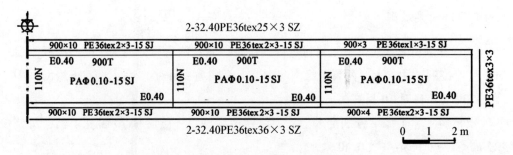

图 10-16　抛撒地拉网网衣展开图

326

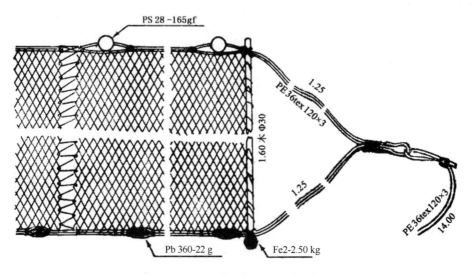

图 10-17　抛撒地拉网渔具装配图

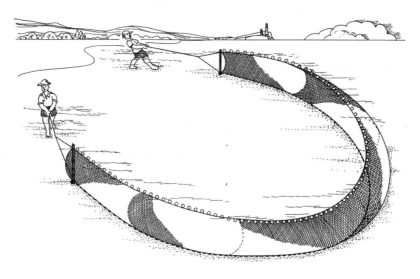

图 10-18　抛撒地拉网作业示意图

第十一章 黄渤海海区捕捞渔具现状、存在问题、发展趋势及改进方向

这次黄渤海海区捕捞渔具渔法调查，是继 20 世纪 80 年代初进行的全国海洋渔具调查与区划研究之后，时隔 30 多年的又一次重要的大海区渔具渔法调查。通过这次调查，基本掌握了黄渤海海区在新的历史条件下，海洋渔具渔法的现状和主要问题，据此编著者对黄渤海海区海洋捕捞渔具渔法的管理、改革与科研创新提出了相应的建设性意见。

第一节 黄渤海海区捕捞渔具现状

一、优越的海洋捕捞渔业发展条件

渤海被辽宁、河北、山东三省和天津市环绕，是我国的内海。渤海有黄河、海河、辽河、滦河等多条大型流域河流及独流河、直流河、排水河等河流注入，海域面积达 $7.7×10^4$ km^2，平均水深仅 18.00 m。渤海的水文气象受大陆气象条件的影响较大，水温的季节变化与每日变化较为明显，冬季沿岸浅海海区有浮冰和局部封冻现象。

黄海北与渤海相通，南与东海相连，是我国的陆缘海。黄海北有鸭绿江、南有长江、中有淮河、东有汉江、大同江等大型流域河流及独流河、直流河、排水河等注入，海域面积达 $38.0×10^4$ km^2，平均水深 44.00 m。黄海的水文气象受北上的黑潮暖流与沿岸水系的影响较大，与相邻的东海关系密切，水团、气团相互交融，彼此渗透，此消彼长，相互影响。

因此，黄渤海海区成为我国近海多种经济鱼虾蟹贝的天然栖息地与优良产卵场、索饵场和越冬场，因而也就成为我国的重要海洋渔场。

黄渤海沿海地区历史悠久、城镇密集、港口众多、经济发达、融资便利、市场繁荣、科教先进、技术汇聚、交通快捷、信息畅通，为海洋捕捞业的快速发展提供了优越的物质与文化、科教与技术、劳力与人才基础条件。

黄渤海海区这些自然的、历史的、社会的、经济的发展条件，不仅造就了海洋捕捞渔业文明，成就了海洋捕捞渔业的繁荣；同时也创造了海洋捕捞渔具渔法的多

样性，并且不断推动海洋捕捞渔具渔法的创新、发展与进步。

二、黄渤海海区海洋捕捞渔业的经济地位

黄渤海海区海洋捕捞渔业历史悠久。早在原始社会黄渤海沿岸，就是先民聚集与休养生息的伊甸园。历经 5 000 多年的发展，黄渤海海区海洋捕捞渔业成为社会生产活动的重要组成部分，成为国家财政的重要支柱产业。中华人民共和国成立之初，黄渤海海区的海洋捕捞渔业，为国家外贸创汇，支援国家工业化建设和改善人民生活，做出了巨大贡献。

改革开放以来，由于党和政府坚持以经济建设为中心、坚持改革开放的正确路线，彻底改变了计划经济指导下的，相对单一的国营与集体所有制的海洋捕捞生产模式。创造了适应市场经济发展需要的，丰富多样的家庭承包、租赁转让、独资经营、合资经营、雇工生产、公司加农户等多种海洋捕捞生产模式，极大地调动了海洋捕捞经营者与生产者的积极性和创造性，极大地推动了海洋捕捞技术与渔具渔法的改革创新进程，极大地促进了海洋捕捞渔具的大型化、规模化与多样性发展，极大地提高了海洋捕捞产量。

据国家农业部渔业渔政管理局《2015 年中国渔业统计年鉴》，2014 年渤海捕捞产量为 1 023 741 t，黄海捕捞产量为 3 315 958 t，分别占当年全国海洋捕捞总产量 12 808 371 t 的 7.99% 和 25.89%。2014 年东海海洋捕捞产量为 4 898 709 t，占全国的 38.25%，南海海洋捕捞产量为 3 569 963 t，占全国的 27.87%。

东海海域的面积达 77.0×10^4 km²，南海海域的面积达 350.0×10^4 km²。黄渤海区以只占全国 9.76% 的 45.7×10^4 km² 海域面积，创造了占全国 33.88% 的海洋捕捞产量，足以说明了黄渤海区海洋捕捞业在全国地位的重要与贡献的巨大。

另据《2015 年中国渔业统计年鉴》公布的统计数据，在 2014 年渤海海区捕捞产量中，山东省 411 221 t，占 40.17%；辽宁省 406 953 t，占 39.75%；河北省 195 145 t，占 19.06%；天津市 9 974 t，占 0.98%（另有江苏省 449 t，占 0.04%）。在 2014 年黄海海区捕捞产量中，山东省 1 885 973 t，占 56.87%；辽宁省 657 792 t，占 19.84%；河北省 44 450 t，占 1.34%；天津市 35 575 t，占 1.07%（另有江苏省 486 665 t，占 14.68%；浙江省 205 503 t，占 6.20%）。从中可以看出，山东省无疑是黄渤海海区的海洋捕捞大省，排名第一，当之无愧。其后依次为辽宁省、河北省和天津市。

三、黄渤海海区捕捞渔具渔法种类丰富多样

此次调查表明黄渤海海区现存的海洋捕捞渔具渔法涵盖了国家标准《GB/T5147—2003 渔具分类、命名及代号》所涉及的刺网类、围网类、拖网类、地拉网

类、张网类、敷网类、抄网类、掩罩类、陷阱类、钓具类、耙刺类、笼壶类12大类渔具。此次调查到重要渔具网型与作业方式达63种，可归为12大类、18型、18式。

调查中发现一些沿海渔区仍然有插网、篊网、大折网、老牛网、小牛网、地撩网、起落网、龙须网、小打网、裤裆网、河张网等传统渔具在近海与河口浅水区设置作业；沿海渔民家中，仍然保留着一些小型传统的杂鱼具，如，扳罾、撒网、手抄网、鱼叉、滚钩、甩钩、蛤耙、章鱼螺等。这些历史悠久的渔具渔法是中华渔业文明的宝贵文化遗产，应当进行深入的调查，做好整理、记录、保护和传承工作。

四、黄渤海海区捕捞渔具实现了材料新型化

在20世纪80年代初的全国海洋渔具调查时，参与调查的专业技术人员在渔村里、渔港中、渔船上发现，当时用于编织网片、捻制绳索的纤维材料，用于制作浮子的浮力材料和制作沉子的沉降材料，相当部分是天然材料。纤维材料有蚕丝、棉纱、大麻、亚麻、苘麻、苎麻、剑麻、西沙尔麻（龙舌兰）、马尼拉麻（白棕）、棕榈（红棕）等。聚乙烯（缩写符号PE）网线、尼龙（缩写符号PA）单丝、聚氯乙烯（缩写符号PVC）网绳的使用范围仅限于渔轮拖网、围网、大型流刺网，其他小型渔具与定置渔具的网片、纲绳仍然大多采用传统的动植物纤维材料手工编织。由于化学纤维材料大多是进口的，价格相对较贵，因此网片只有在实在无法修补的情况下才更换新的。那时的渔民、船员人人口袋里有网梭子，个个是补网高手。

20世纪80年代初的浮力材料仍主要使用杉木块、梧桐木块、竹筒子、竹竿子、玻璃球漂、陶坛子、柴油桶等；沉降材料主要使用砖块、石块、滑石、河卵石及低温烧制的黏土棒等。

这次黄渤海海区渔具调查发现，在渔具的网片与纲绳中再也看不到天然动植物纤维材料了，它们完全被国产的锦纶（聚酯胺纤维 缩写符号PA）、乙纶（聚乙烯纤维 缩写符号PE）、丙纶（聚丙烯纤维 缩写符号PP）、涤纶（聚酯纤维 缩写符号PES）、维纶（聚乙烯醇纤维 缩写符号PVA）、氯纶（聚氯乙烯纤维 缩写符号PVC）、莎纶（聚偏二氯乙烯纤维 缩写符号PVD）等所取代。渔船的锚缆、拖缆、系缆及网具的各部纲绳，完全被工厂生产化纤绳索所代替，传统的白棕绳、红棕绳在渔船上几乎绝迹了。更有甚者，由于锦纶单丝网片较渔获物价格相对低廉，现在捕捞口虾蛄的三重刺网的网片，竟然是只使用一次即废弃掉，随即换上新的三重网片。现在很多渔船上的作业人员是从内地非渔区招来的，大多不会插接纲绳，不会补网、扎网。因此，他们只知道："破了、断了、坏了，扔！换新的！"

现在浮子大多是工厂定型批量规模生产的塑料泡沫或注塑中空浮子。传统的用自烧陶土坛子或大油桶作浮力的坛子网与大桶网，也都采用网兜装填泡沫塑料板块

的办法取而代之。杉木、梧桐木浮子与玻璃浮球已经绝迹。沉子也多采用铅块、铸铁、圆钢段或盘条段、陶瓷、铁链、硬橡胶等来代替了。

可以说，黄渤海海区基本上实现了捕捞渔具材料的新型化。

五、黄渤海海区捕捞渔具实现了生产制造工厂化

20 世纪 80 年代初的全国海洋渔具调查时，除大型国营捕捞公司船队使用的网具是本公司技术科设计、本公司网厂生产组装的以外，大多数群众捕捞渔业队的各类网具都是本村村民、本队社员、渔船船员们手工编织、扎制、装配的。大型国营网厂尚隶属于轻工业或纺织工业部门，多建在上海、天津等这样的沿海大城市里。

这次渔具调查发现，无论是工艺复杂的大型浮拖网、底拖网、灯光围网、灯光敷网、灯光罩网，还是工艺相对简单的刺网、张网，抑或是工艺十分简单的小型地笼、虾笼、蟹笼等，都是在网厂定制的，或是互联网上邮购的。

整个黄渤海沿岸地区，凡是渔港附近都有与捕捞生产规模、特点相适应的网具厂。在重要的中心渔港大都建有现代化的，从拉丝、合线、织网到浸染、拉伸、定型，从设计、裁剪、缝制到扎制、装配、检验，再到发送、交货、维修、更换的一条龙式服务的现代化渔网渔具厂。现在无论在渔村院落、渔港码头、渔船甲板都看不到织网、补网、扎网、合捻制缆、插接缆绳的场景了。

可以说，黄渤海海区基本上实现了捕捞渔具生产制造的工厂化。

六、黄渤海海区海洋捕捞作业实现了机械化、信息化

(一) 渔船动力全部实现机械化

在黄渤海区捕捞渔船中，不仅风帆船、摇橹船、划桨船在海上早已绝迹，而且新建造的船只呈现出体积越来越大、马力越来越强的发展趋势。

据国家农业部渔业渔政管理局《2015 年中国渔业统计年鉴》，2014 年末黄渤海海区的"三省一市"共有海洋机动渔船 91 260 艘，2 157 715 总吨，4 245 382 kW，平均每条船 23.64 总吨（总容积 66.90 m³）、46.52 kW（63.29 马力）。其中：天津市 576 艘，32 250 总吨，63 259 kW，平均每条船 55.99 总吨（总容积 158.45 m³）、109.81 kW（149.40 马力）；河北省 9 438 艘，263 957 总吨，508 764 kW，平均每条船 27.97 总吨（总容积 79.16 m³），53.91 kW（73.35 马力）；山东省 42 680 艘，1 043 454 总吨，2 128 903 kW，平均每条船 24.45 总吨（总容积 69.19 m³）、49.88 kW（67.86 马力）；辽宁省 38 566 艘，818 054 总吨，1 544 456 kW，平均每条船 21.21 总吨（总容积 60.02 m³）、40.05 kW（54.49 马力）。

(二) 捕捞作业基本实现机械化

在黄渤海海区捕捞渔船中，不仅大型拖网船、围网船、灯光敷网船、灯光罩网船、鱿鱼钓船早已实现了网具的收放、渔获物的起吊、泵吸、分拣、冷藏的生产作业机械化；就是中小型的拖网船、流刺网船、耙拉网船、弓子网船等，大都早已安装了稳车、绞缆机、绞网机、液压动力滑轮等渔用机械，基本实现了生产作业的机械化，极大地减轻了捕捞作业的劳动强度。

(三) 海上生产基本实现信息化

与20世纪80年代初相比较，目前海洋捕捞渔船的助渔、助航和通信设备有了很大的进步。现在出海作业的渔船普遍安装了"北斗"或"GPS"卫星导航系统，船位精准定位到米级，被渔民称为"人人都可以当船长了"。较大的渔船还安装了雷达、测向、探鱼、电子海图自动导航系统，使捕捞生产更加安全、高效。对讲机、手机信号实现了渤海整个海域与黄海近海海域全覆盖，渔民与船员不仅随时可以与家人、朋友交流，得到精神上的慰藉，还可以及时了解渔货物的市场行情。

(四) 渔船反应能力、续航能力与海上滞留能力大幅度提高

由于渔船总吨、主机功率的加大和渔船先进导航仪器设备与通信系统的完善提高，使得渔船的快速反应能力增强。渔船的航速加快、抗风浪与破冰抗冰能力提高、续航能力与海上滞留能力大幅度提高，从而增加了渔船海上捕捞作业时间。

第二节　黄渤海海区捕捞渔具存在的主要问题

一、规模化生产的渔具种类较少

虽然黄渤海海区的渔具渔法种类丰富多样，涵盖了国家标准《GB/T5147—2003 渔具分类、命名及代号》所涉及的刺网类、围网类、拖网类、地拉网类、张网类、敷网类、抄网类、掩罩类、陷阱类、钓具类、耙刺类、笼壶类12大类渔具，但是这12大类渔具对海洋捕捞生产的贡献不是均等的，用于规模化捕捞生产的渔具种类较少。

据《2015年中国渔业统计年鉴》公布的统计数据，2014年山东省海洋捕捞产量达2 297 194 t，其中：拖网捕捞的1 455 673 t，占63.37%；刺网捕捞的439 832 t，占19.14%；张网捕捞的211 099 t，占9.19%；钓具捕捞的79 451 t，占3.46%；围网捕捞的33 726 t，占1.47%；其他渔具捕捞的77 413 t，占3.37%。2014年辽宁

省海洋捕捞产量达 1 076 005 t，其中刺网捕捞的 467 734 t，占 43.47%；拖网捕捞的 441 268 t，占 41.01%；张网捕捞的 83 857 t，占 7.79%；钓具捕捞的 15 575 t，占 1.45%；围网捕捞的 2 158 t，占 0.20%；其他渔具捕捞的 65 413 t，占 6.08%。2014 年河北省海洋捕捞产量达 239 595 t，其中刺网捕捞的 114 631 t，占 47.84%；拖网捕捞的 50 410 t，占 21.04%；张网捕捞的 48 368 t，占 20.19%，围网捕捞的 5 843 t，占 2.44%；其他渔具捕捞的 20 343 t，占 8.49%。2014 年天津市海洋捕捞产量达 45 548 t，其中拖网捕捞的 32 876 t，占 72.18%；刺网捕捞的 9 956 t，占 21.86%；张网捕捞的 265 t，占 0.58%；其他渔具捕捞的 2 451 t，占 5.38%。

统计数据表明，在环黄渤海的"三省一市"规模化海洋捕捞生产中，使用较多并且产量较大的渔具，仍然只限于少数刺网类、围网类、拖网类、张网类和钓具类的渔具。

二、渔具网目尺寸小的愈小、大的愈大

渔具网目尺寸的大小，是在渔具设计时由主要捕捞对象的最小可捕体长决定的。国家有关部门对各类准用渔具的网目尺寸有明确的限制规定。但是，目前由于渔具管理的宣传教育与监督检查不到位，在全国范围内普遍存在渔具网目愈来愈小的严重问题。同时，有的渔具局部网目愈来愈大的情况也存在。

网目愈来愈小的现象在刺网、围网、拖网、地拉网、张网、敷网、抄网及掩罩类、陷阱类、耙刺类、笼壶类的网渔具中普遍存在。特别是在拖网、张网、敷网、掩网、耙拉网等网具的网囊部位，网目大多小于国家规定的最小网目尺寸，有的网目尺寸只有 4~5 mm。更有甚者，一些张网（如流布袋、虾板子网）和笼网（如地笼、虾笼、蟹笼）竟是用乙纶网布裁剪包缝的，网目尺寸只有 2 mm。这种情况，曾被中央新闻媒体以"绝户网"之名多次报道，受到了党和国家领导人的高度重视与关注。

某些网渔具的局部大网目愈来愈大的现象，主要表现在大型拖网上。这些拖网的翼网、天井网乃至前部几节的身网采用的是大尺寸网目，因此被渔民称为"大目拖网"。由于这些大网目不是用网线而是用绳子编织的，故而又被渔民称为"绳子网"。大网目拖网源于疏目拖网，国际上在远洋捕捞中早已经普及使用。引入我国后，特别是改革开放后，随着网具制造工艺技术的成熟与作业经验的积累，网口和网身前部的大网目尺寸由起初局限在 0.4 m、0.8 m、1.0 m 等 1 m 之内，逐步增加到 2.0 m、4.0 m、6.0 m、8.0 m 等 10 m 之内，进而增加到 12.0 m、14.0 m、16.0 m、18.0 m 等 20 m 之内。大网目愈来愈大的趋势并未停止，目前国内已有网目尺寸达 32.0 m 的大网目拖网。但采用较多的大网目尺寸在 6.0~14.0 m 之间。增大大网目尺寸的目的不仅是减小网具拖行阻力，提高拖行速度，更主要的是可以大

幅度增加网口周长，扩张网口横截面积，进而增加网具滤海体积，提高网次产量。现在拖网的网口周长已由原来的百米左右，增加到 300 m 左右，有的甚至超过 500 m。这样的拖网若在浅海海域作业，其上纲浮在海面，其下纲则直达海底！

作为捕捞渔业的生产经营者，在目前情况下主观故意减小或加大网目尺寸，无疑是在追求生产利益的最大化。其间接后果就是加重了对渔业资源与海域生态环境的破坏。

三、渔具网线直径细的更细、粗的更粗

此次黄渤海海区捕捞渔具调查表明，渔具网线直径与 20 世纪 80 年代的相比表现出细的更细、粗的更粗。

20 世纪 80 年代的锦纶单丝单片刺网的网线直径在 0.20~0.75 mm 之间，其中大多在 0.30~0.45 mm 之间；锦纶单丝三重刺网的外网片网线直径在 0.50~1.0 mm 之间，内网片网线直径多在 0.15~0.32 mm 之间。现在，单片刺网已经很少使用了，广泛使用的锦纶单丝三重刺网的外网片网线直径在 0.18~0.20 mm 之间，内网片网线直径多在 0.02~0.10 mm 之间。

20 世纪 80 年代，国营大型渔轮的双船拖网囊网是用 PE42tex18×3 的双线织成的，当时广泛使用的机帆船双船拖网的囊网是用 PE36tex5×3 的双线织成的，"鹰虾一号"双船拖网的囊网是用 PE42tex4×3 的双线织成的。而现在的拖网的囊网大多是用 PE36tex(20~30)×3 的双线织成的。

刺网网线（单丝）变细，是为了增加其缠绕能力；囊网网线变粗，是为了减小网目的扩张能力。其根本目的是一致的，那就是增加网产量。其间接后果同样是加重了对渔业资源与海域生态环境的破坏。

四、单船携带渔具数量愈来愈多

20 世纪 80 年代，黄渤海海区海洋捕捞作业的渔船，主要是主机功率为 440 kW（约 600 马力）的"812 型"、"8101 型"、"8154 型"钢制渔轮和主机功率为 15~136 kW（约 20~185 马力）的木壳机帆船。钢制渔轮主要从事双船拖网作业，每一对船携带 3 盘网口拉直长度在 140~200 m 的拖网，2 盘网轮流作业，1 盘网备用。木壳机帆船从事拖网作业时，两条船只带 3 盘网口拉直长度在 40~80 m 的拖网，同样是 2 盘网轮流作业，1 盘网备用。木壳机帆船从事流刺网作业时，每一条船携带 40~120 片上纲长度在 30 m 左右的流刺网，其中，作业投放 30~100 片，10~20 片备用。木壳机帆船从事耙拉网作业时，每一条船携带 2~6 盘桁杆长度在 6 m 左右的耙拉网，其中，小船仅拖带 1 盘作业；大船也只拖带 5 盘作业，留 1 盘备用。

目前的木壳渔船，主机功率多为 295 kW 左右（约为 400 马力）。它们用三重刺

网捕捞口虾蛄时，每条船要携带 800~1 000 包网，每一包是预先连接好的 20 多片三重刺网，如此算来，每一条船要携带 16 000~20 000 条网。它们从事地笼作业时，每一条船要携带 800~1 200 条长度在 30~150 m 的地笼。它们从事弓子网作业时，每一条船要携带 15~20 盘弓子网，其中，拖带作业 9~13 盘，备用六七盘。如此的单船渔具携带数量是十分惊人的。

五、渔具滞留海中的时间愈来愈长

20 世纪 80 年代，黄渤海海区拖网作业时，白天每一网次平均拖带时间为 1.5~2.0 小时，夜间每一网次平均拖带时间为 2.0~2.5 小时。流刺网作业时，每天大多是黄昏时下网，次日黎明起网，网具在海中停留的时间大约为 10 小时。

目前，底拖网、耙拉网捕捞作业，白天每一网次拖带时间平均为 2.0~2.5 小时，夜间每一网次平均拖带时间为 2.5~3.5 小时；中层拖网每一网次拖带时间平均为 2.0~5.0 小时。三重刺网和地笼网捕捞作业，网具一经投放入海，就长期占据了那块海域，可以是两三天或四五天，甚至更长的时间才起一次网。三重刺网起网后，连同渔获物一同包好，带回码头由陆地工人摘取渔货物后，更换好新的三重刺网网片后，再带到海上投放。而地笼则常常是由船头起网，倒出渔获物后，又从船尾放回到海里。

这些底层定置三重刺网与地笼，长期占据底层海域，网主通过"北斗"或"GPS"卫星导航定位系统确定网位，海面上不设置任何标志。由此时常引发海上的航行、捕捞作业中的纠纷与争执，甚至发生渔船彼此冲撞与集体械斗的事件。

这些长时间设置在海底的网具，入网渔获物会引诱其他生物入网，死亡的渔获物会腐烂污染海底环境，进而造成渔业资源与海底生态环境的严重破坏。

六、海上作业时间越来越长

由于渔船的适航能力、抗灾能力、续航能力和渔港后勤的服务供给保障能力的普遍提高，使渔船的停港时间大大减少，海上作业时间越来越长。

此外，某些渔具除去伏季休渔期外，几乎全年都在捕捞作业。如弓子网，春节过后河口解冻，渔船即可带上弓子网出海作业。伏季休渔期满后，弓子网船就一直在渤海作业，直到腊月二十三（农历），船员回家过年方暂时停止。

七、渔具管理跟不上渔具创新发展

改革开放以来，各地开放搞活，各行各业飞速发展，海洋捕捞渔业得天时、地利，在海洋经济中独占鳌头。海洋捕捞渔具因渔业资源、作业环境、捕捞技术、渔船渔机等因素的变化，也不断改进创新，甚至发生颠覆性的变化。例如，一向被认为属于小型杂渔具的掩罩类和敷网类的罩网、敷网，现在发展出了供远海、深海作业的大型灯光罩网和灯光敷网，其作业渔船的主机功率达 740～880 kW（约为 1 000～1 200 马力），甚至更大。地笼原本是内陆水域的小型渔具，现在被大量用于海洋捕捞。采用强力离心泵、真空泵制成的吸蛤耙、吸螺耙、海肠子泵耙，在捕捞蓝蛤、青蛤、文蛤、玉螺、黄蚬子、海肠子、菲律宾蛤等底栖生物中被广泛使用。

对于这些完全有别于传统捕捞渔具的新型渔具如何管理，应有哪些规范与限制，尚无科学有效的规章条例。捕捞渔具管理法规的制定，远远滞后于捕捞渔具的创新与发展。

第三节　黄渤海海区海洋捕捞渔具渔法管理、改革与创新建议

一、定期开展渔具调研，掌握渔具发展趋势

中华人民共和国成立已经 67 周年了。海洋捕捞渔业与其他各行各业一样，有了空前的发展。其间沿海各省、市、自治区的渔业科研单位开展过几次捕捞渔具调查研究，出版过省、市、自治区海洋捕捞渔具渔法调查报告。但是开展全国性海洋捕捞渔具渔法调查只有 20 世纪 50 年代末和 80 年代初开展的两次。这两次全国性海洋捕捞渔具渔法调查其间相隔了将近 30 年。而这次黄渤海海区海洋捕捞渔具渔法调查距 20 世纪 80 年代初开展的全国性海洋捕捞渔具渔法调查又相隔了 30 余年。如此长的时间间隔，才开展一次全国性或区域性海洋捕捞渔具调查，难以满足政府部门对海洋捕捞渔业的管理、规划的需要；难以满足相关高等院校对海洋捕捞渔业人才教育培养的需要；难以满足科研院所对海洋捕捞科研立项与创新研发的需要；难以满足技术推广单位对海洋捕捞渔具渔法普及推广的需要。

建议至少每 10 年进行一次全国性或海区性的渔具渔法全面调查，每 5 年进行一次沿海各省、市、区的渔具渔法调查，以求全面、系统、深入、准确地掌握渔具渔法的现状和发展趋势。

二、资助渔具著作出版，积存渔捞文献资料

20 世纪 50 年代末和 80 年代初先后开展的全国性海洋捕捞渔具渔法调查，出版了《中国海洋渔具调查报告》（1959 年）、《中国海洋渔具图集》（1989 年）、《中国海洋渔具调查和区划》（1990 年），现已成为国内宝贵的专业技术文献资料。参与这两次调查的沿海省、市、区的渔业科研单位，在省、市、区科委与财政厅（局）的大力支持下，大多出版了自己行政辖区内的海洋渔具调查报告，留下了珍贵的文献资料。而有些重要沿海省、市、区，虽然也参加了全国性的调查，并在其中做出了

重要贡献，却因经费困难，未能出版自己的海洋渔具调查报告和图集，造成区域性文献资料的缺失，给后人的区域性渔具渔法科研、教学工作带来不小的困难，造成无法补救的遗憾。

建议沿海地方政府的财政部门、渔业行政部门、科研管理部门、文化出版部门重视对有关渔具渔法的少印数专著出版物的资助，保留积存渔具渔法的历史文献。

三、稳定渔捞专业设置，持续培养专业人才

我国各级专业技术院校是培养社会主义现代化建设人才的摇篮，但却曾经在没有发生外敌大规模入侵的情况下，全部停办了 10 年，造成了严重的专业技术人才断代现象。改革开放之后，专业技术院校全面复课，恢复高考招生，但在专业设置上，却因多种原因变动频繁，未能满足社会的需要。在渔具渔法调查中，调查人员发现，基层渔捞专业人才十分短缺，这已经成为当前渔业管理、科研教学与技术推广工作的首要问题。

建议各级教育行政部门、专业技术院校（特别是高等海洋院校）、海洋渔业科研院所等教学科研单位，要从长计议，稳定海洋捕捞专业设置，持续培养海洋捕捞专业高级人才，以满足海洋捕捞渔业与渔具制造业发展的急切需要。

四、加强渔具科研创新，支持渔具改进推广

新中国成立后百废待兴，三年经济恢复期圆满结束后，沿海各级海洋渔业科研机构相继恢复重建，继而开展了渔具工艺、捕捞技术的科研开发与技术推广工作，取得了可喜的成就。如，机帆船捕捞技术的研究与推广、轻拖网的研发与推广、煤焦油染网技术研究与推广、新型化纤材料在渔具中的应用、机帆船海上冷藏技术等极大地促进了我国海洋捕捞渔业的快速发展。

十年浩劫、高等院校停课、科研院所停办甚至撤销。渔具渔法科研工作完全停止，科研人员改行流失。我国的海洋渔业痛失发展机遇，海洋捕捞技术与渔具渔法的科技水平与国际水平的差距并未大幅度缩小，仍需努力追赶。

改革开放后，"科学技术是第一生产力"成为社会共识，渔业科研项目与经费大幅度增加。但是整体上，涉及国内渔具渔法与基础研究、应用研究和开发推广的科研项目较少。

建议各级科技计划部门鼓励科技人员注重设计编制渔具渔法科研项目计划书，积极申报渔具渔法科研项目，重视渔具渔法科研项目的计划立项工作，加大项目投入。2012 年启动的公益性行业（农业）科研专项"渔场捕捞技术与渔具研究与示范"是一个可喜的开端。希望今后在国家级与省（市、区）部级的科研计划中有更多的涉及渔具渔法的项目不断出现。

337

五、调整捕捞结构、降低捕捞强度

调整捕捞结构和降低捕捞强度是一个系统工程。渔业资源的现状决定了捕捞结构，而捕捞渔具结构又反过来影响渔业资源的可持续利用。除海洋环境变化、海洋生态系统调整及气候变化等自然因素对渔业资源影响外，捕捞结构是影响渔业资源最重要的因素之一。黄渤海区渔业的发展和可持续利用，主要取决于捕捞结构、渔业资源、海洋环境和社会需求等诸因素影响。渔具渔法的形成和发展，由于受渔场环境复杂、渔业资源多样性和经济社会发展诸因素的综合影响，形成了渔具渔法种类繁多、地理差异比较明显，捕捞结构呈现多样化、多层次等特点。若捕捞结构长期处于不科学、不合理的状况，不适应渔业资源的结构现状，片面追求经济效益，势必会加快黄渤海区渔业资源的衰退和恶化，形成恶性循环。捕捞结构的科学合理是保证渔业资源可持续利用的有效措施之一。渔业资源发生变化，其捕捞结构亦应随之调整。渔具结构、渔具种类渔获产量及其种类结构能较好地反映出捕捞结构状况。因此，对捕捞结构的研究，可以从渔具结构、各种渔具的渔获量及各渔获物种类的渔获量等因素出发，找出主要渔具渔法产量与海洋捕捞总产量之间的内在联系，然后统筹兼顾渔业管理的生态效益、经济效益与社会效益等综合效益，根据实际情况确定各种主要渔具渔法的产量比例，从而达到合理利用资源，维持社会稳定的目的。

要想科学、合理地开发和可持续利用黄渤海区渔业资源，应当开展捕捞结构与渔业资源的相关研究。某一种渔具都是针对某一种或几种鱼类进行捕捞，该渔具对某些鱼类的相关性及影响还有待进一步深入研究。根据本研究结果，捕捞结构调整的原则和方向：一是应当对某些渔具进行限用或禁用；二是对渔船、渔具的总量加以限制和逐步减少；三是制定出科学、合理的准用渔具的限制条件；四是使小型渔船逐步退出近岸捕捞作业；五是鼓励大型渔船转移到远洋作业。黄渤海区首先应当调控的是减少拖网作业；鼓励发展钓渔业，由于钓捕作业基本不损害幼鱼，可以利用钓捕作业，捕捞鱿鱼、鲅鱼、鲈鱼、带鱼等，亦可以开发捕捞岩礁性鱼类，如海鳗、六线鱼、黑鲷等；控制刺网总量；逐步减少张网和严禁张网跨区域作业；限制地笼。建议根据渔业资源量，对某些渔具渔法划定作业渔场、作业时间和作业渔具的数量，逐步实现捕捞结构的优化、合理。

参考文献

陈锤 . 2003. 白话鱼类学 . 北京：海洋出版社 .

陈锤 . 2005. 主要水产经济生物开发技术手册 . 北京：中国农业出版社 .

陈福保 . 1994. 珠江水系渔具渔法 . 北京：科学出版社 .

陈恒国，刘吉贞 . 1994. 瓦房店市志 . 大连：大连出版社 .

陈家余 . 2000. 中国内陆渔具渔法 . 北京：蓝天出版社 .

陈良国 . 1980. 拖网设计与使用 . 北京：农业出版社 .

陈万里，王春来 . 1998. 惠安县志 . 北京：方志出版社 .

陈忠信 . 1980. 海洋捕捞技术（上、中、下）. 北京：农业出版社 .

程家骅，张秋华，等 . 2006. 东黄海渔业资源利用 . 上海：上海科学技术出版社 .

丛子明，李挺 . 1993. 中国渔业史 . 北京：中国科学技术出版社 .

崔建章 . 1997. 渔具渔法学 . 北京：中国农业出版社 .

大连市史志办公室 . 2004. 大连市志·水产志 . 大连：大连出版社 .

丹东市地方志办公室 . 1993. 丹东市志（5）. 沈阳：辽宁科学技术出版社 .

定海县志编纂委员会 . 1994. 定海县志 . 杭州：浙江人民出版社 .

冯顺楼 . 1989. 中国海洋渔具图集 . 杭州：浙江科学技术出版社 .

冯钟琪 . 1959. 白洋淀的渔具 . 北京：农业出版社 .

福建省地方志编纂委员会 . 1995. 福建省志·水产志 . 北京：方志出版社 .

福建省水产局，福建省水产科学研究所 . 1962. 福建省海洋渔具调查报告 . 福州：福建人民出版社 .

福建省水产学会《福建渔业史》编委会 . 1988. 福建渔业史 . 福州：福建科学技术出版社 .

傅尚郁 . 1996. 南海敷网类渔具的发展历史［J］. 南海水产研究 . 12：81-84.

傅尚郁 . 1998. 南海刺网类渔具的发展历史［J］. 南海水产研究，16：78-82.

傅尚郁 . 1998. 南海浅海及渔具的发展简史［J］. 南海水产研究，17：75-78.

龚世园 . 2003. 淡水捕捞学 . 北京：中国农业出版社 .

顾端 . 1990. 渔史文集 . 北京：中华书局 .

广东省地方史志编纂委员会 . 2004. 广东省志·水产志 . 广州：广东人民出版社 .

郭根喜，刘同渝，黄小华，等 . 2008. 拖网网板动力学理论研究与实践 . 广州：广东科技出版社 .

河北省地方志编纂委员会 . 1996. 河北省志·水产志（19 卷）. 天津：天津人民出版社 .

何志成 . 1991. 大型中上层流网作业及其对世界海洋生物资源的影响［J］. 远洋渔业，4：40-42.

洪成玉 . 1990. 古代汉语教程 . 北京：中华书局 .

华夫 . 1993. 中国古代名物大典 . 济南：济南出版社 .

黄海水产研究所，上海水产研究所．1959．中国海洋渔具调查报告．上海：上海科学技术出版社．

黄锡昌．1990．海洋捕捞手册．北京：农业出版社．

黄锡昌，虞聪达，苗振清．2003．中国远洋捕捞手册．上海：上海科学技术文献出版社．

黄锡昌．2001．捕捞学．重庆：重庆出版社．

黄锡昌．1984．实用拖网渔具渔法．北京：农业出版社．

贾晓平，李纯厚，邱永松，等．2005．广东海洋渔业资源调查评估与可持续利用对策．北京：海洋
　　出版社．

金显仕，赵宪勇，孟天湘，等．2005．黄、渤海生物资源与栖息环境．北京：科学出版社．

金显仕，程济生，邱盛尧，等．2006．黄渤海渔业资源综合研究与评估．北京：海洋出版社．

江苏省地方志编纂委员会．2002．江苏省志·水产志．南京：江苏古籍出版社．

江苏省水产局史志办公室．1993．江苏省渔业史．南京：江苏科学技术出版社．

金显仕，程济生，邱盛尧，等．2006．黄渤海区渔业资源综合研究与评价．北京：海洋出版社．

康秀华，赵光珍，刘海廷．2006．辽宁渔业发展对策研究．延吉：延边大学出版社．

赖水涵．2004．广东省志·水产志．广州：广东人民出版社．

李豹德．1990．中国海洋渔具调查和区划．杭州：浙江科学技术出版社．

李明德，张洪杰，等．1991．渤海鱼类生物学．北京：中国科学技术出版社．

李士豪，屈若搴．1984．中国渔业史．上海：上海书店．

辽宁省地方志编纂委员会办公室．2001．辽宁省志·水产志．沈阳：辽宁民族出版社．

辽宁省海洋水产科学研究所．1962．辽宁省海洋渔具调查报告．沈阳：辽宁人民出版社．

林学钦，黄伶俐，冯森．1986．福建省海洋渔具图册．福州：福建科学技术出版社．

刘殿伯．2002．海洋渔业实用指南．徐州：中国矿业大学出版社．

刘华远．1999．荣成市志．济南：齐鲁书社．

刘元林．2007．水产世界（水产卷）．济南：山东科学技术出版社．

苗振清，黄锡昌．2003．远洋金枪鱼渔业．上海：上海科学技术文献出版社．

那俨之，李铭五．1990．常用渔具渔法问答．北京：海洋出版社．

农业部渔业局．1983-2012．中国渔业统计年鉴（共 30 卷）．北京：中国农业出版社．

潘迎捷．2007．水产辞典．上海：上海世纪出版股份有限公司、上海辞书出版社．

青岛市水产局．1994．青岛市水产志．青岛：青岛出版社．

青岛市史志办公室．1995．青岛市志·水产志．北京：新华出版社．

邱永松，曾晓光，陈涛，等．2008．南海渔资源与渔业管理．北京：海洋出版社．

曲金良，朱建君．2000．海洋文化研究．北京：海洋出版社．

泉州市地方志编纂委员会．2000．泉州市志．北京：中国社会科学出版社．

山东省文登市地方史志编纂委员会．1996．文登市志．北京：中国城市出版社．

山东省海洋水产研究所．1978．渔场手册．北京：农业出版社．

山东省海洋水产研究所，山东省水产学校，山东海洋学院水产系．1988．山东省海洋渔具调查与区
　　划．北京：农业出版社．

山东省海洋与渔业厅，韩书文，鹿叔锌．2003．山东水产．济南：山东科学技术出版社．

单丕艮（山曼）. 2000. 山东传统海洋渔业生产习俗. 海洋文化研究，167-173.

上海水产学院. 1983. 淡水捕捞学. 北京：中国农业出版社.

商务印书馆编辑部. 1981. 辞源（修订本）第一册至第三册. 北京：商务印书馆.

邵振鹏. 1995. 汉沽区志. 天津：天津社会科学出版社.

沈汉祥，李善勋，唐小曼，等. 1987. 远洋渔业. 北京：海洋出版社.

佘显炜. 2001. 计算渔具力学导论. 上海：上海科学技术出版社.

水产名词审定委员会. 2002. 水产名词. 北京：科学出版社.

世界各国和地区渔业概况研究课题组. 2002. 世界各国和地区渔业概况. 北京：海洋出版社.

绥中县地方志编纂委员会. 1988. 绥中县志. 沈阳：辽宁人民出版社.

孙中之，庄申，王俊，等. 2011. 黄渤海区张网类渔具渔法的现状调查 [J]. 渔业现代信息，26（4）：9-13.

孙中之，周军，许玉甫，等. 2011. 弓子网渔具渔法的分析研究 [J]. 渔业现代信息，26（7）：10-12.

孙中之，周军，许玉甫，等. 2012. 黄渤海区拖曳齿耙渔具渔法现状及分析 [J]. 齐鲁渔业，29（12）：42-44.

孙中之，周 军，赵振良，等. 2012. 黄渤海区捕捞结构的研究 [J]. 海洋科学，36（6）：44-53.

孙中之，周军，王俊，等. 2012. 黄渤海区张网渔业 [J]. 渔业科学进展，33（3）：94-101.

孙中之. 2014. 刺网渔业与捕捞技术. 北京：海洋出版社.

孙中之. 2014. 黄渤海区渔具通论. 北京：海洋出版社.

孙满昌. 2004. 渔具渔法选择性. 北京：中国农业出版社.

孙满昌. 2005. 渔具渔法技术学. 北京：中国农业出版社.

孙义福，荀成富，范作祥. 1994. 山东海洋经济. 济南：山东人民出版社.

孙燕生，潘光明. 1993. 新安江水库渔具渔船图谱. 北京：海洋出版社.

塘沽区地方志编修委员会. 1996. 塘沽区志. 天津：天津社会科学院出版社.

唐逸民. 1980. 现代深水拖网. 北京：农业出版社.

滕永堃. 1980. 关于渔具分类的研究 [J]. 水产学报，4（1）：111-119.

王广举. 2003. 岚山文史（第一辑）. 日照：政协日照市岚山工作委员会编印.

王骥，张广文. 2007. 辽宁海洋渔政工作手册. 沈阳：辽宁人民出版社.

王诗诚. 1995. 渔政知识全书. 济南：山东友谊出版社.

王铁民，张锡纯. 1991. 山东省志·水产志. 济南：山东人民出版社.

邢相臣. 1986. 我国古代几种特殊的渔法 [J]. 农业考古，1986（1）：249-251.

许柳雄. 2004. 渔具理论与设计学. 北京：中国农业出版社.

薛鸿瀛. 1987. 芝罘水产志. 烟台：山东省出版总社烟台分社.

《烟台水产志》编纂委员会. 1989. 烟台水产志. 烟台：山东省出版社烟台分社.

杨宏俊. 1996. 莱州市志. 济南：齐鲁书社.

杨吝，张旭丰，张鹏，等. 2007. 南海区海洋小型渔具渔法. 广州：广东科技出版社.

杨吝. 1990. 日本鱿鱼流网渔业概况 [J]. 中国水产，4：36-37.

杨吝 . 2002. 南海区海洋渔具渔法 . 广州：广东科技出版社 .

杨瑞堂 . 1996. 福建海洋渔业简史 . 北京：海洋出版社 .

杨晓东 . 1993. 灿烂的吴地鱼稻文化 . 北京：当代中国出版社 .

袁宝华 . 1992. 中国改革大辞典 . 海口：海南出版社 .

张元第 . 1936. 河北省渔业志 . 天津：河北省立水产专科学校出版委员会 .

张震东，杨金森 . 1983. 中国海洋渔业简史 . 北京：海洋出版社 .

张震东 . 1987. 渤海毛虾和毛虾渔业 . 北京：海洋出版社 .

浙江省海洋水产研究所，等 . 1985. 浙江省海洋渔具图集 . 合肥：中国科学技术大学出版社 .

中共日照市委宣传部，日照文化局 . 1993. 日照风物选萃 . 济南：山东新闻出版局 .

中国工程院农业、轻纺与环境工程学部 . 2003. 中国区域发展战略与工程科技咨询研究 . 北京：中国农业出版社 .

中国水产科学研究院科技情报研究所 . 1991. 国外渔业概况 . 北京：科学出版社 .

中华人民共和国水产部群众渔业司 . 1956. 黄海渤海主要的群众渔业及其技术改造 . 北京：财政经济出版社 .

钟若英 . 1996. 渔具材料与工艺学 . 北京：中国农业出版社 .

周应祺 . 2001. 渔具力学 . 北京：中国农业出版社 .

［德］布兰特（Brandt A. V.）著 . 1979. 世界捕鱼大观 . 李定安，彭镜洲译 . 台北：台北徐氏基金会 .

［日］津谷俊人著 . 1986. 日本渔船图集 . 段若玲译 . 北京：海洋出版社 .

［苏］А. Л. 弗里德曼著 . 1988. 渔具理论与设计 . 侯恩淮，高清廉译 . 北京：海洋出版社 .

附录 I

渔具分类、命名及代号（GB/T5147—2003）

ICS 65.150
B 56

中华人民共和国国家标准

GB/T 5147—2003
代替 GB/T 5147—1985

渔具分类、命名及代号

The classification, nomenclature and code of fishing gear

2003 – 06 – 04 发布　　　　　　　　2003 – 12 – 01 实施

中华人民共和国
国家质量监督检验检疫总局　发布

前　言

本标准是对 GB/T 5147—1985《渔具分类、命名及代号》的修订。

本标准与 GB/T 5147—1985 相比主要变化如下：

——标准的结构、技术要素及表述规则按 GB/T 1.1—2000 进行修订；

——文本中对 GB/T 5147—1985 中尚未列人的个别渔具和有关渔具术语作了必要补充；另外对与
SC/T 4001—1995 中不相一致的个别渔具和有关渔具术语作了必要的修改。

本标准的附录 A 是规范性附录。

本标准由中华人民共和国农业部提出。

本标准由全国水产标准化技术委员会渔具分技术委员会归口。

本标准起草单位：中国水产科学研究院东海水产研究所。

本标准主要起草人：宋广谱、徐宝生。

本标准所代替标准的历次版本发布情况为：

——GB/T 5147—1985。

渔具分类、命名及代号

1 范围

本标准规定了渔具分类的原则,渔具的分类、命名及代号。

本标准适用于我国的渔业生产、科研、教育及其出版物中的渔具分类。

2 渔具分类的原则

渔具分类按捕捞原理、渔具结构特征和作业方式分类、型、式。

2.1 第一级"类"

凡捕捞原理相同的渔具属同一类。

2.2 第二级"型"

在同类渔具中,凡结构不同的渔具应划为不同的"型"。

2.3 第三级"式"

在同类、同型的渔具中,凡作业方式不同的渔具应定为不同的"式"。

3 渔具分类的命名及代号

3.1 类、型、式的名称及说明

3.1.1 "类"的名称及代号见表1。

表 1

类的名称	代号	类的名称	代号	类的名称	代号	类的名称	代号
刺 网	C	地拉网	Di	抄 网	Ch	钓 具	D
围 网	W	张 网	Zh	掩 罩	Y	耙 刺	P
拖 网	T	敷 网	F	陷 阱	X	笼 壶	L

3.1.2 "型"的名称、代号及结构说明见表2。

表 2

型的名称	代号	结 构 说 明
柄 钩	bg	由柄和钩构成
箔 筌	bq	由箔帘(栅)和篓构成
叉 刺	chc	由柄和叉构成
撑 架	chj	由支架或支持索和矩形网衣等构成
齿 耙	chp	由耙架装齿、钩或另附容器构成
插 网	chw	由带形网衣和插杆构成
单 囊	dan	由网身和单一网囊构成
倒 须	dax	其入口有倒须装置的笼型渔具
洞 穴	dox	其入口无倒须装置的壶型渔具
多 囊	dun	由网身和若干网囊构成

表 2（续）

型的名称	代号	结构说明
兜状	dzh	由撑架和兜形网囊构成
双联	shl	由并联的网顶拖网构成
双体	sht	由同一网口、两个网身构成
滚钩	gg	由干线和若干支线连结锐钩构成
桁杆	hg	由桁杆或桁架和网身、网囊（兜）构成
建网	jw	由网墙、网圈和取鱼部等构成
箭钻	jsh	由绳索连结箭形尖刺或带有倒刺的尖刺构成
簖状	jzh	由网衣组成簖箦状的网具
框格	kg	由被细绳分隔成若干框格的网衣和上、下纲构成
框架	kj	由框架和网身、网囊构成
拟饵单钩	nd	具有拟饵和单钩的钓具
拟饵复钩	nf	具有拟饵和复钩的钓具
锹铲	qch	装柄的锹或铲
三重	sch	由两片大网目网衣中间夹一片小网目网衣和上、下纲构成
双重	shch	由两片目尺寸不同的重合网衣和上、下纲构成
混合	hh	具有两种"型"以上性质的渔具
竖杆	sg	由竖杆和网身、网囊构成
弹卡	dk	由线连接装饵料的弹卡构成的钓具
无钩	wg	由线连接钓饵的钓具
无囊	wn	由网翼和取鱼部构成
无下纲	wxg	下缘不装纲索，由单片网衣和上纲构成
有翼（袖）单囊	yda	由网翼（袖）、网身和一个网囊构成
有翼（袖）多囊	ydu	由网翼（袖）、网身和若干网囊构成
有囊	yn	由网翼和网囊构成
掩网	yw	网缘褶边的锥形网具
真饵单钩	zhd	具有真饵和单钩的钓具
真饵复钩	zhf	具有真饵和复钩的钓具
张纲	zhg	由扩张网口的纲索和网身、网囊构成
罩架	zj	由支架和罩衣构成

3.1.3 "式"的名称、代号作业方式说明见表3。

表 3

式的名称	代号	作业方式说明
单船	00	用一艘渔船进行作业
双船	01	用两艘渔船进行作业
多船	02	用两艘以上的渔船进行作业

表 3（续）

式的名称	代 号	作 业 方 式 说 明
单 桩	03	用一根桩将渔具定置在水域中作业
双 桩	04	用两根桩将渔具定置在水域中作业
多 桩	05	用两根以上的桩将渔具定置在水域中作业
单 锚	06	用一门锚将渔具定置在水域中作业
双 锚	07	用两门锚将渔具定置在水域中作业
多 锚	08	用两门锚以上将渔具定置在水域中作业
拦 截	10	用拦截捕捞对象的方式进行作业
导 陷	11	用诱导捕捞对象的方式进行作业
插 杆	12	用插杆将渔具定置在水域中进行作业
定 置	20	将渔具定置在水域中进行作业
漂 流	21	渔具藉水流漂移进行作业
包 围	22	用包围方式进行作业
拖 曳	23	用拖曳方式进行作业
曳 绳	24	用拖曳钓绳的方式作业
并 列	25	是指在两个固定点之间连接的绳索上并列设置若干渔具进行作业
船 张	26	用船将渔具定置在水域中进行作业
橛 张	27	用柱桩将渔具定置在水域中进行作业
垂 钓	30	钓具垂放在水域中进行作业
撑 开	31	将渔具撑开的方式进行罩捕作业
推 移	32	用推移渔具的方式进行作业
扣 罩	33	用渔具自上而下进行罩捕作业
罩 夹	34	用渔具以既罩又夹的方式进行作业
投 射	35	用渔具以投射的方式作业
钩 刺	36	用钩或刺的方式作业
铲 耙	37	用铲或耙的方式作业
抛 撒	38	用抛撒渔具的方式作业
穿 冰	40	在冰上凿洞，将网放在冰下拖曳的方式作业
拦 河	41	将渔具敷设在河道上进行作业
岸 敷	42	将渔具敷设在岸边水域中，在岸上进行作业
船 敷	43	将渔具敷设在船边水域中，在船上进行作业
船 布	44	将渔具用船布设在岸边水域中，在岸上进行作业
散 布	45	将渔具以散布的方式进行作业
单 船	00	渔具在水域中，由一艘渔船进行作业
双 船	01	渔具在水域中，由两艘渔船进行作业
多 船	02	渔具在水域中，由两艘以上的渔船进行作业
定置延绳	46	渔具为延绳结构，用定置在水域中的方式作业
漂流延绳	47	渔具为延绳结构，用漂流的方式作业

3.2 渔具分类代号的确定

3.2.1 "类"的代号以各"类"名称词首汉字的汉语拼音大写字母组成,见表1。

3.2.2 "型"的代号以各"型"名称词首汉字的汉语拼音小写字母组成,见表2。

3.2.3 "式"的代号按不同的"式"名称,分别用两位阿拉伯数字代表,见表3。

4 渔具的分类名称、代号的书写顺序及示例

4.1 渔具的分类名称及代号均按"式"、"型"、"类"的顺序排列书写。即:"式"+"型"+"类"=渔具分类名称和代号。各代号之间应加圆点分开。渔具分类名称及代号汇总遵照附录A。

4.2 示例见表4。

表 4

渔具分类名称	代　号
定置单片刺网	20·dp·C
双船有囊围网	01·yn·W
单船有袖多囊拖网	00·yda·T
船布单囊地拉网	44·dn·Di
单桩框架张网	03·kj·Zh
定置延绳撑架敷网	46·cj·F
推移兜状抄网	32·dz·Ch
撑开掩网掩罩	31·yw·Y
拦截箔筌陷阱	10·bq·X
漂流延绳真饵单钩钓具	47·zd·D
投射叉刺耙刺	35·chc·P
散布洞穴笼壶	45·dox·L

附　录　A
（规范性附录）
渔具的类、型、式名称及代号汇总表

表 A.1

序 号	类 名　称	类 代　号	型 名　称	型 代　号	式 名　称	式 代　号
1	刺　网	C	单片 框格 三重 双重 无下纲 混合	dp kg sch shch wxg hh	定置 漂流 包围 拖曳	20 21 22 23
2	围　网	W	无囊 有囊	wn yn	单船 双船 多船	00 01 02
3	拖　网	T	单囊 多囊 桁杆 框架 有袖单囊 有袖多囊 双联 双体	dan dun hg kj yda ydu shl sht	多船 单船 双船	02 00 01
4	地拉网	Di	单囊 多囊 桁杆 无囊 有翼单囊 有翼多囊	dan dun hg wn yda ydu	抛撒 穿冰 船布	38 40 44
5	张　网	Zh	单片 桁杆 框架 竖杆 张纲 有翼单囊	dp hg kj sg zg yda	单桩 双桩 双桩 单锚 双锚 并列 船张 樯张 多锚	03 04 05 06 07 25 26 27 08
6	敷　网	F	撑架 箕状	cj jz	插杆 拦河 岸敷 船敷 定置延绳	12 41 42 43 46

表 A.1(续)

序 号	类		型		式	
	名　称	代　号	名　称	代　号	名　称	代　号
7	抄网	Ch	兜状	dz	推移	32
8	掩罩	Y	掩网	yw	撑开	31
			罩架	zj	扣罩	33
					罩夹	34
					抛撒	38
9	陷阱	X	箔筌	bq	多锚	08
			插网	cw	拦截	10
			建网	jw	导陷	11
10	钓具	D	拟饵单钩	nd	曳绳	24
			拟饵复钩	nf	垂钓	30
			真饵复钩	zhf	定置延绳	46
			真饵单钩	zhd	漂流延绳	47
			弹卡	dk		
			无钩	wg		
11	耙刺	P	柄钩	bg	拖曳	23
			叉刺	chc	投射	35
			齿耙	chp	钩刺	36
			滚钩	gg	铲耙	37
			箭钻	jx	定置延绳	46
			锹铲	qch	漂流延绳	47
12	笼壶	L	倒须	dax	散布	45
			洞穴	dox	定置延绳	46
					漂流延绳	47

附录 II

渔具图常用符号、绘制图样的图线要求和
渔具图常用略语和代号

附表 2-1　渔具图常用符号

符号形式	用法说明	符号形式	用法说明
	网衣		网具背部
	粗线和双线网目		网具腹部
	六边形网目		网具左侧部
	各种穿孔浮子		网具右侧部
	球形双耳浮子		钓钩
	各种浮筒		复钩
	各种浮标		转环
	各种穿孔沉子		铁锚

符号形式	用法说明	符号形式	用法说明
	各种沉锤		木桩
	底环装配方式		纲索中断
	矩形网板		流向
	立式网板		风向
	椭圆形网板		近似值

附表 2-2　绘制图样的图线要求

图线名称	图线形式	图线宽度
粗实线		b
细实线		
虚　线		
点画线		约 b/3
双点画线		
波浪线		

附表 2-3　渔具图常用略语和代号

代号	常用略语	代号	常用略语
2a	网目长度（目大）	Pb	铅
AB	全单脚剪裁	PE	乙纶纤维
B	网衣斜向；单脚剪裁	PES	涤纶纤维
BAM	竹	PL	塑料
BB	辫编网衣	PP	丙纶纤维
BS	编绳	PVA	维纶纤维
CEM	水泥	PVC	氯纶纤维
CER	陶土	PVD	聚偏氯乙烯纤维
CN	插捻网衣	PZ	平织网衣
COC	棕榈纤维	Q	沉降力
COMB	夹芯绳	r	网目的节
COMP	包芯绳	RUB	橡胶
COT	棉纤维	S	绳索、网线捻向
COV	缠绕	SIS	剑麻
Cu	铜	SJ	死结
E	缩结系数	SS	双死结
F	浮力	ST	钢
Fe	铁	STO	石
FEAT	羽毛	SST	不锈钢
HE	活饵	SYN	合成纤维
HJ	活结	SW	转环
HLJ	活络结	T	网衣横向；宕眼剪裁
JB	经编网衣	WD	木
JN	绞捻网衣	WJ	无结
MAN	马尼拉麻	WR，wire	钢丝绳
MAT	材料	YJ	有结
N	网衣纵向；边旁剪裁	Z	绳索、网线捻向
NKJ	纽扣结	Zn	锌
PA	锦纶纤维		

附录Ⅲ

常见的编结符号与剪裁循环（C）、剪裁斜率（R）对照表

附表 3-1　网衣边缘的编结符号（一宕眼多单脚系列）

编结符号	2r±1 (1r±0.5)	2r±3 (1r±1.5)	2r±2	6r±5 (3r±2.5)	4r±3	10r±7 (5r±3.5)	6r±4	……
C	AB	1T1B	1T2B	1T3B	1T4B	1T5B	1T6B	……
R	1：1	3：1	2：1	5：3	3：2	7：5	4：3	……

附表 3-2　网衣边缘的编结符号（一边旁多单脚系列）

编结符号	6r±1 (3r±0.5)	4r±1	10r±3 (5r±1.5)	6r±2	14r±5 (7r±2.5)	8r±3	……	42r±19 (21r±9.5)	……
C	1N1B	1N2B	1N3B	1N4B	1N5B	1N6B	……	1N19B	……
R	1：3	1：2	3：5	2：3	5：7	3：4	……	19：21	……

附表 3-3　网衣中间的编结符号（纵向增减目道的多目系列）

编结符号	r±1	3r±1	5r±1	7r±1	9r±1	11r±1	13r±1	……
C	AB	1N1B	2N1B	3N1B	4N1B	5N1B	6N1B	……
R	1：1	1：3	1：5	1：7	1：9	1：11	1：13	……

附表 3-4　网衣中间的编结符号（纵向增减目道的多重系列）

编结符号	4r±2	5r±3	6r±4	7r±5	8r±6	9r±7	10r±8	……
C	1N2B	1N3B	1N4B	1N5B	1N6B	1N7B	1N8B	……
R	1：2	3：5	2：3	5：7	3：4	7：9	4：5	……

　　注：与网衣中间的编结符号相对应的 C 和 R，是指沿纵向增减目线分开左右两个网衣时，其分开边缘上的剪裁循环和剪裁斜率。

附录 IV

黄渤海主要渔具、渔场、渔期和捕捞对象

附表 4-1　黄渤海主要渔具、渔场、渔期和捕捞对象

| 名称 | 渔　　具 | | 分布范围 | 捕捞对象 | 渔　场 | 渔　期 |
	类	型	式			
梭子蟹定刺网	刺网类	单片型	定置式	山东（城阳、胶州、即墨、莱州）、河北（丰南）沿海	梭子蟹	青岛近海、渤海	秋季
气泡子网	刺网类	单片型	定置式	天津市沿海	斑鰶	渤海湾各河口	4—5月
口虾蛄定刺网	刺网类	单片型	定置式	渤海沿岸的黄骅、塘沽、秦皇岛、抚宁、昌黎等海域	口虾蛄、虾、蟹、底层鱼类	渤海沿岸水域	3月底至5月底
大目鲅鱼流网	刺网类	单片型	漂流式	黄渤海区沿海海域	大鲅鱼、许氏平鲉（黑鲪）、	黄海中南部海域	4月初至5月底
小目鲅鱼流网	刺网类	单片型	漂流式	黄渤海区沿海海域	鲅鱼、鲐鱼、白姑鱼	黄海中北部近岸水域	4月初至5月底，9—11月
花鱼网	刺网类	单片型	漂流式	黄渤海区沿海海域	小黄鱼、白姑鱼	黄渤海区	4—5月，9—12月

355

名称	渔具 类	型	式	分布范围	捕捞对象	渔场	渔期
对虾流网	刺网类	单片型	漂流式	渤海湾沿岸	对虾、梭子蟹、梭鱼、斑鰶	渤海	9月初至11月底
鱿鱼流网	刺网类	单片型	漂流式	天津（北塘区）、辽宁（庄河市、营口市、绥中县）、山东（青岛市）沿海	太平洋褶柔鱼、鲅鱼、许氏平鲉、鲈鱼	黄海中部	9—12月
青鳞鱼流网	刺网类	单片型	漂流式	辽宁（营口市）、河北（昌黎、黄骅）沿海	青鳞鱼	辽东湾和渤海湾近岸水域	5月初至5月底，9月初至10月中旬
青条鱼挂子	刺网类	单片型	漂流式	河北（乐亭）沿海	鄂针鱼	滦河口、曹妃甸毗邻水域	5月中下旬
白眼网	刺网类	单片型	漂流式	天津沿海	鳎鱼、梭鱼	渤海湾河口水域	4月中旬至5月底，9月
皮皮虾网	刺网类	三重型	定置式	黄渤海沿岸渔港、渔村	口虾蛄、底层鱼类、梭子蟹	黄渤海沿岸	3月中旬至5月底
长脖网	刺网类	三重型	定置式	山东（海阳市）沿海	高眼鲽、鲆鲽类、鲷、鮟鱇	黄海中部海域	3月初至5月底
八扣网	刺网类	三重型	定置式	辽宁（普兰店、庄河、长海）、山东（长岛）沿海	高眼鲽、鲆鲽类、黄蟹、细纹狮子鱼	黄海北部海域	3月中旬至5月底，8月底至11月底
飞蟹网	刺网类	三重型	定置式	黄渤海沿岸	三疣梭子蟹、鲳类、鮟鱇	黄渤海海域	3月中旬至5月底，9—10月
对虾三重流网	刺网类	三重型	漂流式	环黄渤海区沿海	对虾、斑鰶、小黄鱼、鲅鱼、绿鳍鱼、鲬	黄海中部、黄渤海近岸水域	2月底至4月初、8月中旬至10月底

名称	渔具 类	型	式	分布范围	捕捞对象	渔场	渔期
虾爬子网	刺网类	三重型	漂流式	环黄渤海区沿海	口虾蛄、梭子蟹、斑鰶、鲻、鰕虎鱼	黄渤海近岸水域	4 月初至 5 月底、10 月中旬至 11 月底
鲾鱼流网	刺网类	三重型	漂流式	莱州湾、渤海湾沿岸	银鲾、梭子蟹	莱州湾、渤海湾	5 月初至 5 月底、9 月初至 11 月底
三重白眼网	刺网类	三重型	漂流式	辽东湾沿海	鲻鱼(白眼鱼)、梭鱼	辽东湾河口近岸水域	5 月中旬至 5 月底、8 月初至 9 月底
海蜇流网	刺网类	三重型	漂流式	渤海和黄海北部沿岸	海蜇	渤海和黄海北部水域	7 月中旬至 8 月初
蟹流网	刺网类	三重型	漂流式	黄渤海沿岸	三疣梭子蟹	黄渤海近岸水域	8—10 月
灯光围网	围网类	无囊型	单船式	辽宁(大连)、山东(威海)沿海	鲐、鲹、沙丁鱼	黄海、东海	4—5 月、8—12 月
小单拖网	拖网类	有翼单囊型	单船式	辽宁(大连、锦州、营口)、山东(烟台、莱州、潍坊)沿海	口虾蛄、小型虾类、贝类、底层小杂鱼	黄渤海沿岸海域	3—5 月、9—11 月
板子网	拖网类	有翼单囊型	单船式	莱州湾沿岸	鰕虎鱼、口虾蛄、梭子蟹、头足类、海绵、海螺	渤海莱州湾	9—11 月
单拖网	拖网类	有翼单囊型	单船式	辽宁(大连)沿海	方氏云鳚、长绵鳚、鰕虎鱼、底层鱼类、虾类、蟹类、贝类	黄海北部	3 月至 5 月底、9 至 12 月底

357

名称	渔具类	型	式	分布范围	捕捞对象	渔场	渔期
中型单船底拖网	拖网类	有翼单囊型	单船式	黄海北部沿岸	底层鱼类、虾类、蟹类、贝类	黄海北部	3月至5月底，9月至12月底
单船底底拖网	拖网类	有翼单囊型	单船式	辽宁（大连、丹东）沿海	底层鱼类、虾类、蟹类	黄海北部	3月至5月底，9月至12月底
底拖网	拖网类	有翼单囊型	双船式	山东（莱州、烟台）沿海	鲆鲽类、口虾蛄、梭子蟹、海螺、头足类、底层鱼类	黄海北部的山东近海水域	常年作业
6 m大目底拖网	拖网类	有翼单囊型	双船式	山东（荣成）沿海	底层、近底层鱼类	黄海中北部	常年作业
马步鱼浮拖网	拖网类	有翼单囊型	双船式	山东（威海、烟台、青岛）、辽宁（丹东、大连）沿海	马步鱼（沙氏下鱵鱼）	黄海	9—11月
10 m大目鲅鱼拖网	拖网类	有翼单囊型	双船式	山东（威海）、辽宁（东港、大连）沿海	鲅鱼、鲐鱼、鱿鱼	黄海中南部	常年作业
10 m大目鲲鱼中层拖网	拖网类	有翼单囊型	双船式	山东（威海）、辽宁（东港、大连）沿海	鲲鱼、鲅鱼、鲐鱼、鱿鱼、小黄鱼、鲳鱼、带鱼	黄海	常年作业
14 m大目浮拖网	拖网类	有翼单囊型	双船式	山东（威海）、辽宁（东港、大连）沿海	鲅鱼、鲐鱼、鱿鱼	黄海	常年作业
扒拉网	拖网类	桁杆型	单船式	辽宁（盘锦、营口）、河北沿海	口虾蛄、鲜明鼓虾、鲟虎鱼、小型底层鱼类、蛸、贝类	渤海浅水区域	3—5月，9—11月

名称	渔 具			分布范围	捕捞对象	渔 场	渔 期
	类	型	式				
对虾扒拉网	拖网类	桁杆型	单船式	天津、河北等地沿海	对虾	渤海湾、莱州湾	9 月上旬至 10 月上旬
钻鲢网	拖网类	桁杆型	单船式	辽宁（大连）沿海	虾、蟹、贝、螺、底层鱼类	黄海北部大连地区近岸水域	9—11 月
弓子网	拖网类	框架型	单船式	山东（莱州、潍坊）、河北沿海	虾类、小型底层鱼类、蛸、贝类	莱州湾及周边近岸海域	4—5 月，9—11 月
灯光鱿鱼敷网	敷网类	篓状型	船敷式	山东（石岛）沿海	鱿鱼和鲐鱼	石岛外海	8—11 月
坛子网	张网类	竖杆型	双桩式	山东（蓬莱、日照）辽宁（锦州、营口）沿海	小黄鱼、蛸、鹰爪虾、口虾姑、鲜明鼓虾、葛氏长臂虾、梭子蟹、玉筋鱼、青鳞鱼、鰕虎鱼	渤海、黄海北部沿海	3—5 月，8—11 月
绦线网	张网类	竖杆型	双锚式	山东（沾化）、辽宁（锦州、营口）沿海	杂鱼、小型虾类	渤海湾、辽东湾	5 月，8—9 月
毛虾网	张网类	竖杆型	双锚式	辽宁（锦州、营口）沿海	毛虾、糠虾	辽东湾	5—6 月，8—9 月
宝鱼网	张网类	单片型	并列式	辽宁（锦州、营口）沿海	梅童鱼、口虾蛄、小型虾类、鰕虎鱼	辽东湾	3—5 月，9—10 月
海蜇网	张网类	单片型	并列式	河北（唐山）、辽宁（锦州、营口）沿海	海蜇	渤海	7 月底至 8 月初

名称	渔具 类	型	式	分布范围	捕捞对象	渔场	渔期
鲥鱼溜网	陷阱类	建网型	导陷式	山东(烟台、威海)沿海	鲥鱼	烟台至威海近岸海水域	5—6月，9—10月
四袋建网	陷阱类	建网型	导陷式	辽宁(锦州)、山东(龙口)、河北(秦皇岛)沿海	青鳞鱼、斑鰶、小型鱼类、小型虾类、蟹类	渤海近岸水域	5—6月，9—11月
黄鱼、黑鱼延绳钓	钓类	真饵单钩型	定置延绳式	辽宁(大连)、山东(长岛、烟台、青岛)沿海	黄鱼(六线鱼)、黑鱼(许氏平鲉)	黄渤海区近岸岩礁水域	常年作业
星康吉鳗延绳钓	钓类	真饵单钩型	定置延绳式	山东(胶州、胶南、日照)沿海	星康吉鳗	海州湾	常年作业
手竿钓	钓类	真饵单钩型	垂钓式	环黄渤海沿岸	小型鱼类	黄渤海岸边水域	常年作业
天平钓	钓类	真饵单钩型	垂钓式	山东(文登)沿海	鲈鱼	黄海北部五垒岛	5月至6月下旬，8月至10月下旬
文蛤耙	耙刺类	齿耙型	拖曳式	环黄渤海沿岸	蛤类	沿海湾内水域	常年作业
蚶耙子	耙刺类	齿耙型	拖曳式	辽宁(大连、营口)河北(唐山)、天津(塘沽)、山东(潍坊)沿海	毛蚶、魁蚶	辽东湾、渤海湾、莱州湾	3月底至5月底
蚬耙子	耙刺类	齿耙型	拖曳式	辽宁(东港、庄河、大连)沿海	蚬子	辽宁南部沿海	3—5月，8—11月
吸蛤泵	耙刺类	泵吸齿耙型	拖曳式		蓝蛤、蛤类	承包海区	4—11月

360

渔 具	渔 具	渔 具	分布范围	捕捞对象	渔 场	渔 期
名称	类	型	式			
泵耙子	耙刺类	水吹齿耙型	拖曳式	环黄渤海区沿岸	海肠子、蚬子	承包海区	3—5 月中旬和秋汛的 8 月中旬至 11 月末
地笼	笼壶类	倒须型	定置延绳式	辽宁、河北、山东沿海	大泷六线鱼、许氏平鲉、鰕虎鱼、底层鱼类、小杂鱼、章鱼、虾蟹	黄渤海近岸浅海	3—5 月，9—11 月
蟹笼	笼壶类	倒须型	定置延绳式	山东（胶州）沿海	三疣梭子蟹、日本鲟	黄渤海近岸浅海	3—5 月，9—12 月
鳗鱼笼	笼壶类	倒须型	定置延绳式	山东（日照）、河北（黄骅）沿海	鳗鱼	黄海区连青石渔场	4—5 月，9—12 月
毛虾推网	抄网类	兜状型	推移式	环黄渤海区沿海	毛虾	日照近岸海域、黄骅近岸海域	5 月，7—9 月
手抄网	抄网类	兜状型	推移式	环黄渤海区沿海	小型鱼类、海蜇	副渔具	
抛撒掩网	掩罩类	掩网型	抛撒式	山东（威海）、天津（塘沽）辽宁（大连）沿海	小型近岸鱼类	环黄渤海区沿岸海域、港湾	常年作业
灯光罩网	掩罩类	罩架型	撑开式	山东（文登）沿海	鲙、鳀、鳀、头足类	黄海中、南部	4—5 月，9—12 月
抛撒地拉网	地拉网	无囊型	抛撒式		小杂鱼、虾、蟹	文登沿海近岸浅水水域	5—10 月